U0520052

中国术语学建设书系

民国科技译名统一工作实践与理论

温昌斌 著

商务印书馆
2011年·北京

图书在版编目(CIP)数据

民国科技译名统一工作实践与理论/温昌斌著. —北京：商务印书馆，2011
（中国术语学建设书系）
ISBN 978-7-100-07027-0

Ⅰ.①民… Ⅱ.①温… Ⅲ.①科学技术—译名—语言统一—中国—民国 Ⅳ.①N092②H159

中国版本图书馆 CIP 数据核字（2010）第 049526 号

所有权利保留。
未经许可，不得以任何方式使用。

民国科技译名统一工作实践与理论
温昌斌 著

商务印书馆出版
（北京王府井大街36号 邮政编码 100710）
商务印书馆发行
北京瑞古冠中印刷厂印刷
ISBN 978-7-100-07027-0

2011年5月第1版　　开本 850×1168　1/32
2011年5月北京第1次印刷　　印张 11
定价：27.00元

中国术语学建设书系

总 主 编 路甬祥
执行主编 刘 青

编辑出版委员会
主任 郑述谱
委员(按姓氏音序排序)
    董 琨 冯志伟 龚 益 黄忠廉
    梁爱林 刘 青 温昌斌 吴丽坤
    郑述谱 周洪波 朱建华

总　序

　　审定科技术语,搞好术语学建设,实现科技术语规范化,对于一个国家的科技发展和文化传承是一项重要的基础工作,是实现科技现代化的一项支撑性的系统工程。

　　这项工作包括两个方面:术语统一工作实践和术语学理论研究。两者紧密结合,为我国科技术语规范工作的持续发展提供了重要的保证。术语学理论研究为实践工作提供理论上的支持和方向上的保障。特别是在当今术语规范工作越来越紧迫和重要的形势下,术语学理论对实践工作的指导作用愈来愈明显。可以这样说,理论研究和实践工作对术语规范工作同等重要。

　　我国古代的科学技术高度发达,伴随科技发展产生的科技术语,自古以来就是中华文化的重要组成部分。尽管当时没有成立专门机构开展术语规范工作,但我们的祖先在科学技术活动中,重视并从事着对科技概念的解释和命名。因此,我们能在我国悠久而浩瀚的文化宝库中找到许多堪称术语实践与理论的光辉典范。战国时期的《墨经》,是我国古代重要的科学著作,书中对一批科学概念进行了解释,如,"力,刑之所以奋也"、"圆,一中同长也"。两千多年前的《尔雅》是我国第一部辞书性质的著作,它整理了一大批百科术语。在我国古代哲学思想史上也早已有关于术语问题的论述。春秋末年,孔子提出了"名不正则言不顺,言不顺则事不成"的观点;战国末年荀子的《正名篇》是有关语言理论的著作,其中很多观点都与术语问题有关。在近代"西学东渐"过程中,为解决汉语译名统一问题,很多专家学者为此进行了讨论。特别是进入民国后,不少报刊杂志组织专家讨论术语规范问题,如《科学》杂志于1916年开辟了名词论坛,至新中国建国前夕,参与讨论的文章达六七十篇之多。

1985年,经国务院批准成立了全国自然科学名词审定委员会(现更名为全国科学技术名词审定委员会,简称全国科技名词委),我国科技术语规范工作进入了快速发展时期。自成立至今,全国科技名词委已经成立了70多个学科的名词审定分委员会,审定公布了近80部名词书,初步建立了我国现代科技术语体系。同期,我国术语学研究也得到快速发展。一方面,国内学者走出国门,与西方术语学家对话,并不断引进、研究国外术语学理论。另一方面,国内学者对我国术语实践工作进行理论上的探讨。目前,我国的术语学研究已经取得了不少可喜的成绩,仅《中国科技术语》等专业刊物就刊载了大量相关论文,特别是术语学专著和译著也已问世。但是我国的术语学研究工作与术语规范实践工作所取得的成果相比还相对滞后,且落后于国际先进水平。因此,中国迫切需要加强术语学研究,很多问题需要进行学术上的系统探讨并得到学理上的解决。比如,《科学技术名词审定的原则与方法》的修订,规范术语的推广,科技新词工作的开展,术语规范工作的协调,术语的自动识别,术语规范工作中的法律问题等。这些问题的解决,不但能直接推进术语学研究,还能直接促进术语规范实践工作。

要解决这些问题，应从多方面入手，比如，引进国外成熟的术语学成果，发掘我国已有的术语学成果，从我国术语规范实践工作历史与现实中总结规律，借鉴语言学研究方法等。

为了加强我国术语学理论研究和学科建设，全国科技名词委与商务印书馆联合推出中国术语学建设书系，计划陆续出版一系列的术语学专著和译著。希望这一系列的术语学著作的出版，不但能给那些有志于术语学研究的人士提供丰富的学术食粮，同时也能引起更多的人来关注、参与和推进我国的术语学研究。

值此书系出版之际，特作此序。谨祝中国的术语学建设事业取得更大的发展并获得越来越多的成就。

2008年10月28日

序　言

闻悉温昌斌的著作《民国科技译名统一工作实践与理论》将要付梓，颇为欣喜，特为序。

中国的近代化进程，与西方科学技术的传入密不可分。西方科技传入中国，明末清初时期是一个高潮，而真正大规模传入，开始影响中国人思维习惯和生活方式的，始于十九世纪下半叶。迨至民国时期，西方科技对中国的传入，无论在规模还是内容方面，更是远远超越了前代。正是这个时期西方科技的传入，为中国科技与国际社会的接轨，为中国走上近代化进程，奠定了基础。中华民族走出传统社会的历史进程，自始至终都伴随着中外科技的交流，伴随着对西方科学技术的吸收。

要消化吸收传入的西方科技知识，首当其冲的是科技名词的翻译和统一问题。我国古代很早就重视术语的命名，孔子的"必也正名乎！……名不正则言不顺，言不顺则事不成"，反映的就是人们对术语命名问题重要性的认识。中国古代有自己的传统科技，也存在着大量自己的科技术语，但这些术语与西方科技术语分属于两个不同的体系，其涵义存在很大的差别。一般来说，人们很难用中国已有的术语直接代替西方科技术语。面对传入中国的西方科技术语，第一步，要用中国人能够理解的方式，把它翻译过来，然后还要向社会普及,让民众接受,以使其落地生根。

中国的先贤们在翻译西方术语时,一般采用的是意译法。中华民族发明的汉语和汉字有着无穷的生命力,在用已有词语来表现新生事物外来术语方面应付裕如,这使意译成为人们在翻译科技术语时喜闻乐见而又明智的选择。即使如此,仍然存在着如何翻译外来科技术语、如何使彼此翻译的术语保持一致的问题。这个问题不解决,西方科技就难以在中国立足,中国的近代化进程也就无从谈起。

正因为如此,当时一批优秀的中国知识分子敏锐地意识到这一问题的重要性,义无反顾地投入到了中国科技名词的翻译和统一事业中去。他们从最初的发起呼吁、成立机构、拟定制度、探究翻译科技名词的理论和使译名保持统一的规则,到一个词一个词的具体审定,再到把审定结果公之于众,推向社会,做了大量艰苦细致的工作。他们从事的是"筚路蓝缕,以启山林"的艰苦工作,在一片莽原中为中国开辟了一条通向科技现代化的道路。在当时的中国,他们在做这项工作时遇到的艰难困苦和所付出的努力,是今天的人们难以想象的。但他们却充满了乐观精神,对此项工作甘之如饴,认为做这件事情其乐无穷。他们的奉献、他们的努力、他们的乐观,使得中国的科技译名统一工作一开始就有了一个良好开端。正是由于这些先驱们的努力,西方科学才在中国扎下根来,中国的近代化才得以迈开自己坚实的前进步伐。

时光荏苒,进入二十一世纪,中外科技交流规模远远超过了以往任何一个历史时期。互联网的兴起,使得人们的交流超越了时空的限制,便利程度远非前人所能想象。人们在享受现代便捷的信息交换的同时,也不无忧虑地发现,当今的时代,我们的语言文字已经不那么规范了,特别是科技术语,也出现了混乱现象。科技名词统一工作,在新的历史时期,更加任重道远。

从科学史的角度来看,回顾、总结上个世纪中国那批优秀知识分子为统一科技译名所做的工作,梳理这段历史,重现先驱们的历史功绩,其意义并不仅仅是对历史的把玩。以史为鉴,它可以为当代的科技名词统一工作提供有价值的历史借鉴。温昌斌博士的这部著作,正是这样一部总结探索中国的科技先驱们这段可歌可泣的历史的用心之作。

2002年,温昌斌进入上海交通大学,跟我攻读科学史博士学位。考虑到他本科阶段学的是理科专业,硕士阶段又经受了系统的汉语言文字学科训练,现在又来学习科技史,其知识结构和学术经历使得他非常适合于做科技术语史方面的工作,因而在跟他讨论其毕业论文的选题方向时,我建议他把中国近代科技译名统一工作作为选题方向之一。要对民国时期的科技译名统一工作进行梳理,恢复其历史原貌,是一件颇为不易的事情。近代史料的显著特点是看上去浩如烟海,但要真正地搜集和整理起来,难度又不亚于海底觅宝。要梳理出其背后隐藏的历史进程,更是不易,从一开始的无从下手,到粗有头绪,再到脉络毕显,终成文稿,其中的工作量之大和难度之高,非亲历者是难以想象的。几年下来,昌斌沿着这一方向积极探索,孜孜不倦在书海中邀游,克服了种种难以想象的困难,搜集了大量史料,对民国时期的科技译名统一工作做了系统的梳理,发掘出了不少新的史实,提出了不少有价值的新见解,最终写出了一篇高质量的博士学位论文。现在摆在读者面前的这部《民国科技译名统一工作实践与理论》,就是他在自己的博士论文基础上完成的。其中的珠玑之处,读者自可慢慢体验。

  当然,由于工作量的巨大,也由于研究对象的复杂,要使一部博士学位论文做到十全十美是不可能的。本书从史实的梳理到观点的阐发,都还难免会存在有待改进之处。我衷心希望读者们在品味此书的同时,认真地寻找本书的不足,并把自己的发现告诉昌斌,帮助他把本书进一步完善起来。这对作者、对读者、对中国的科技名词统一事业,都是一件好事。

关增建

于 2010 年 7 月

目　录

绪　言 …………………………………………………………… 1
　1　科技译名统一工作的含义及意义 ………………………… 1
　2　民国及以前科技译名统一工作概述 ……………………… 3
　　2.1　民国以前科技译名统一工作概述 …………………… 3
　　2.2　民国时期科技译名统一工作概述 …………………… 4
　3　研究意义 …………………………………………………… 8
　4　需要说明的几个问题 ……………………………………… 9
第一章　官方译名工作组织及其所做的工作 ………………… 12
　1　医学名词审查会和科学名词审查会("两个审查会") …… 12
　　1.1　"两个审查会"的成立经过 ………………………… 13
　　1.2　"两个审查会"的历次名词审查大会 ……………… 17
　　1.3　"两个审查会"取得的成就与存在的问题 ………… 52
　2　大学院译名统一委员会及教育部编审处 ……………… 64
　　2.1　大学院译名统一委员会 ……………………………… 64
　　2.2　教育部编审处 ………………………………………… 68
　3　国立编译馆 ………………………………………………… 70
　　3.1　国立编译馆小史 ……………………………………… 70
　　3.2　国立编译馆编订名词并组织审查的经过 ………… 71

  3.3 国立编译馆进行的理论研究 …………………… 112
  3.4 国立编译馆的成就 …………………………… 115
第二章 官方译名工作组织之外的工作 ………………… 121
 1 民间科技社团所做的工作 …………………………… 121
  1.1 中国科学社 …………………………………… 122
  1.2 中国工程学会 ………………………………… 136
  1.3 其他科技社团 ………………………………… 146
 2 译名书和辞典的编纂 ………………………………… 149
  2.1 译名书 ………………………………………… 150
  2.2 辞典 …………………………………………… 170
第三章 关于科技译名统一问题的讨论 ………………… 188
 1 翻译方法问题 ………………………………………… 189
  1.1 章士钊引发的讨论 …………………………… 189
  1.2 《时事新报》发起的讨论 ……………………… 203
  1.3 《科学》、《中华医学杂志》、《工程》等杂志上的讨论 …… 211
 2 对待日译科技名词问题 ……………………………… 230
 3 译名标准问题 ………………………………………… 241
 4 实践工作要点问题 …………………………………… 257
  4.1 清末的认识 …………………………………… 258
  4.2 民国早期的认识 ……………………………… 262
  4.3 1920 年以后的认识 …………………………… 267
结语 ……………………………………………………………… 273
后记 ……………………………………………………………… 282
参考文献 ………………………………………………………… 284

附录 301

附录1:"两个审查会"历次正式名词审查大会一览表 …… 301

附录2:"两个审查会"已审查已审定之名词一览表 …… 304

附录3:"两个审查会"已审查未审定之名词一览表 …… 305

附录4:"两个审查会"名词汇编本概况一览表 …… 306

附录5:"两个审查会"部分名词审查本和审定
本概况一览表 307

附录6:国立编译馆编审、教育部公布的译名书
概况一览表 309

附录7:从凡例看国立编译馆编审的译名书所
遵循的译名标准一览表 315

附录8:民国时期国际权度单位中文名称一览表 …… 316

附录9:民国时期物理学译名一览表 …………………… 318

附录10:民国时期化学元素译名一览表 ……………… 323

附录11:民国时期数学译名一览表 …………………… 332

绪　　言

1　科技译名统一工作的含义及意义

　　近现代科技的故乡在西方，它必须克服重重关卡才能进入中国，其中一关就是语言关。在翻译过程中，由于译者翻译方法、依照的文种及翻译用字的不同，一名多译现象就很容易出现。如science一词，有的译作"博物"，有的译作"格致"，有的译作"科学"（系借用日本译名）。译名分歧，对科技的传播和发展极为不利。所以，任何一门学科都避免不了译名统一问题。

　　简而言之，科技译名统一工作，就是指为减少、消除科技译名混乱的现象，给科技术语定出规范的中文译名，并推而广之的工作。这是一项相当艰巨的工作，同时也是一项意义重大的工作，因为科技译名的规范和统一有利于科技知识的传播和科学技术的发展。

　　目前，对"科技译名统一工作"的称谓或类似的称谓很多，如：科技术语统一工作、术语统一工作、术语工作、科学名词统一工作、名词统一工作、名词工作、科技译名统一工作、译名统一工作、译名工作等，本书统一称作"科技译名统一工作"，简称"译名统一工作"或"译名工作"。

据黎难秋①粗略统计,清末传入的西方科学(含社会科学)译著大约 2100 种,民国时期科学(含社会科学)译著约为 95500 种。②在这种背景下,若不统一科技译名,科技的传播和发展就会非常艰难。

科技译名统一工作,还为汉语规范表述近现代科技打下了良好的基础。

众所周知,总体而言,中国传统科技缺少理性的思维方式和科学的研究方法,对事物的认识是整体上的把握,缺乏严密的逻辑指导,难以形成系统化的、理论化的知识体系,"停留在定性描述为主的经验科学阶段"。③ 起源于西方的近现代科技与此完全相反。这就使得中国传统科技并没有为近现代科技准备多少术语。1905年,王国维指出:"故我国学术而欲进步乎?则虽在闭关独立之时代,犹不得不造新名,况西洋之学术骎骎而入中国,则言语之不足用,固自然之势也。"④

民国及以前,在用汉语翻译、编写近现代科技知识或阅读用汉语写作的近现代科技书籍时,很多人感到困难。因此,一部分人认为汉语是落后的语言,不适合表述近现代科技知识。

1933 年,时任中央大学地理系教授的张其昀在《"科学"与"科

---

① 本书中提到的现当代学者,笔者都敬为先生,但为行文简洁而省去"先生"。敬祈谅解。
② 黎难秋.民国时期中国科学翻译活动概况[J].中国科技翻译,1999,12(4):42.
③ 袁运开.中国古代科学技术发展历史概貌及其特征[J].历史教学问题,2002,(6):25.
④ 王国维.论新学语之输入[A].姜东赋,刘顺利选注.王国维文选[注释本][C].天津:百花文艺出版社,2006.42.

学化"》①一文中写道:"自从中西文化接触以后,中国语言文字的优劣,久已成为两方学者争持的问题。这不是一个随随便便的问题,许多中国学者深信中国文字的不够用,遂不以中文论学。例如,我国有一个富有声望的地质学会,它的会志所刊载的论文,除了极少数的例外,几乎完全是用外国语写的。此外各研究所的刊物,类此情形,不遑枚举。"

张其昀认为"中国学者怀疑本国语言不够用"的原因有二:"(1)曾试用中国语述西洋科学而感觉其困难;(2)大多数译述科学的书难读或竟不可解。"为什么"大多数译述科学的书"会"难读或竟不可解"?张其昀认为原因之一是"翻译名词的分歧",所以他"期望于国内学术团体努力从事于译名之厘定及标准辞典之编纂"。

中国近现代科技译名统一工作,制定了一大批规范的汉语科技术语,为汉语规范表述近现代科技打下了良好的基础,"为(我国)传统语言注入了现代科学技术的内涵和活力。"②实践证明,那种认为"汉语是落后的语言,不适合表述近现代科技知识的"观点是错误的。

2 民国及以前科技译名统一工作概述

2.1 民国以前科技译名统一工作概述

民国以前,已经有些组织和个人为统一科技译名而进行了实践工作。由传教士组成的益智书会在1877—1905年间,编订审查

---

① 张其昀."科学"与"科学化"[J].科学的中国,1933,1(1):4~9.
② 路甬祥.主编致辞[J].中国科技术语研究,2007,9(1).

过名词。《协定化学名目》(1901)和《术语辞汇》(1904年初版，1910年修订版)是益智书会译名统一实践工作的两项主要成果。

供职于江南制造局的傅兰雅参与了益智书会的科技译名统一实践工作，并整理了《金石中西名目表》、《化学材料中西名目表》、《西药大成药品中西名目表》、《汽机中西名目表》，由江南制造局刊行。

由传教士医生组成的博医会自1890年成立名词委员会起，直至民国初年，一直从事医学名词审查工作。1908年出版的《医学词典》是其名词审查工作的重要成果之一。

清末政府学部审定科于1908年编订了《化学语汇》、《物理学语汇》。学部于1909年设立的编订名词馆编订了《数学名词中西对照表》。

在实践工作方面，虽然不少组织和个人从事了编订或审查科学名词的工作，但是清末为统一科技译名而进行的实践工作成效都不大，甚至可以说是失败的。[①] 其根本原因是科技译名统一实践工作对人才要求很高，既要精通外语和西方科技，又要精通中国语言文化，而在当时，这样的人才极其匮乏。

在理论研究方面，民国以前也有人讨论科技译名统一问题，如傅兰雅、狄考文等，并且取得了一定的成就。

2.2 民国时期科技译名统一工作概述

进入民国后，统一科技译名的任务更加艰巨了。一方面要解

---

① 王树槐.清末翻译名词的统一问题[J].(台北)近代史研究所集刊,1971,(1):72.

决清末遗留下来的问题；另一方面，民国时期传入的西学著作更多，据黎难秋粗略统计，清末传入的西方科学（含社会科学）译著约为 2100 种，民国时期传入的西方科学（含社会科学）译著约为 95500 种①。民国时期产生的译名大大多于清末。

进入民国后，科技译名分歧现象比比皆是。1923 年，翁文灏考察了当时的地质时代译名，发现异乱纷呈，便撰文呼吁统一译名：

"地质时代，实为吾人普通常识必具之一部。其名词亦必各有一定，始足以资称道而免混淆。乃吾国译书数十年，而于此项重要名词，迄今犹人各一词，甚且人创一名，无所终极。区区少数常用之名词，且毫无定准，而欲使阅者能于地质现象得有明确之概念，不亦难乎。"②

按理说，教材、词典中的译名是最需要统一的，但当时也是很糟糕的。1916 年，中国船学会指出教科书中术语要么用原文、要么就歧异庞杂：

"今试按全国书肆及各学校所用之教科书，除国文读本及粗浅之理算教本外，多为东西洋原本。究其故，半由于中国无科学名辞。有时有名辞矣，而歧异庞杂，教者不知所从，学者不知所指，此其为害，关系匪浅，近世学者类能道之。"③

不仅教科书中的译名如此，就是词典里的译名，也是各不相同。1920 年，芮逸夫以亲身经历告诉人们："我读西文书，遇着不

---

① 黎难秋.民国时期中国科学翻译活动概况[J].中国科技翻译，1999,12(4)：42.
② 翁文灏.地质时代译名考[J].科学，1923,8(9)：907.
③ 中国船学会审定之海军名词表[J].科学，1916,2(4)：473.

识的名词,去检查字典,或参考译本。查出的中文译名,甲字典和乙字典不同,甲译本和乙译本各异。往往一个西文名字,有好几个中文译名,不知从哪一个好,真个儿杂极了。"①

总之,当时译名是极不统一的,同一个术语的译名数量最能说明这个问题。

1920年,闻天说道:"……一个名词甚至于有十几个译名,弄得社会上的人无所适从。"②同年,万良濬说得更严重:"西洋一个名词,无论普通名词或人名地名,一到中国来,就乱七八糟,变成几十个名词,你这样译,我那样译。"③当然,他们的说法有些夸张,但译名分歧现象由此可见一斑。同年,曹仲渊为此举了两个很好的例子:电压单位 Volt,译名有"弗打"、"弗脱"、"倭尔"、"倭尔脱"、"伏尔脱"等,电阻单位 Ohm,译名有"欧木"、"欧姆"、"恩"、"阿模"等。④

因此,科技译名的统一,在当时是非常迫切的。留学事业及中国本土科技教育的发展,为民国时期的科技译名统一工作准备了人才。很多组织和个人为此做了大量工作,取得了重大成就。这一时期的科技译名统一工作,从两个层面展开,即实践工作和理论研究。

---

① 芮逸夫.我对统一译名的意见[N].时事新报·学灯,1920-04-26(第四张第一版).

② 闻天.译名问题[N].时事新报·学灯,1920-04-17(第四张第一版).

③ 万良濬.对于译名问题的我见[N].时事新报·学灯,1920-04-20(第四张第一版).

④ 曹仲渊.电磁学名辞译法的商榷[N].时事新报·学灯,1920-03-12(第四张第一版).

曾在清末从事过医学名词审查工作的博医会认识到统一医学名词的工作离不开与中国的合作。1915年,博医会和江苏省教育会等组织商议成立统一的医学名词审查组织。经过商议,大家一致同意成立医学名词审查会,进行医学名词审查工作。医学名词审查会成立于1916年,发起者为博医会、江苏省教育会、中华医学会、中华民国医药学会,之后有其他组织不断加入。1918年,医学名词审查会改名为科学名词审查会,进行全面的科学名词审查工作,在此之后,又有一些组织陆续加入进来。

1927年,南京国民政府成立后,改教育部为大学院。1928年成立大学院译名统一委员会,由其继承原科学名词审查会的职责,原科学名词审查会停止审查名词的工作。同年,大学院又改名为教育部,科技译名统一工作由教育部编审处负责。1932年,国立编译馆成立,负责编订科学名词,并组织专家审查。

这些组织是官方科技译名统一工作组织(简称官方译名工作组织),它们主要是从事像编订、审查名词这样的实践工作,也从事过少量的理论研究。

一般而言,由于译名既得到多位专家的审查,又得到官方的公布,所以官方译名工作组织提供的居于更权威的地位。同时官方译名工作组织所做的实践工作,也是当时译名统一实践工作的主体。

上述官方译名工作组织所做的工作,主要是靠民间科技社团的参与来完成的。有些民间科技社团,在上述组织之外,还独立做了大量的工作,产生了较大的影响,如中国科学社、中国工程学会等。除了从事编订名词等实践工作外,它们也从事一定的理论研究,在它们发行的刊物《科学》、《工程》上就科技译名统一问题进行过讨论。民间科技社团所做的独立的实践工作,是官方译名工作组织所做实践工作的基础和补充。

还有一些个人、组织等,编纂了译名书(以提供译名为主要目的,一般不释义),为科技译名统一作出了一定的贡献。另外,还有一些个人、组织等,编纂了辞典(虽有译名,但以释义为主要目的),对科技译名统一实践工作也产生了一定的影响。绝大部分译名书和一部分辞典,是官方译名工作组织所做实践工作的补充。

除了上述工作外,民国时期还有很多人就译名统一问题在报刊杂志上进行过讨论,章士钊、胡以鲁、朱自清、曹仲渊、芮逸夫等均撰有文章,参与过探讨。

3 研究意义

迄今为止,我国近现代科技译名统一工作经历了民国以前、民国及新中国三个历史阶段。民国时期的工作具有承前启后的作用,对这一工作进行研究,可以为今天的科技译名统一事业提供历史借鉴,也能丰富科学技术史和科技翻译史的研究。

今天,我国科技名词统一实践工作取得了巨大的成就。经国务院授权、代表国家进行科技名词审定、公布的权威性机构——全国科学技术名词审定委员会,至2010年5月,已经成立了76个学科的名词审定分委员会,公布了近90部审定通过的名词,初步建立了我国现代科技术语体系。但是,我国相关的理论研究——术语学研究仍滞后于实践工作,并且落后于国际先进水平。推进我国术语学研究有多条途径,吸收国外先进理论和总结我国实践工作经验以及理论研究成果,均为切实可行的办法。本书探讨民国时期科技译名统一实践工作以及理论研究(翻译方法、译名标准等),是有助于推进我国术语学研究的。

4 需要说明的几个问题

(1) 实践工作

实践工作是指为统一科技(自然科学、工程技术)译名而进行的编订名词、审查名词等工作。本书研究了两部分实践工作:1)官方译名工作组织编订、审查名词等;2)官方译名工作组织之外的实践工作。其一为民间科技社团编纂译名书等,其二为其余组织、个人等编纂译名书和辞典。

大部分辞典的编纂并非出于统一译名的需要,但确实有少部分辞典的编纂者主观上有统一译名之意,而且作为工具书的辞典对译名使用有较大影响,故本书阐述了主要的专科辞典、百科辞典、综合性辞典。

很多译者为了读者阅读方便,在译著后附有译名表,译名数量一般不大。客观上讲,这种译名表也是译名统一实践工作的一部分。在清末的译名统一实践工作中,这是很重要的措施。但到了民国,随着有组织的译名统一工作的开展,这种译名表的作用就已经开始减弱了。故本书略去了这部分工作。

(2) 理论研究

理论研究主要是关于科技译名统一问题的讨论,包括科学名词翻译方法、科技译名标准、科技译名统一实践工作要点等。

科学名词翻译方法包括零译法（即使用固有名词、已译名词或官方公布的名词）、意译法、音译法、造字法等方法。

编订、审查科学名词时，在翻译方法方面所遵循的准则，本书称为"译法准则"。

科技译名应达到的标准，本书称为"科技译名标准"。一般情况下，它大致包括以下几个方面：

1) 准确：含义准确，符合原名的科学概念。

2) 简单：文字简单，易读、易写、易记。

3) 明了：意义明了，易懂。

4) 符合汉语特征：符合汉语造字构词规律。

5) 系统化（一）：同一系列概念名词的译名，应体现逻辑相关性。

6) 系统化（二）：派生名词、复合名词的译名应与基础名词的译名对应。

7) 单义（一）：意义相同的外文名词，译为同一个中文名。

8) 单义（二）：一个外文名词若有几个不同义项，分别译为几个不同的中文名。

9) 单义（三）：意义不同的外文名词，不译为同一个中文名。

需要指出的是，这些标准并非泾渭分明，有些还存在交叉之处。

(3) 科技术语、科学名词、名词、术语

科技术语是指对科技概念的称谓。一个科技概念，可以有中文称谓，也可以有西文称谓。前者可以称为中文术语、中文名称、中文名词、中文名或中名等,后者可以称为西文术语、西文名称、西文名词、西文名或西名等。如果中文名词是通过翻译西文名词而得到的,那么这个中文名词也可以称为中文译名,简称译名。现在所称的"术语",民国时期通常称作"名词"。现在所称的"科技术语",民国时期通常称作"科学名词"。

民国时期有些科目也使用"术语"这个称谓,但只是用来专指这些科目的理论术语,而把这些科目的实物术语称作"名词"、"名称"。如化学中有"化学术语"及"化学仪器名词"之称,植物学中有"植物术语"及"植物名称"之称。

截至出版时,本书部分内容笔者已经发表如下:

1. 《科学名词审查会》,《科技术语研究》,2006,(3).
2. 《中国近代的科学名词审查活动:1928—1949》,《自然辩证法通讯》,2006,(2).
3. 《民国时期关于国际权度单位中文名称的讨论》,《中国计量》,2004,(7).
4. 《中国科学社为统一科技译名而进行的工作》,《科学技术与辩证法》,2005,(5).(该文被人大复印资料全文转载,并获第五届青年科学技术史学术研讨会优秀论文三等奖)
5. 《中国近代关于如何对待日译科技名词的讨论》,《广西民族学院学报(自然科学版)》,2005,(4).
6. 《近代中国关于科技译名统一实践工作要点的认识》,《中国科技术语》,2009,(4).

第一章　官方译名工作组织及其所做的工作

一般而言,在民国时期,官方译名工作组织提供的译名居于更权威的地位,而且其提供的译名数量大(约为17万条),因此官方译名工作组织所做的实践工作,是当时译名统一实践工作的主体。这类组织分别是医学名词审查会、科学名词审查会、大学院译名统一委员会、教育部编审处、国立编译馆等。不过,这类组织在理论研究方面所做的工作都不多。

医学名词审查会和科学名词审查会主要由民间社团组合而成,但它们得到官方的补助,审查通过的大部分名词都由教育部公布,所以,严格说来,医学名词审查会和科学名词审查会是由民间社团组成的具有官方性质的准官方译名工作组织。

1　医学名词审查会和科学名词审查会("两个审查会")

民国早期,对科技译名统一工作贡献最大的要算医学名词审查会和科学名词审查会(简称两个审查会),从1916年到1926年,它们共召开了12次名词审查大会,审查通过了一大批名词,其中大部分被官方公布。

本节详细梳理了"两个审查会"所做的工作,包括为统一"O、N"译名而进行的工作,并在中国近现代科技译名统一实践工作的整体背景下,对"两个审查会"的成就和存在的问题进行了评价。

1.1 "两个审查会"的成立经过

西方医学传入我国后,医学名词的统一是早期西医传播中亟待解决的问题。1886年,传教士医生在上海成立中国教会医学联合会(China Medical Missionary Association,中文简称博医会)。传教士医生们希望博医会承担起统一医学名词的责任。1890年,博医会为开展医学名词统一工作,成立了名词委员会。至民国初年,博医会在这方面已经取得了一定的成绩。但是由于翻译生硬和造新字等原因,博医会所定的名词并没有被中国政府和医学界完全认同。为此,博医会希望能和中国医学界、教育界等合作进行医学名词统一工作。[①]

统一医学名词,既要精通西方医学、西方语言,又要熟悉中国的语言文化。而传教士们的中文程度都不高,所以他们不能完成这一重任。这一重任,历史地落到了受过西方医学教育的中国人身上。

民国初年新成立的由专业人士组成的医学社团,纷纷以统一医学名词为己任。1915年,中华医学会在上海成立。其发起人之一俞凤宾指出:"吾中华医学会对于医学名词之翻译,应据如何观

---

① 张大庆.早期医学名词统一工作:博医会的努力和影响[J].中华医史杂志,1994,24(1):15~19.

念,急需筹划,不能作壁上观。"①1915年,在北京成立的中华民国医药学会"亦注重名词"。②

1915年2月,博医会名词委员会在上海举行医学名词审查会议时,与江苏省教育会协商医学名词审查问题。黄炎培(江苏省教育会副会长)等认为应该汇集医学专家和科学家来共同研究、协商。在场专家均表示赞同。

1915年2月11日,在江苏省教育会会所召开了审查医学名词第一次谈话会。黄炎培、沈恩孚、余日章、杨锦森、郭秉文、庄俞、吴家煦、韩清泉、周威、汪于冈、胡贻谷、范源廉、朱少屏、王立才、蒋维乔、陆费逵、张元济、万钧、欧阳溥存、谢恩增、江谦及孔美格、盈亨利、施尔德、高似兰、聂会东、毕德辉27位中外人士参加了这次会议。会上,高似兰报告了博医会医学名词审查会议的情况。大家讨论了医学名词审查问题,普遍认为应合力进行医学名词审查工作。最后,黄炎培提出四个办法:(1)大家应在所在地提倡组织医学研究会,成立后通知江苏省教育会,该会再转告高似兰。(2)征集各地医学家关于医学名词的著作和意见书,由江苏省教育会转送高似兰。(3)请高似兰将修正的医学名词表送到江苏省教育会,由该会转送各地医学校及医学会征集意见。(4)待收集到各种意见后,中西医学专家及科学家一起开会讨论名词,并呈请

---

① 俞凤宾.医学名词意见书[J].中华医学杂志,1916,2(1):15.
② 会报:文牍:审查医学名词第二、三次谈话会情形:致医学界书(第二次)[J].教育研究,1916,(27):11~13.

第一章 官方译名工作组织及其所做的工作 15

政府派员参加会议。与会代表均赞成这些办法。①

1916年1月16日,召开第二次谈话会。黄炎培、沈信卿、王饮鹤、蒋季和、王儒堂、余日章、俞凤宾、江逢治、叶汉丞、汤尔和、蔡禹门11人参加。首先由余日章报告博医会代表高似兰的来信。信中说已将医学名词表草案刊成四种,请照上年所议第三个办法,分送各地医学校、医学会共同研究。高似兰希望在当年1月末2月初的两星期内开会讨论名词,以便早日审定。接着汤尔和告诉大家,中华民国医药学会上一年业已成立,现亦关注名词,本年暑假后,将编成一部分骨骼名词,该名词可与博医会名词一并研究。然后俞凤宾报告了上海成立中华医学会的缘起。他告诉大家,本年2月中华医学会将召开大会,会议议题之一为研究医学名词。最后大家经过讨论,议得两个办法:(1)请余日章回信告诉高似兰,我国医药学会业已成立,正在研究名词,本年暑假后将有骨骼名词草案告成,可以一并讨论,讨论会召开时间从缓再定。(2)将草案分寄各医学校、医学会、医学专家,征集意见,并请各医学专家于2月12日以前,或推举代表,或亲自前来,以便乘中华医学会开会之际,共商办法。②

1916年2月12日,乘中华医学会召开大会之际,中华医学会、博医会、中华民国医药学会、江苏省教育会、江苏医学专门学校、浙江医药专门学校、福州陆军医院、杭州医药学会等的代表黄

---

① 会报:文牍:江苏省教育会审查医学名词谈话会通告及记事[J].教育研究,1915,(22):1~5.

② 会报:文牍:审查医学名词第二、三次谈话会情形:致医学界书(第二次)[J].教育研究,1916,(27):11~13.

炎培、俞凤宾、汪企张、刘瑞恒、唐乃安、余日章、伍连德、聂会东(J. B. Neal)等31人召开会议,讨论医学名词审查问题。会议通过六项决议[①]:(1)博医会、中华医学会、中华民国医药学会及江苏省教育会四个团体,分别推举代表,组织医学名词审查会,每团体人数在5人以内。如有其他团体加入,照此办法。(2)待中华民国医药学会第一期名词草案提出后,定期在每年暑假开会审查医学名词。(3)以江苏省教育会为各团体通信总机关,审查会议在该会会所召开。(4)召开审查会议时,请教育部派员参加。(5)名词审查后宣布于全国医学界,满若干时期作为定稿,呈请教育部审定公布。(6)若各团体或专家愿另行提出草案,这是最好的事情,但需在开会前进行接洽,以免同一团体提出同样的草案。

此次会议实际上宣告了医学名词审查会的诞生。

名词审查会议这种统一译名的主要组织形式,通过医学名词审查会,从外国传教士那里传到中国。大家都在说传教士把一些近现代科技知识传给中国,但几乎没人注意到传教士还把统一科技译名的主要组织形式——名词审查会议传到中国。

由于医学名词和其他学科名词是互相关联的,统一医学名词的工作不能和统一其他学科名词的工作截然分开,再加上当时需要统一的不仅仅是医学名词,还有其他学科名词。因此,1918年,医学名词审查会改名为科学名词审查会,审查范围从医学名词扩大到科学技术各学科名词。

民国初年,教育部已经意识到译名统一工作的重要。1915

---

① 讲演:医学名词第三次谈话会[J].教育研究,1916,(27):5~6.

年,鉴于当时译名混乱,教育部"拟在部中特设一译名处,将东西各书之各种名词,一一慎重译名列表宣布,使译者知有所本,不致各用一词。并拟请严复博士入主其事。至于编译员,即请学术评定委员会委员担任"。① "至经费一项,由学术会移拨。再有不敷,由部自行筹措。"②后来由于"两个审查会"的成立,教育部没有再去设立译名处,转而支持并依靠"两个审查会"的工作。

在医学名词审查会成立之前,教育部还颁发过若干译名。1915年,教育部委托陈文哲拟定《无机化学命名草案》,并颁发给全国各高等专门学校化学教员讨论。③

1.2 "两个审查会"的历次名词审查大会

医学名词审查会诞生几个月后,1916年8月7日,在江苏省教育会会所召开第一次正式名词审查大会。文献上有时称年会,有时称大会等,本书一概称名词审查大会。来自博、苏教、医药、医学、部(这里用简称,全称见附录1)等5个组织的代表20余人出席了会议,④公推余日章为主席。⑤

在正式大会前一天(8月6日)举行的预备会上,议决审查方法如下:(1)经表决,到会代表的三分之二以上所同意的名词,作为统一的名词。(2)不满三分之二的名词,取得票最多的两种名

---

① 纪录:教育界略闻:内纪:译名处之拟设[J].湖南教育杂志,1915,(3):4.
② 纪录:教育界略闻:严复任译名处主任[J].湖南教育杂志,1915,(6):8~9.
③ 陈文哲. 序[A].郑贞文.无机化学命名草案[M].上海:商务印书馆,1920.
④ 医学名词审查会第一次大会记[J].中华医学杂志,1916,2(3):1.
⑤ 医学名词审查会记略[J].中华医学杂志,1916,2(3):2.

词,再表决一次。如仍不满三分之二,两者并存,但以得票多的名词列在前面。(3) 第二次表决时,如有人主张尚待考察,则该名词推到下一日再作决定。①

此次审查大会,执行了上述审查方法。如 Applied anatomy 的译名有"医科体学、医科解剖学、应用解剖学"等,经投票表决,三分之二的人赞成用"应用解剖学",大会遂决定用"应用解剖学"这一译名。Vertical 的译名有"垂直"、"铅直",经投票表决,在出席会议的十八位代表中,赞成"垂直"的代表有 11 人,赞成"铅直"的代表有 6 人,均未达到三分之二,故大会决定两个译名并存,但把"垂直"排在前面。

此次大会审查了解剖学通用名词及骨骼名词,大会所依据的草案是由中华民国医药学会起草的,②大会审查通过名词 1200 条。③ 此次大会还议决下次大会除了继续审查解剖学名词外,还审查化学名词。④

1917 年 1 月,医学名词审查会召开第二次审查大会。来自博、苏教、医药、医学、理、部 6 个组织的 30 余位代表参加了正式大会。新加入组织为理科教授研究会。由于要审查的名词不止一种,所以,从这次开始,正式审查大会分为两部分:分组审查会议和各组联合会议。对于后者,有的文献称各组联合会议,有的称各组联席会议,等等,本书一律称各组联合会议,简称联合会议。分组

---

①② 沈恩孚. 医学名词审查会第一次审查本序[J]. 教育公报(一期),1918,(1):3~4.

③ 医学名词审查会第一次大会记[J]. 中华医学杂志,1916,2(3):1~2.

④ 医学名词审查会第一次开会纪录[J]. 中华医学杂志,1917,3(2):59.

审查会议审查各科名词,有时分组审查会议也推定下次大会所用名词草案的起草者。联合会议决定诸如下次大会召开时间、地点、审查名词类别、所用名词草案的起草团体等事项。此次大会的分组审查会议包含解剖学组和化学组。解剖学组主席为余日章,该组审查了解剖学的韧带名词和肌肉名词等。① 化学组主席为吴和士,该组审查了化学的化学元素名词。②

审查化学名词时,中华民国医药学会和理科教授研究会各自提出了草案。经表决,决定审查造字意译或音译的名词时用医药学会草案,审查元素、化合物名词时用理科教授研究会草案,博医会的元素旧译名总表作为参考。③ 审查解剖学名词所用的草案系由中华民国医药学会起草。

在这次会议上,化学组的主要成绩是确定了元素中文译名,现以 Oxygen、Nitrogen 译名的确定为例,说明其工作经过及影响。

案例:Oxygen、Nitrogen 译名的确定

Oxygen、Nitrogen 是西方的两个元素名称,其译名在中国的统一经历了一个艰难的历程。

(1) Oxygen、Nitrogen 的西文原意及民国以前的中文译名

"Oxygen"、"Nitrogen"起源于西方,1855 年,英国传教士合信(Benjamin Hobson,1816—1873)在《博物新编》里首次将其翻译到中国来。

氧元素是现代化学最重要的角色之一,于 1774 年 8 月 1 日被

---

① 医学名词审查会第二次开会纪录[J]. 中华医学杂志,1917,3(2):61~82.
②③ 化学名词审查组第一次纪录[J]. 中华医学杂志,1917,3(3):24~44.

发现。这一天被认为是推翻燃素说的日子。发现氧气的普里斯特利(Priestley, 1733—1804)将它称为去燃素气(denhlogisticated air)。其实，在他稍早之前，瑞典化学家舍勒(Scheele, 1742—1786)就已经发现了它的存在，只是由于书商延误出版，才导致了舍勒的文章比普里斯特利的文章晚发表。舍勒将他所发现的气体称为火气(fire air)。也有人将这种气体称为生气(vital gas)或养气(nourishing gas)，因为它是人和动物生命所必需的气体。在经过磷酸、硫酸、硝酸及氮氧化物等不同酸性物质的实验后，1778年，拉瓦锡对酸性物质归纳出一个结论：氧气是酸性物质制造者，并将普里斯特利和舍勒所发现的气体改称为Oxygen。日本将其译为"酸素"。19世纪初，欧洲的化学家发现，拉瓦锡的"氧气是酸性物质制造者"这个结论并不正确，盐酸(HCl)和氢氟酸(HF)都不含有氧元素，但它们都有酸性。因此，他们认为，拉瓦锡对Oxygen的命名并不正确。[①]

合信在《博物新编》里将Oxygen翻译为"养气"，依据的不是"酸制造者"之意，而是取"生养"之意：

"养气又名生气：养气者中有养物，人畜皆赖以活其命。无味无色，而性甚浓，火藉之而光，血得之而赤，乃生气中之尤物。"[②]

18世纪末，拉瓦锡将氮气重新命名为azote，此词源自希腊文字。拉瓦锡之所以将氮气命名为azote，是基于氮气与氧气的性质

---

① 张澔.氧氢氮的翻译：1896—1944[J].自然科学史研究，2002，21(2)：123~134.

② 合信.博物新编(一集)[M].上海：墨海书馆，1855.10.

对比。他认为,对人类而言氧气是呼吸必需品,而氮气却不是。在希腊文中,"a"表示"否定"意,"zote"表示"生命"意。德国将拉瓦锡的 azote 译为 stickstoff,stick 有"窒息"之意,stoff 表示"原始物质"之意。日本将它译为"窒素"。英国人并没有采用 azote 这个名词,英国化学家借用传统硝化合物的 nitri-nitro,创造出 Nitrogen 这个新名称。nitro 源于拉丁文的 nitrum。英文的 nitre 或 niter 就是今天所说的硝石(saltpeter)。

在《博物新编》里,合信既没有按照拉瓦锡的 azote 的意义来翻译,也没有按照英国人所使用的化学名词 Nitrogen 的意义来翻译,而是取"冲淡生气(养气)的浓度"的意思,将 Nitrogen 译为"淡气":

"淡气者,淡然无用,所以调淡生气之浓者也。功不足以养生,力不足以烧火。"[①]

译名"养气"、"淡气"基本上被随后出版的化学书籍采用,如《化学鉴原》就使用了该译名:

"昔人所译而合宜者,亦仍之,如养气、淡气……是也。"[②]

造一个形声字来表示化学元素名称,是我们现在所使用的元素译名方法,这种方法既照顾到汉语习惯,又避免了完全音译的烦琐。这是由在江南制造局工作的傅兰雅和徐寿提出来的。[③] 但对于 Oxygen、Nitrogen,他们沿用了"养气"、"淡气"两个译名。

---

① 合信.博物新编(一集)[M].上海:墨海书馆,1855.11.
② 傅兰雅,徐寿译.化学鉴原(卷 1)[M].上海:江南制造局,1872.21.
③ 王扬宗.化学术语的翻译和统一[A].赵匡华.中国化学史·近现代卷[M].南宁:广西教育出版社,2003.74.

1877年,益智书会在上海成立。益智书会为统一科技译名做了一定的工作。1898年,它出版了《修订元素表》(The Revised List of Chemical Elements)。该表依据"重要元素应该意译、一个元素译以一个汉字"的原则,将 Oxygen 译为"养",将 Nitrogen 译为"育"。"育"由高似兰提出,他认为,"养"(Oxygen)可以滋养我们的肺,"育"(Nitrogen)可以滋养我们的胃。[①] 1901年,益智书会公布《协定化学名目》(Chemical Terms and Nomenclature),与1898年发表的《修订元素表》基本一致,只是给所有气体元素名称加上了"气"字头。[②] Oxygen、Nitrogen 的译名就成了"氧"、"氪"。这一改变能保证元素译名协调,满足了译名的系统化原则。

1908年,清政府学部审定科编纂了《化学语汇》,用的是"养气"、"淡气"。这两个译名是怎样来的,书中未作说明。

甲午战争之后,我国翻译了许多日文书籍,日本汉文化学元素名词"酸素"(氧)、"窒素"(氮)直接进入了中国。

(2) 中国科学社、中华民国医药学会和北京政府教育部提出的译名

1915年,任鸿隽在《科学》杂志第1卷第2期上发表《化学元素命名说》[③]一文,提出元素译名。他把 Oxygen、Nitrogen 译为"养"、"硝"。

Oxygen 的日本译名为"酸素",部分中国人直接使用了这个名

[①] 张澔.氧氢氮的翻译:1896—1944[J].自然科学史研究,2002,21(2):123~134.
[②] 王扬宗.清末益智书会统一科技术语工作述评[J].中国科技史料,1991,(2):15.
[③] 任鸿隽.化学元素命名说[J].科学,1915,1(2):157~166.

词。任鸿隽对此提出批评。他认为,中国人不应该照Oxygen的原意来翻译,因为,当时化学知识不足,因而造成Oxygen的命名错误。任鸿隽这个理由和19世纪初欧洲化学家所持的理由一样。此外,任鸿隽还认为,在汉语里,"酸素"与"酸类"这两个名词容易造成混淆。因此,他选择了"养"这个译名:

"Oxygen之原意为造酸(Acid)。日本人名之曰酸素,亦意译也。不知Oxygen得名之时,化学造诣未深。是时学者意谓Oxygen为酸类(Acid)不可少之原素,实则酸类中不含Oxygen者正多(如HCl是其一例),故曰Oxygen、曰酸素,皆昔人之误也。然在彼方,其名虽误,仍得沿用无碍。何则?彼酸素之字曰Oxygen,酸类之字曰Acid,音义迥殊,自无混淆之虞。若在用汉字之国用之,则酸素与酸类,尤易令初学瞀眩。吾又于Oxygen之名不取日译之酸素,而取吾旧名之养,正以此耳。"

任鸿隽认为将Nitrogen译为"硝"比译为"淡"更好,有两个原因:一是"硝"照原意翻译,能和"硝酸"名称一致;二是"硝"不如"淡"造成的混淆多:

"Nitrogen之原意为造硝,吾国旧名曰淡,日本名曰窒,皆就其物理上性质而与之名也。然吾以为化学元素中,唯此名当从其本意而命之曰硝。以此元素所成之酸类曰硝酸,其他化合物曰硝酸盐,沿用已久。且如改硝酸为淡酸,反与浓淡之意混淆不清也。夫硝虽亦为化合物,而此物质实以硝素为其重要成分。此与酸素之不必于酸类者殊科。而硝石之为物,又未尝效用于日常,虽用以名元素,不必有与硝石混淆之患,而转与硝酸等一致之益。吾人权其得失利便,诚不能不去彼取此也。"

在文中,任鸿隽共提出 83 种元素的译名,以供中国科学社"暂时之用"。到 1920 年,由于元素译名混乱,任鸿隽并不主张非使用他提出的元素译名不可,而是希望大家能统一意见,而不要"固执己说"。①

大约在 1916 年,中华民国医药学会提出了《化学名词草案》,该《草案》也对元素译名作出了规定。他们认为,元素的翻译应以西文(拉丁语、英语、德语)原意为首要依据,然后再参考旧译名和日本译名:

"造字译义以拉丁英德语为主,再参用旧译名及日本译名。各从其适当者,会意而采取之。"②

在气体元素翻译方面,中华民国医药学会认为,在一种元素对应一个单字的原则下,为明了、简单、系统化起见,过去的译名"养"、"淡"、"养气"、"淡气"及来自日本的译名"酸素"、"窒素"等都不宜用:

"(一)……养、育、淡……等字在行文上易与名词、动词、形容词相混,不能以一字独立成名。

(二)如……养气、淡气、硝气……必于名词、动词、形容词之下,加一气字区别之,殊觉烦赘,且与液体从水,固体从石,金属从金,皆能以一字独立成名者不归一律。

(三)旧名硝气、盐气及日名……酸素、窒素……尽可采取其意,唯不便直袭之。所以不便直袭之理由,固旧名必连气字,日名

---

① 任鸿隽.无机化学命名商榷[J].科学,1920,5(4):347~352.
② 中华民国医药学会.化学名词草案[M].京华印书局,1916?.1.

必连素字,其弊正与(一)(二)项相同。"①

Oxygen 的中文译名绝大部分与它的西文原意没有关系,因为它的原意被认为是错误的。但是,中华民国医药学会就照 Oxygen 的原意来翻译。中华民国医药学会认为,虽然 Oxygen 的命名并不正确,但是,德国和日本都按这个被认为错误的名词来翻译,因此,翻译 Oxygen 时应取意于"酸素"。所以,在一种元素对应一个单字的原则下,中华民国医药学会把 Oxygen 翻译成"氱"。中华民国医药学会还认为,"氱"不会与"酸类"之"酸"造成混淆:

"氱字之取义及来历:一千八百八十一年 Lavoisier 氏检明空气中 O 之性状,设燃烧之理论命名为 Oxygenium。特当时误 O 为酸类之主成分。德人沿从来之习惯,遂亦定名为 Sauerstoff,日本因亦译为酸素。今定名虽取义于此,唯另造单字从气作氱,音酸,义同酸素,而与酸类之酸实显然有别也。氱与化学命名法上之关系:日本化学命名法,凡物与酸素化合名酸化(Oxydation),由酸化而生之物名酸化物(Oxyd)。今以 O 作氱,可仍其音义变形作氱化、氱化物,例如 CuO 即名氱化铜,余类推。唯酸类之酸仍用酸字,以示区别。"②

前文说到,拉瓦锡之所以将氮气命名为 azote,是基于氮气与氧气性质的对比。他认为,氧气对人类而言是呼吸必需品,而氮气却不是。在希腊文中"a"表示"否定"意,"zote"表示"生命"意。德

---

① 中华民国医药学会. 化学名词草案[M]. 京华印书局,1916?. 2.
② 中华民国医药学会. 化学名词草案[M]. 京华印书局,1916?. 3.

国将拉瓦锡的 azote 翻译为 stickstoff，stick 有"窒息"意，stoff 表示"原始物质"意。日本将它翻译为"窒素"。对于氮的翻译，在一种元素对应一个单字的原则下，中华民国医药学会根据氮气能从硝石中提取之意，提出"氜"这个名词。这一次中华民国医药学会没有以拉瓦锡的命名为标准，也没有参考德国及日本的译名，而是以 Nitrogen 的由来作为翻译的依据：

"氜字之取义及来历：当七百年时代 Geber 氏已知制造 Acidum Nitricum 之法，可加明矾或胆矾于硝石（Nitre）而得之。至一千八百年代 Glauber 氏遂发明自硝石制造 Acidum Nitricum。可知 N 为硝石中一元质，能取自硝石中。故拉丁文之 Nitrogenium，其语原即本诸 Nitre（硝石）也。今定名取《化学指南》旧译原义，特造单字从气作氜，音硝，义与硝气相同。"①

1916 年，中华民国医药学会等团体发起成立了医学名词审查会。1917 年 1 月，医学名词审查会审查化学元素名词时，否决了"氮"和"氜"两个译名，所以，这两个译名的影响不是很大。

1915 年 9 月，教育部公布了元素译名，认为 Oxygen、Nitrogen 的旧译名"养"、"淡"，日本译名"酸素"、"窒素"都是译义，都有不妥之处，应用时容易使人误解。② 因此，教育部将 Oxygen、Nitrogen 的译名定为"氧"、"氮"。郑贞文认为"氧"、"氮"在当时已经通用，教育部只是顺应了这种潮流而已：

"民国四年，教育部定为译名，颁行全国，盖在当时早已通用，

---

① 中华民国医药学会.化学名词草案[M].京华印书局，1916?.3.
② 郑贞文.无机化学命名草案[M].上海：商务印书馆，1920.7~8.

教育部特仍之耳。"①

"氧"、"氮"这两个译名虽由教育部公布,但在当时并未获得一致赞同。后来曾任国立编译馆时期化学名词审查委员会委员的吴承洛,在1926年发表的文章中,还反对"氧"这一译名,认为"氧"不能代表"养"的意义,而且容易引起误会:

"氧只与养谐音,并不能代表养字之意义,无取焉。又羊字大显,易引起误会。"②

(3) 医学名词审查会所定的译名

1917年1月,医学名词审查会召开第二次审查大会。大会审查了化学元素名词。③

审查化学元素名词时,中华民国医药学会提出的"氜"、"氮"也在讨论之列。

审查所依据的草案将 Oxygen 的译名拟订为"养"、"氱"、"氮",将 Nitrogen 的译名拟订为"淡"、"氜"、"氜"。

1月11日,代表们审查了 Oxygen、Nitrogen 的译名。

审查 Oxygen 的译名时,首先是中华民国医药学会的代表彭树滋(敏伯)介绍了"氮"的来历:

"一千八百八十一年 Lavoisier 氏检明空气中 O 之性状,设燃烧之理论命名为 Oxygenium。特当时误 O 为酸类之主成分。德

---

① 郑贞文.化学译名商榷案[A].教育部化学讨论会专刊[M].国立编译馆,1932.213.
② 吴承洛.无机化学命名法平议[J].科学,1926,12(10):1450~1451.转引自张澔.氧氢氮的翻译:1896—1944[J].自然科学史研究,2002,21(2):123~134.
③ 化学名词审查组第一次纪录[J].中华医学杂志,1917,3(3):24~45.

人沿从来之习惯,遂亦定名为 Sauerstoff,日本因亦译为酸素。今定名虽取义于此,唯另造单字从气作氱,音酸,义同酸素,而与酸类之酸实显然有别也。"

沈信卿认为:"酸字从酉,去之则酸字之义大异,故'氱'之造法尚未妥善,不如'養'字会意而兼谐声。"

俞凤宾赞成沈信卿的观点。在此之前,大家已确定 Hydrogen 的译名为"氫"、"轻"。所以俞凤宾认为"养"字也应列在后面,以便和 Hydrogen 的译名体例保持一致。

经表决,大家一致同意 Oxygen 的译名为"養"、"养"。

审查 Nitrogen 的译名时,沈信卿认为"𬨎"这个名词的缺陷和"氮"这个名词的缺陷相同,因为"硝"字从石,"去之则与硝之字义大异",他还认为"'𬨎'字造法亦未妥善"。

俞凤宾则主张另造"氮"字,以便和"氫"、"養"相配,也是会意兼谐声。吴家杰(伯俦)持有相同的看法。

经表决,大家一致同意 Nitrogen 的译名为"氮"、"淡"。

此次审查会结束前夕,尚有些空余时间,于是会议主席提议将已经公决过的元素名词"复行整理为宜,(该)修改者即修改之,须使十分妥帖方有效力"。经表决大家同意整理元素名词。

16日,纪立生、聂会东、顾型(绍衣)、恽福森(季英)认为应该用"氱"、"氧"分别代替"養"、"氮"。

他们的理由是,关于"氱":"合易气二字为一,说文:水象众水并流,中有微易之气。是古人已知水中有此原质但未确定其名耳,今据此义制为氱字,读若养,会意兼谐声。"关于"氧":"合单气二字为一,此原质在气体原质中不易与他质化合,有单独性,故制为氧字,读若淡,会意兼谐声。"

在17日的表决中,大家一致同意用"氱"、"𣱚"分别代替"䰄"、"𩱷"。

这样,Oxygen、Nitrogen 的译名就被分别确定为"氱"、"养"和"𣱚"、"淡"。

医学名词审查会审查通过的元素译名后来经教育部审定,Oxygen、Nitrogen 的译名被保留。《东方杂志》17卷7号公布了经教育部审定过的名词,[①]并补充说明了医学名词审查会审查元素译名的主旨是有意可译者译义、无意可译者译音,并且以习惯为主:

"本会审定名词,主旨凡三:(一)有确切之意义可译者译义,如氢、氱、𣱚、氯等。(二)无意可译者译音(西文之首一字音),如金属原质,大都循此例。(三)不论译音译义,概以习惯为主,故氢、氱、𣱚、氯,虽造新名,而音则仍与轻、养、淡、绿无异也。命名之体例,凡气体原质概从气,液体原质概从水,固体之非金属原质概从石,金属原质概从金。唯炭、燐不加石者,因从习惯,加石转令人茫然故也。今将其中改定重要数原质,说明其意义如左。"

还对"氱"、"𣱚"的来由作了公开说明:

"氱(O)易音与养同。说文:水象众水并流,中有微易之气。夫水为 H 与 O 所成,故据此用之,但加气头,制为氱字,读如养,会意兼谐声。"

---

① 科学名词审查会第一次化学名词审定本[J].东方杂志,1920,17(7):119～125.

"氮(N)单音与淡相似。且 N 不易与他原质化合,有单独之意。故加气头于单,制为氮字,读如淡,会意兼谐声。"

单行本《教育部审定化学名词(一):原质》[①]还列举了化学元素译名审查员名单:

教育部代表:汤尔和

博医会代表:纪立生(S. G. ilison)、盈亨利(J. H. Ingram)、聂会东(James Body Neal)

中华民国医药学会代表:王程之(幼度)、赵燏煌(午桥)、彭树滋(敏伯)

中华医学会代表:俞凤宾、刘瑞恒(月如)、曹惠群(梁厦)

江苏省教育会代表:沈恩孚(信卿)、吴冰心(主席)、顾型(绍衣)、陈庆尧(幕唐)

江苏省教育会理科教授研究会代表:凌昌焕(文之)、恽福森(李英)、吴家杰(伯俦)

医学名词审查会在元素译名的审查方面不可谓不用心,其审查通过的元素译名也经过了教育部的审定、公布。但是,由于没有化学学会的加入,其审查通过的元素译名并不能代表化学界的意见。从审查员名单看,这些译名更多的是代表医学界和医药界的意见。后来,教育部虽然公布了这些译名,但并没有什么措施要求全国遵用。故这些元素译名仅仅统一于上述几个团体之间。实际上,影响更大的还是郑贞文制订的元素译名,中国科学院自然科学

---

① 教育部审定化学名词(一):原质[M].1920.

(4) 郑贞文制订的译名

郑贞文(1891—1969),号心南。13岁应童子试,中福州府秀才。15岁赴日求学。1915年考入日本东北帝国大学,攻读理论化学。1918年以第二名的优异成绩毕业。回国后任商务印书馆编译所理化部主任,直至1932年。在商务印书馆十五年中,编译出版了大量数学、物理和化学教科书。他回国后一直参与化学名词统一的工作,是我国化学命名工作的奠基人之一。

1920年,郑贞文在《学艺》上发表《化学定名说略》一文,认为化学定名要"严、简、有系统"。他解释说:

"使一事一物各得一名,一名仅表一事一物,不生疑义者,严为之也。使短略之文字符号能表繁杂之内容,不至牵强者,简为之也。使横足以表其性质,纵足以表其族类者,则有系统为之也。"[②]

他所说的"严、简、有系统",即为单义(一)、单义(二)、单义(三)、简单、准确、系统化(一)。

同年,他编纂的《无机化学命名草案》一书出版。该书确定元素译名时,以一种元素用一个既表状态又谐声的汉字表示为原则,若通行的俗名不合此原则,则对其进行改造,具体如下:

"1. 凡元素各以一字表示,由两部分组合而成,一以表态,一以谐声。其在常温常压之下,为气态者从气,为液态者从水,为金属者从金,非金属而为固态者从石。谐声以原字(拉丁音)之首节

---

① 何涓.清末民初化学教科书中元素译名的演变[J].自然科学史研究,2005,24(2):165~177.

② 郑贞文.化学定名说略[J].学艺,1920,1(4):41.

为主,其与他元素同音,或音近而难辨时,酌用次节之音。

2. 旧名之确表某元素无歧义仍能表态者用之。如金、银、铜、铁、锡、铅是也。不能表态者改之。如炭作碳,汞作銾是也。

3. 俗名之通行已久,仍能表态者用之。如溴、硅、硼是也。不能以一字表态者改之。如白金为铂,轻气为氫,略作氢。绿气为氯,略作氯。养气为氱,略作氧。淡气为氮,略作氮。"①

他特别指出,1915年9月教育部公布的元素译名,与上述原则较为吻合,且通行较广,故沿用它们,不必为了争论名词而标新立异。

依据上述原则,他把Oxygen、Nitrogen定名为"氱"、"氮",而把"氧"、"氮"分别作为它们的简化字。由于这两个元素的译名争议很大,所以他对此有详细的解释,指出不用医学名词审查会所定的"氱"、"氧",主要是因为"氱"、"氧"二名的来由有些牵强附会:

"……Oxygen、Nitrogen……各书命名不同。旧译作……养、淡……。从日译者,作……酸素、窒素……。二者译义,皆有未妥之处,而应用时,又易致人误解。学者病之。……医学名词审查会所造之字,骤观之似极机巧,细察之则涉牵强。其说明曰:'易音与养同,说文水象众水并流,中有微易之气。故据此用之曰氧。单音与淡相似,且淡气不易与他原质化合,有单独之意。故曰氮……',夫养气以结合状态,存于水中,非能游离而出也。即谓游离之养气。可溶于水,然水中所溶之气态,何只一养气。若以易会意,则初学者不疑水中之养气,可以游离乎。物质之中,与他元素不化合者,莫如零族元素。从该会之说,则氦(He)、氖(Ne)、氩(A)、氪

---

① 郑贞文.无机化学命名草案[M].上海:商务印书馆,1920.1.

(Kr)……氮(Nt)等,皆可名之曰氧。况淡气之化合物尚多,尤非单独而存在者,则以氧会意,亦不明显。……且元素命名之取谐音者,亦谐原名之音,使学者便于记忆耳。今氯、氧……等所谐者均非原名之音,已失原名之正轨,或取双声,或取近似,亦失俗名(养、淡……)之原音。立异标新,徒增庞杂。窃谓元素命名之本意,在假一相当之字,以为其符征足矣。习用之字,无大弊者,无妨仍之,以求易于通行。故拟加气首于……养、淡……之上,造……氱、氮,……等字。而以部拟之……氧、氮……为其略字而用之。"①

商务印书馆一直采用郑贞文制定的名词系统,直到1932年商务印书馆的旧版在"一·二八"战役中被全部烧毁为止。

"两个审查会"没能完成统一Oxygen、Nitrogen译名的任务,这个任务留给了后来的国立编译馆。

在1917年1月召开的医学名词审查会第二次审查大会上,联合会议议决设立执行部,负责处理会前会后的一些事务。执行部由各团体推派代表组成。此次推定人员为:余日章(执行部主任)、俞凤宾、汪企张、沈信卿、皮比、吴和士。联合会议议决下次大会审查的名词为:(1)解剖学的内脏名词和五官名词,如有余暇则兼及血管名词和神经名词。(2)化学的术语及化合物名词,如有余暇则兼及有机化学名词。草案仍由中华民国医药学会提出。其他团体若有意见书,可送交执行部。②

---

① 郑贞文.无机化学命名草案[M].上海:商务印书馆,1920.7~8.
② 医学名词审查会第二次开会纪录[J].中华医学杂志.1917,3(2),61~82.

同年7月，执行部开会，起草了医学名词审查会章程，章程内容是以以往的习惯为基础的。会后执行部呈报教育部，恳祈准予组织医学名词审查会，并呈送了第一次解剖学名词审查本，望予批准。不久，医学名词审查会不但得到教育部的批准备案，还得到教育部给予的1000元补助金。[①] 其呈送的第一次解剖学名词审查本也于同年12月由教育部审定，并在《教育公报》上颁布。[②]

1917年8月，医学名词审查会召开第三次审查大会。来自博、苏教、医药、医学、理、华东、部7个组织的30余位代表参加了正式大会。新加入的组织为华东教育会。此次大会的分组审查会议包括解剖学组和化学组。解剖学组主席为余日章，该组审查了解剖学的内脏、五官两种名词。化学组主席为吴和士，该组审查了化学术语的全部名词。联合会议议决下次大会审查解剖学名词、化学名词和细菌学名词。[③] 前两者的草案仍由中华民国医药学会继续预备，细菌学草案由中华医学会编订。[④]

此次大会的预备会还讨论通过了《医学名词审查会章程》。[⑤] 兹将该章程摘录如下[⑥]：

---

① 张大庆.中国近代的科学名词审查活动:1915—1927[J].自然辩证法通讯，1996,(5):49.
② 公牍:批医学名词审查会第一次解剖学名词审查本[J].教育公报(一期)，1918,(公牍)47.
③ 医学名词审查会记要[J].中华医学杂志,1917,3(3):2~3.
④ 医学名词审查会第三次大会记[J].中华医学杂志,1917,3(3):1.
⑤ 医学名词审查会第三次开会纪录[J].中华医学杂志,1918,4(1),28~30.
⑥ 医学名词审查会章程[J].中华医学杂志,1917,3(3):4~5.

第一章　官方译名工作组织及其所做的工作

医学名词审查会章程

第一条　本会专为审查关于医学药学之一切名词而设,定名为医学名词审查会。

第二条　本会系具有资格之各团体推举代表集合而成,他团体亦得继续加入,其所举代表以具有专门学识者为合格。

各团体代表每审查一部分名词得举三人,如在三人以上,该团体之表决权仍以三权为限。

第三条　凡审查一部分名词,其草案须先由一团体提出,或经大会委托一团体编订,于开会前两个月分送与会各团体,以便讨论时各抒己见。

第四条　本会每届开会两个月前,应请教育部派代表与会审查。

第五条　本会每届开会之前一日,应先集会员开预备会,举主席、推书记、定审查之日程。

第六条　本会审查方法如下(原文作"左"——笔者注):

甲　到会人数三分之二以上决定者,作为统一之名词。

乙　不满三分之二者,取比较多数存两种名词再决一次,如仍不满三分之二者,并存之,但以多数者列前。

丙　第二次之公决,如有人主张尚待考察者,得于下一日决之。

丁　若有二种以上之草案同时提出者,得分组审查,以省时日。

第七条　凡草案经大会审查决定后,定名为审查本,需印刷分布海内外对于该科学素有特别研究者征求意见。意见书送达本会之期,以发出审查本后四个月为限。审查本整理意见酌加修正后,应呈请教育部审定颁布全国。

第八条　本会自每年七月五日(新历)起开会一次,会期以两星期为限,但遇必要时亦得开至二次以上。

第九条　本会暂假上海西区方斜路江苏省教育会为机关。

第十条　本会设执行部,每团体推定一人组织之,在闭会时期内执行会务。

第十一条　凡本会各项费用,暂由发起之四团体(博医会、中华民国医药学会、中华医学会、江苏省教育会)平均分任(草案印刷费,由一团体提出者该团体自任之,由大会委托一团体编订者,暂由四团体分任之)。

第十二条　本会章程有提议修改者,须经到会代表三分之二之同意方为议决。

章程规定了名词审查大会开会时间、名词审查方法、各项费用的摊派方法等。章程中最重要的一点就是规定了较为科学的名词审查的程序:会前起草、会上讨论、会后征求意见。这一点,后文还会讨论。

除了公布《医学名词审查会章程》和后文说到的《科学名词审查会章程》外,医学名词审查会和科学名词审查会均未公布具体针对名词编订、审查的条例(如名词编订体例、译名标准等)。

1918年7月,医学名词审查会召开第四次大会。来自博、苏教、医药、医学、理、博物、部7个组织的20多位代表参加了正式大会。①

---

① 医学名词审查会开会记要[J]. 中华医学杂志,1918,4(3):162~163.

此次大会的分组审查会议包含解剖学组、细菌学组和化学组。解剖学组主席为沈信卿。该组因疑难名词已于前数次大会解决，故辩论较少，提前完成。至此，解剖学名词全部审查完毕。细菌学组主席为严智钟。该组因草案的起草员丁外艰未出席审查会，故讨论时颇感困难，进展甚缓，加上各团体出席的代表少，所以，中止了审查，而是将对于草案的具体意见及应增删处开送原起草员参考，使有所修正，以便下次审查时更便利。化学组主席为吴和士。该组审查完毕无机化合物名词，开始审查有机化学名词。但有机化学命名法问题大费讨论，历时两日尚未解决。该组于开始审查的前一日已预料到这种情形，便预先推定审查员数人，作具体的研究，修正了原草案。算上各审查员提出的草案，有机化学命名法共有五种，可归纳为造字与不造字两派。经表决，权数相等。最后议决两派各编订草案一种，一起发给各团体、各专家征集意见。等下次开会时，选择一种，然后审查，以示慎重。为预防审查会中止起见，另备化学仪器名词草案一种，委托中华医学会曹惠群编订。①

联合会议议决下次审查大会仍审查化学名词、细菌学名词和组织学名词，前两者的起草团体照旧，组织学名词草案由中华民国医药学会汤尔和主稿，博医会施尔德为其助手。②

因为医学名词和化学名词与其他各学科名词相互关联，必须将各学科名词一一审查，方能达到统一译名的目的。于是，1918年8月召开的第四次大会议决将医学名词审查会改名为科学名词

———————

①② 医学名词审查会开会记要[J].中华医学杂志,1918,4(3):162～163.

审查会①。同月呈报教育部准核备案。有的文献说是1917年8月召开的第三次大会议决将医学名词审查会改名为科学名词审查会,②这恐怕有误。

1918年10月,全国中等学校校长会议召开。为了统一科学名词,会上建议教育部委托各地方科学学会编订科学名词。③

1918年11月,教育部根据医学名词审查会的申请和上述校长会议的建议,批准医学名词审查会改名为科学名词审查会,并从该月起,每月给予400元补助。④ 医学名词审查会改名为科学名词审查会后,审查范围由医学名词扩大到各科名词。

可见,"医学名词审查会"改名为"科学名词审查会"有上述两个原因:一个是会内原因,一个是会外原因。张大庆⑤注意到了会内的原因,王树槐⑥和张澔⑦则注意到了会外原因。

同年,执行部修改了章程,兹录如下:⑧

科学名词审查会章程

第一条 本会专为审查关于科学之一切名词而设,定名为科学名词审查会。

---

① 科学名词审查会第五次开会记录[J].中华医学杂志,1920,6(2):105.
② 拟呈中华民国大学院稿[J].中华医学杂志,1928,14(1):71.
③ 朱隐青.驳教育部划一科学名词之咨文[J].学艺,1920,1(4):117~118.
④ 中国近七十年来教育记事[M].国立编译馆,1934.78.
⑤ 张大庆.中国近代的科学名词审查活动:1915—1927[J].自然辩证法通讯,1996,(5):47~52.
⑥ 王树槐.清末翻译名词的统一问题[J].(台北)近代史研究所集刊,1971,(1):77.
⑦ 张澔.中文化学术语的统一:1912—1945[J].中国科技史料,2003,(2):123~131.
⑧ 科学名词审查会章程(民国七年修正)[J].中华医学杂志.1919,5(1):58~59.

第一章　官方译名工作组织及其所做的工作　　39

第二条　本会系研究科学具（原文作"积"——笔者注）有资格之各团体推举代表集合而成，继续加入之团体须经大会之承认，所举代表以具有专门学识者为合格。

各团体代表每审查一部分名词得举三人，如在三人以上，该团体之表决权仍以三权为限。

第三条　凡审查一部分名词，其草案须先由一团体提出，或经大会委托一团体编订，于开会前两个月分送与会（原文作"议"——笔者注）之各团体，以便讨论时各抒己见。

第四条　本会每届开会两个月前，应请教育部派代表与会审查。

第五条　本会每届开会之前一日，应先集会员开预备会，举主席、推书记、定审查之日程。

第六条　本会审查方法如下（原文作"左"——笔者注）：

　甲　到会人数三分之二以上决定者，作为统一之名词。

　乙　不满三分之二者，取比较多数存两种名词再决一次，如仍不满三分之二者，并存之，但以多数者列前。

　丙　第二次之公决，如有人主张尚待考查者，得于下一日决之。

　丁　若有二种以上之草案同时提出者，得分组审查，以省时日。

第七条　凡草案经大会审查决定后，定名为审查本，须分布海内外对于该科学素有特别研究者征求意见。意见书送达本会之期，以发出审查本后四个月为限。审查本整理意见酌加修正后，应呈请教育部审定颁布全国。

第八条　本会自每年七月五日（新历）起开会一次，会期以两星期为限，但遇必要时亦得开至二次以上。

第九条　本会暂假上海西区方斜路江苏省教育会为机关。

第十条　本会设执行部，每团体推定一人组织之，在闭会时期内执行会务。

第十一条　凡本会各项费用（一大会、二执行部、三审定本印费），由各团体平均分任。草案印刷费，由一团体提出者该团体自任之，由大会委托一团体编订者，由与会（原文作"议"——笔者注）之各团体分任之。审定本印费亦由与会（原文作"议"——笔者注）之各团体分任之。

第十二条　本会章程有提议修改者，须经到会代表三分之二之同意方为议决。

和原先的《医学名词审查会章程》相比，《科学名词审查会章程》将原来的"医学名词审查会"改为"科学名词审查会"，并将审查范围由医学名词扩大到各科科学名词，还规定继续加入科学名词审查会的组织须经大会同意。其余内容基本照旧。

1919年7月，科学名词审查会召开第五次大会，来自博、苏教、医药、医学、理、博物、科、部8个组织的40余位代表参加了正式大会。中国科学社为新加入的组织。[①]

此次大会的分组审查会议包含组织学组、细菌学组和化学组。

---

① 科学名词审查会第五次大会[J]. 中华医学杂志, 1919, 5(3): 104.

组织学组主席为沈信卿，①该组审查完毕组织学名词。细菌学组主席不详（可能是王完白，因联合会议上是他报告该组审查情形的，按惯例，一般由主席报告），该组审查完毕细菌学总论名词。②化学组主席为吴和士，该组审查了化学仪器名词和有机化学名词。③上次会议推定徐凤石（主张造新名词）、陈慕唐（主张不造新名词）各起草有机化学名词草案，但徐凤石的草案未到，④所以审查有机化学系统名词时依据的是陈慕唐的草案。⑤该组还推定陈慕唐、张省吾等编订下次会议用的有机化学名词草案。⑥

联合会议议决下次大会审查细菌学名词、化学名词和物理学名词，物理学名词草案由中国科学社编订，细菌学名词草案由中华民国医药学会编订。化学名词（有机化学名词）草案，由化学组推定陈慕唐、张省吾等编订。联合会议还议决邀请化学学术团体及与化学有密切关系的各专门以上学校均推代表参加下次化学名词的审查。⑦

1920年7月，科学名词审查会召开第六次大会。来自部、博、医药、医学、苏教、理、科、华教、博物、北化、北大、北师、沈师、成师、广州师、北工、北农、山农、北物、丙20个组织的近60位代表参加了正式大会。⑧

---

① 科学名词审查会第五次开会记录[J].中华医学杂志，1920，6(2)：109.
② 科学名词审查会第五次开会记录(续)[J].中华医学杂志，1920，6(3)：167.
③ 科学名词审查会第五次开会纪录(续)[J].中华医学杂志，1920，7(1)：53.
④ 科学名词审查会第五次开会记录[J].中华医学杂志，1920，6(2)：106.
⑤ 科学名词审查会第五次开会纪录(续)[J].中华医学杂志，1921，6(4)：248.
⑥ 科学名词审查会第五次开会纪录(续)[J].中华医学杂志，1920，7(1)：59.
⑦ 科学名词审查会第五次开会纪录(续)[J].中华医学杂志，1920，6(3)：171.
⑧ 科学名词审查会第六届年会记要[J].中华医学杂志，1920，6(3)：160～162.

此次大会的分组审查会议包含细菌学组、化学组和物理学组。细菌学组主席为王完白,该组审查了细菌分类名词、细菌各论名词及免疫学名词。由于细菌总论名词,上次会议已审查完毕,故细菌学名词全部完成。化学组主席为吴和士,该组此次会议加入的团体甚多,人数骤增,旧代表仅占全体审查员的五分之一。新代表认为上次会议议定的有机化学系统名词不够恰当。参加此次会议的丙辰学社也提出了草案,但代表们认为不够完善。于是另定系统大纲五条,每日下午由编纂小组拟定下一日的草案,此次会议该组已将脂肪族名词审查完毕。该组还审查完毕有机化学普通名词。此外,该组还推定俞同奎、陈世璋、沈溯明3人为起草员,根据此次会议议决大纲,将芳香族等名词全部起草好,作为下次会议草案。物理学组主席为北京大学张大椿,该组审查了力学名词和热学名词。[①]

联合会议议决下次大会继续审查物理学名词和化学名词,增加病理学名词和动物学名词。物理学名词草案由中国科学社编订,化学名词草案由化学组推定的俞同奎、陈世璋、沈溯明3人编订,病理学名词草案由博医会编订,动物学名词草案由中国科学社编订。[②]

1921年7月,科学名词审查会召开第七次大会。来自博、苏教、医药、医学、理、华教、博物、科、农、南师、广东师、厦大、部13个组织的40余位代表参加了正式大会。[③]

[①②] 科学名词审查会第六届年会记要[J].中华医学杂志,1920,6(3):160~162.
[③] 科学名词审查会第七次开会记[J].中华医学杂志,1921,7(3):129~133.

此次大会的分组审查会议包含病理学组、化学组、动物学组和物理学组。各组主席不详。病理学组审查了病理通论名词。化学组审查完毕有机化学名词。至此,所有化学名词均已审查完毕。物理学组审查了磁学名词和电学名词。动物学组因草案未及预备,故此次会议所讨论的是编订方法大纲,预备下年开始提出草案。①

联合会议议决下次大会审查病理学名词、物理学名词、动物学名词和植物学名词。病理学名词草案由博医会编订,物理学名词草案和动物学名词草案由中国科学社编订。联合会议还议决1923年应提出动物学名词草案、生理学名词及生理化学名词草案、数学名词草案、矿物学名词草案。其中,生理学名词草案及生理化学名词草案由博医会与中华民国医药学会共同编订,矿物学名词草案由中华博物学会编订。这些名词草案拟用于1924年的名词审查大会。1924年审查的草案提前一年提出,原因有二:一是以免印刷延误时间,二是便利审查员预先参考。因而,会议希望执行部略加修改章程中与草案有关的条款。② 因为为便于讨论,章程第三条规定于开会前两个月应将草案分送与会的各团体。

1922年7月,科学名词审查会召开第八次大会,来自博、苏教、医药、医学、理、华教、博物、科、农、部10个组织的近40位代表参加了正式大会。③

此次大会的分组审查会议包含病理学组、物理学组、植物学组和动物学组。病理学组主席为吴谷宜。该组审查了病理各论(泌

---

①② 科学名词审查会第七次开会记[J]. 中华医学杂志,1921,7(3):129~133.
③ 科学名词审查会第八届年会之报告[J]. 中华医学杂志,1922,8(3):185~187.

尿系统、眼耳鼻咽喉、无管腺及淋巴系统、神经系统、赘瘤学及循环系统、血液等)名词。物理学组主席为恽季英,该组审查完毕光学名词和声学名词。至此,物理学名词全部审毕,前后费时共3年。植物学组主席为吴和士,该组审查了植物学术语及科目名称等名词。这部分名词为上年中华博物学会开会审查过的名词。中华博物学会为征集意见,送科学名词审查会讨论,以此作为最后的修正。所以讨论比较容易,术语名词全部完成,除对原稿作了少数修正外,还增补不少。科目名称因比较复杂,仍需征集意见,留待下次会议确定。动物学组主席为薛良叔,因原草案不甚适用,该组此次会议依据薛良叔《近世动物学》临时起草。该组已审查完毕门、纲、目名词及无脊椎动物术语,脊椎动物术语及进化、发生、遗传等名词,留待下次会议审查。①

联合会议议决下次大会审查病理学名词、生理化学名词、动物学名词、植物学名词和数学名词,1924年审查的名词种类在此基础上添加矿物学名词、生理学名词和药物学名词。动物学名词草案由中华博物学会及中国科学社共同编订,生理学名词草案由中华医学会编订,药物学名词草案由博医会编订。(数学名词草案已于上次大会推定中国科学社编订,矿物学名词草案亦于上次大会推定中华博物学会编订。)

有些名词,多科公用。这就容易造成同物异名现象。为了统一各科同物异名名词,此次联合会议议定办法如下:对于以前已经审查通过的名词,由各组互相检查一遍,摘出同物异名词,各推本

---

① 科学名词审查会第八届年会之报告[J].中华医学杂志,1922,8(3):185~187.

组代表 2~3 人,组织协定名词委员会协商确定。但推出的代表,须先取得本组公意。对于未经审查的名词,当草案印成后,由执行部延聘的编校员将各种草案中的同物异名词摘出,油印分发给各组,以便审查前另开协定名词委员会会议,使之归于一致。①

1923 年 7 月,科学名词审查会召开第九次大会,来自博、苏教、医药、医学、理、博物、科、农 8 个组织的近 50 位代表参加正式大会。②

此次大会的分组审查会议包含医学组、生理化学组、算学组、动物学组和植物学组。医学组主席为吴谷宜,该组审查了病理名词补遗、寄生虫学名词。该组病理名词草案,除了原定博医会草案外,又增添了谢崧凡的草案。部分原虫名词,因草案未备,此次会议未能审查。此外,医学组还推定中华民国医药学会代表、浙江医学专门学校盛佩葱、江秉甫两人起草药物名词。生理化学组主席为曹梁厦,由于以前化学组所审定的名词,对生理化学而言,尚不敷用,且各代表认为以前审定的化学名词不甚恰当,故生理化学组本次会议仅交换意见,未审查名词。该组希望下次开会时,以前审查过化学名词的部分代表能加入生理化学组进行审查。算学组主席为姜立夫,该组审查了数学名词、代数学名词和解析学名词。该组原名数学组,后认为"数学"一名不能包括各分支科目名词,经联合会议议决,改为算学组,而把数学当作算学的一个分支。动物学组主席为薛良叔,该组审查了动物学术语。植物学组主席为吴和

---

① 科学名词审查会第八届年会之报告[J]. 中华医学杂志,1922,8(3):185~187.
② 科学名词审查会第九届大会[J]. 中华医学杂志,1923,9(3):199~205.

士,该组先将上年遗留的科目名词讨论修正,接着审查本年预备的植物种名。但该项名词,仅为中等教科书及普通药物所需要的种类。其他种名,有待于继续起草、审定。①

联合会议议决下次大会审查医学名词(即病理学名词和生理化学等名词)、算学名词、动物学名词、植物学名词和矿物学名词。生理化学名词及有机化学名词补遗草案由余德荪、金仲直、陈禹臣、吴宪4人编订,算学名词草案仍由中国科学社的胡明复编订。动物学名词草案包含动物学术语、遗传学进化论术语和动物种名三部分。动物学术语由动物学组各代表分担,由薛良叔汇编,遗传学进化论术语由陈席山、秉农山两人起草,动物种名(含中国固有种名、最普通种名、旧名)由薛良叔、杜就田两人起草。植物学名词草案由中华博物学会、科学社、农学会共同担任,起草员为吴子修、胡步曾、钟心煊、陈宗一4人。(病理学草案继续使用本年草案,矿物学术语、矿物及岩石名词草案已由中华博物学会编订好,上年已出版。)联合会议议决以前审查过化学名词的曹梁厦、陈慕唐、王季梁三人加入下次大会的生理化学组,审查有机化学名词补遗。②

1924年7月,科学名词审查会召开第十次审查大会,来自博、苏教、医药、医学、理、博物、农、科、协和、部10个组织的几十位代表参加了正式大会(华东教育会是否与会不详)。③

此次大会的分组审查会议包含生理化学组、植物学组、动物学

---

① ② 科学名词审查会第九届大会[J].中华医学杂志,1923,9(3):199~205.
③ 科学名词审查会第十次大会在苏开会记[J].中华医学杂志,1924,10(5):416~430.

组、药理学组、算学组和矿物学组。此次大会审查名词种类与第九次大会预定种类略有不同。原定于此次大会审查的生理学及原虫学名词,因草案来不及完成,推到下一年审查。生理化学组主席为吴谷宜,该组审查了生理化学名词及有机化学名词补遗部分,但仍有缺漏,准备下次会议继续进行生理化学名词及有机化学名词合组审查。植物学组主席为吴和士,该组审查了种子植物属名。因为起草员未出席,故审查颇为不便。该组预定下次会议审查种子植物种名及孢子植物属名,已推定中华博物学会吴子修、张镜澄、彭型百、前雨农、钟心煊、朱凤美6人编订名词草案,前五人编订种名草案,朱凤美编订属名草案。动物学组主席为薛良叔,该组审查了遗传进化论术语及动物学术语补遗、分类学术语补遗,预定下次会议审查哺乳动物、鸟类、爬虫类、两栖类及鱼类种名,并推定博医会秦耀庭及Jacot起草两栖类种名和鱼类种名草案,中国科学社和中华博物学会的秉农山、薛良叔、黄颂林起草哺乳动物种名、鸟类种名和爬虫类种名草案。药理学组主席为王完白,该组原称药物学组,因认为名实不符,故改为药理学组。该组审查了药理总论名词和药理各论名词。算学组主席为姜立夫,该组审查了初等几何名词、解析几何名词、投影几何名词。由于该组本次到会代表人数太少,故讨论时非常不便。矿物学组主席不详,该组所推代表原本不多,只有9人,而此次到会者更少,仅5人。其中吴和士虽由中华博物学会推举在矿物学组,但他已历次在植物学组任审查员,此时,植物学组名词尚未审查完毕,不能另出席矿物学组,所以矿物学组代表实际上仅4人。这4人中,又有谌湛溪、徐宽甫两人对审查方法及草案体例有意见,并因此与吴和士进行争论,所以此次矿物学组未能审查名词。①

联合会议议决明年审查外科学名词、算学名词、动物学名词、植物学名词、生理学名词、药理学名词补遗、生理化学名词补遗和有机化学名词补遗。矿物学名词延至1926年审查。曹梁厦编订有机化学名词补遗草案，余德荪编订生理化学名词补遗草案，江秉甫编订药理学名词补遗草案，博医会编订外科学名词草案。②

1925年7月，科学名词审查会召开第十一次大会，来自博、苏教、医药、医学、理、科、博物、华教、农、协和、东南、部12个组织的40余位代表参加了正式大会。③

此次大会的分组审查会议包含外科学组、算学组、动物学组、植物学组、生理学组和药理学、生理化学、有机化学合组。外科学组主席为吴谷宜。该组审查完毕全部外科名词。算学组主席为胡文耀，该组审查了微分几何学名词、超越曲线与曲面名词、高等解析名词等。动物学组主席为薛良叔，该组审查了全部哺乳动物种名及一部分鸟类种名。生理学组主席为江清（江镜如），该组因为出席人数太少，仅审查了呼吸名词、新陈代谢名词等，其余名词留待下次会议再审查。药理学、生理化学、有机化学合组主席为江秉甫、余德荪，此次会议药理学名词的审查，成绩甚小，其原因是化学名词以前虽经审定，但尚未完备，而药用植物名称，亦未经植物学组起草审查。故此次药理学名词的审查，常常因为化学名词及药

---

①② 科学名词审查会第十次大会在苏开会记[J]. 中华医学杂志，1924，10(5)：416～430.

③ 第十一届科学名词审查会在杭开会记[J]. 中华医学杂志，1925，11(4)：296～311.

用植物名称而导致无法进行。有机化学名词补遗,因草案未至,未能审查。生理化学名词,因原定起草员认为前定有机化学名词太冗长,颇感不便,而未能起草,故此次会议只是将上次会议未审查完的名词加以审查而已。植物学组主席为吴和士,该组原定此次会议审查孢子植物属名及继续审查种子植物种名,因种子植物种名草案于本月底方可完成,故此次会议只审查了孢子植物属名,范围从裂殖菌起,至红藻类止。①

联合会议议决下次大会审查内科学名词、药用化学名词、生理化学名词、生理学名词、植物学名词、动物学名词、算学名词。内科学名词草案由江苏省教育会和博医会编订,药用化学名词草案由中华民国医药学会及协和医科大学编订,生理化学名词草案由中华民国医药学会编订,植物学名词草案由中华博物学会及中国科学社编订,动物学名词草案亦由中华博物学会及中国科学社编订,算学名词草案由中国科学社编订,生理学名词草案由博医会编订,中华民国医药学会帮助增加德文名。而尚未完成的药理学名词及原准备审查的生药学名词移至1927年审查,上次大会议决于1926年大会审查的矿物学名词则继续延期。②

1926年7月,科学名词审查会召开第十二次大会,来自博、苏教、医药、医学、广大、华教、工程、农、科、同济、东华、武大、部、河工、大同、博物、理17个组织的50余位代表参加了正式大会。③

---

①② 第十一届科学名词审查会在杭开会记[J]. 中华医学杂志,1925,11(4):296~311.

③ 第十二届科学名词审查会记事[J]. 中华医学杂志,1926,12(4):434~444.

此次大会的分组审查会议包含内科学组、药学组、生理学组、植物学组、动物学组和算学组。内科学组主席为吴谷宜,该组审查完毕内科学名词。药学组主席为於达望。该组审查了药用化学名词等。生理学组主席为江镜如,该组审查了生理学的循环系统名词等。植物学组主席为吴和士(钱雨农代一天),该组审查了蔷薇植物名词、真菌类名词等,并推定下次会议本组名词草案的起草人:钱雨农起草蔷薇植物原名,朱凤美和戴芳兰起草真菌类属名,胡步曾、陈宗一、陈焕镛起草木本种子植物种名,张镜澄起草种子植物种名续录。动物学组主席为秉农山,该组审查完毕鸟类名词,准备下次会议审查爬虫类分类名词,并推定黄颂林起草。算学组主席为胡明复,该组审查了应用数学名词。①

联合会议议决下次大会审查妇科名词、产科名词、小儿科名词、生药学名词、药学名词、动物学名词、植物学名词、农学名词。妇科名词草案、产科名词草案、小儿科名词草案由博医会鲁进修编订,吴谷宜填注德文,生药学名词草案由赵午桥编订,农学名词草案中华农学会编订,其余名词草案编订者由各组自定。②

此次大会还就译音标准表问题进行了议决。为了便于统一,音译西文术语时,应该有一定的标准。早在1917年4月,山东齐鲁大学路义思就译音统一问题,致函余日章。余日章与江苏省教育会协商,发起译音统一会。当时推定吴和士、俞凤宾、张元济、来会理和潘慎文为起草员。他们审察国音、填制音表,分别致函对译音问题研究有素的人,如蔡元培、陈独秀、李煜瀛、钱玄同、吴稚晖

———————————
①② 第十二届科学名词审查会纪事[J].中华医学杂志,1926,12(4):434~444.

等征集意见,该表最后由沈恩孚、蒋梦麟修正。① 此后,"两个审查会"审查人名地名时,便以此表为依据。在第十一次大会上,又有代表余德荪拟成还原译音表。于是,此次大会议决请江苏省教育会聘请专家组织委员会,就前定的译音表、余德荪交给大会的还原译音表和何炳松、程瀛章两人交给大会的西文译音表详加厘定。科学名词审查会函到达后,江苏省教育会立即推请专家组织委员会。后来因为时局变化,江苏省教育会结束,故没有结果。②

由于时局动荡、交通阻隔等原因,原定于1927年7月在武昌举行的第十三次审查大会没有召开。③

1927年,南京国民政府成立,改教育部为大学院。1928年,大学院译名统一委员会正式成立,科学名词审查由该委员会负责。鉴于该委员会是官方组织,科学名词审查会这个主要由民间社团合组的准官方组织决定自动停止名词审查工作,随后仅仅是整理出版了它曾经审查过的一批名词。

关于医学名词审查会和科学名词审查会,有多种不妥的说法,现摘录原文,并加按语如下:

(1)"中华医学会组织了医学名词审查会,1915年相继审定了化学、物理学、数学、动物学、植物学、医学各类的术语,1918年中国科学社起草了科学名词审定草案,1919年成立了科学名词审定

---

① 医学名词中之译音问题[J].中华医学杂志,1925,11(5):329~330.
② 科学名词审查会近讯[J].中华医学杂志,1927,13(6):434.
③ 科学名词审查会会务总报告[J].中华医学杂志.1928,14(3):186.

委员会。"①

按：此种说法又被多人引用。医学名词审查会系由中华医学会、博医会、中华民国医药学会、江苏教育会共同发起组成，从1916年开始审查名词。文中"1918年中国科学社起草了科学名词审定草案，1919年成立了科学名词审定委员会"也与实际情形不符。

(2) 我国现代"医学名词统一委员会"于1917年成立，后更名为"科学名词协会"(内设医学组)。②

按：文中把"医学名词审查会"误作"医学名词统一委员会"，"1916年"误作"1917年"，"科学名词审查会"误作"科学名词协会"。

(3) 1923年，中国科学社成立了以姜立夫为主席的数学名词审查委员会，委员还有胡明复、何鲁、胡敦复、吴在渊。1938年，由中国科学社名词审查委员会正式出版，定名为《算学名词汇编》，这是我国的第一部数学名词。③

按：数学名词审查委员会由科学名词审查会成立。《算学名词汇编》由科学名词审查会出版，它并非我国的第一部数学名词。

1.3 "两个审查会"取得的成就与存在的问题

1.3.1 取得的成就

虽然由于种种原因，"两个审查会"存在一些问题，但还是取得

---

① 吴凤鸣.我国自然科学名词术语研究的历史回顾和现状[J].自然科学术语研究，1985,(1):44.

② 陈维益.医学语言学的构建——从"非典"、"疑似病人"的译名谈起[J].上海科技翻译研究馆，2004,(2):4.

③ 李亚舒,黎难秋.中国科学翻译史[M].湖南教育出版社，2000.480.

了很大成绩,为后来的名词审查工作奠定了良好的基础。

(1) 开创了中国近现代科技译名统一工作的新阶段

清末,主要有两股力量在从事科技译名统一实践工作。一是官方机构(如编订名词馆)编纂、公布名词,由于人才缺乏等原因,未经过科学家集体审查这道程序;二是学术组织(如博医会的名词委员会和益智书会的名词委员会)通过专家集体审查名词,然后出版名词,但未得到官方公布(或认可)。

民国时期,上述两股力量合二为一,组合成准官方的译名工作组织("两个审查会")。名词审查工作得到政府的适量经济资助,名词经过译名工作组织审查后,又由官方机构(教育部)公布。这样,译名工作组织就成为联系学术界力量和官方力量的纽带。科技译名统一实践工作的科学性和权威性得到大大加强。

两股力量的携手,对科技译名统一工作有重要意义。而这一步,又是通过"两个审查会"的成立来完成的。

(2) 审查通过了一批名词,造就了一批名词审查员

截至1928年5月20日,经"两个审查会"审查并经教育部审定的名词有:《医学解剖学名词》4册、《医学组织学胎生学显微镜术名词》1册、《细菌学总论免疫学细菌名称细菌分类名词》1册、《病理学总论名词》1册、《化学名词》6册、《物理学名词》2册、《动物学名词》1册、《植物学名词》2册、《算学名词》1册。[①] 已审查但未经教育部审定的名词有:《病理学名词》2册、《寄生物学寄生虫

---

① 科学名词审查会十二年间已审查审定之名词一栏表[J].中华医学杂志,1928,14(3):187~189.

学名词》1册、《药理学名词》1册、《生理化学名词一部分》1册、《外科学名词》1册、《生理学呼吸新陈代谢名词》1册、《药用化学名词》1册、《生理学全部名词》1册、《内科学名词》1册、《物理学名词》2册、《动物学名词》3册、《植物学名词》4册、《算学名词》3册。[①] 已经起草好,但未来得及审查的名词有《妇科名词》1册、《算学名词》4册[②]。中国科学社于1931年7月举行的年会上审查通过代数几何学、代数曲线曲面、高等几何学、非欧几何学、多元几何学等数学名词。[③] 这也可算是科学名词审查会数学名词审查工作的尾声。从《医学名词汇编》的序中[④],可知审查通过的医学名词约有15000条。据曹惠群编纂的《算学名词汇编》[⑤],笔者估算科学名词审查会通过的数学名词接近7400条。"两个审查会"审查通过的名词,为当时著译书籍的人提供了一种可资借鉴的标准。这种情形,甚至延续到了南京国民政府时期。1936年,教育部医学教育委员会决定编译医学书籍时,采用由国立编译馆编订并由教育部公布的医学译名。但这类译名当时数量有限。故该委员会决定,遇到当时教育部尚未公布译名的西文医学术语时,暂时采用"两个审查会"通过的名词,国立编译馆也赞成这种做法。[⑥]

---

①② 科学名词审查会十二年间已审查审定之名词一栏表[J].中华医学杂志,1928,14(3):187~189.

③ 曹惠群.算学名词审查及编印经过[A].曹惠群.算学名词汇编[M].科学名词审查会,1938.iii~iv.

④ 蔡元培.序[A].鲁德馨.拉英德汉对照医学名词汇编[M].科学名词审查会,1931.

⑤ 曹惠群.算学名词审查及编印经过[A].曹惠群.算学名词汇编[M].科学名词审查会,1938.

⑥ 国立编译馆笺函[J].国立编译馆馆刊,1936,(14):1.

"两个审查会"还造就了一批名词审查员,为后来的名词审查工作准备了人才。如参加过医学名词审查会或科学名词审查会的汤尔和、鲁德馨、郑贞文、曹梁厦(即曹惠群)、王季梁、刘瑞恒、姜立夫等人后来都参与了国立编译馆组织的科学名词审查工作。

(3) 形成了较为科学的名词审查程序

"两个审查会"确定的名词审查程序为:"先由大会推定下届各组审查名词起草员,于会前印成草案,分发各团体代表先行研究,开会时逐一提出决定。闭会后推员整理,印成审查本,分发有关系之全国各学校、各团体及中外专家征集意见。以四个月为期,分发册数以一千册为最低额。并于中国科学社发刊之《科学》杂志内择要刊布,征集意见,期满即参考修订。呈请北京教育部审定批准后,印刷审定本。"[1]

这种程序大致为:起草、会前征求意见、开会审查、会后征求意见、官方公布。这种程序较为科学,能较好保证名词审查工作的准确性、民主性。不过,当时并未很好地遵循该程序。但该程序的精神大致为后来的译名统一实践工作所继承。

1.3.2 存在的问题

(1) 译名工作组织不健全

"两个审查会"属于主要由民间社团合组的准官方组织,没有稳定的资金来源,缺乏专职的名词工作人员,名词起草工作由大会委托与会团体(或与会代表)编订,名词审查员由与会团体推荐。

---

[1] 拟呈中华民国大学院稿[J]. 中华医学杂志,1928,14(1):69.

① 经费无依靠。

成立之初,经费由基本团体平均分担。1917年,医学名词审查会得到教育部批准备案,并得到教育部给予的1000元补助金。随后,由于会务扩大,印刷费用和开会费用很大,各基本团体无力增加负担。科学名词审查会认为其事业为中央教育行政机关的辅助,没有补助势必中止,因此,1918年大会后,向北京教育部申请补助。同年12月,教育部批准自1918年11月起,每月给予补助金400元。开始教育部还能全数给予补助,不久教育部因经费困难而搭发公债票及兑换券,最终连现款、公债票和兑换券都没有了。1921年12月,教育部停止给予补助,给予补助金为期仅3年且并未给足。①

补助停止后,科学名词审查会靠以往节俭存下的基金的利息及各与会团体缴纳的会费维持工作。而当时学术社团的经费都是很紧张的。

国家对于名词审查这种学术基础工作,不给予稳定的拨款支持,与会团体需要分担部分费用,这就使得"两个审查会""经费竭蹶,未能尽量刊印(名词)"。② 其名词审查工作因此受到影响。

② 无专职名词起草员。

"两个审查会"缺乏专职的名词工作人员,名词起草工作由大会委托与会团体(或与会代表)编订,而这些名词起草员都有繁忙的医务或教务工作,只能在业余时间起草名词。虽然章程规定草案"于开会前两个月分送与会(原文作'议')之各团体,以便讨论时

---

①② 拟呈中华民国大学院稿[J].中华医学杂志,1928,14(1):69~72.

各抒己见",但实际上,经常出现来不及预备草案或临近开会时才预备好草案的情形。第五次大会上,联合会议主席沈信卿指出"草案误期甚成习惯"。① 后来的国立编译馆设有专人,以起草名词为其主要工作,这种匆匆忙忙准备草案的情形便没有再出现。

③ 名词审查员代表性不广泛且经常缺席。

A. 名词审查员代表性不广泛。

"两个审查会"名词审查员主要由与会团体推荐,代表性不广泛。

一方面,会外有人批评"两个审查会"内团体太少,代表面窄。

1920年,朱隐青批评科学名词审查会代表面狭隘,认为不同专业的名词应由不同专业的团体审查,仅仅由江苏教育会、博医会、中华民国医药会、中华医学会等医学团体为主组成的"科学名词审查会"审查所有的科学名词,是学术事业上的专制。②

1927年左右,张资珙也认为:"科学名词审查会之范围,殊有过狭之嫌。审查之名词,亦未免挂一漏万,且多有谬误之处。……宜多邀团体加入(该会)。"③

另一方面,"两个审查会"为了名词审定更科学、更合理,总是邀请会外团体和代表参加,但并非都能如愿以偿。

第五次大会议决下次化学组的审查,请与化学有关的学术团

---

① 科学名词审查会第五次开会记录[J].中华医学杂志,1920,6(3):171.
② 朱隐青.驳教育部划一科学名词之咨文[J].学艺,1920,1(4):117~118.
③ 张资珙.科学在中国之过去与现在[A].沪大科学[C].1926.11.

体及与化学有密切关系的各专门以上学校均推代表与会。① 这一次很幸运,科学名词审查会的邀请得到了回应。参加第六次大会的化学名词审查的团体很多,人数骤增,旧代表仅占全体审查员的五分之一。②

但并非任何时候都如此幸运。第二次大会本想邀请一些团体参加,如工业团体、化学团体,但"彼等因路远及经济之关系",③竟不与会。第十一次大会邀请大学及专门院校推举代表,参加算学和植物学名词的审查,但结果却是"各校非置之不理,即复函谢绝,结果只东南大学一校(与会)"。④

朱隐青、张资珙注意到"两个审查会"内团体太少,代表面窄这一方面,却忽略了"两个审查会"为了名词审查更科学、更合理,总是邀请会外团体和代表参加,但并非能如愿以偿。

《科学名词审查会章程》第二条规定"各团体代表每审查一部分名词得举三人,如在三人以上,该团体之表决权仍以三权为限",这看似限制了代表人数,但从历次与会代表人数来看,主要情况不是超员,而是达不到这个数字。

B. 名词审查员经常缺席。

就是这些代表性并不算广泛的名词审查员,也常常缺席会议,其中还包括一些名词起草员。这从前文关于历次大会的叙述中可以看出。他们一旦缺席,就增加了审查难度,甚至导致审查难以进

---

① 科学名词审查会第五次开会记录[J]. 中华医学杂志,1920,6(3):171.
② 科学名词审查会第六届年会纪要[J]. 中华医学杂志,1920,6(3):161.
③ 医学名词审查会第二次开会纪录[J]. 中华医学杂志,1917,3(2):70.
④ 第十一届科学名词审查会在杭开会记[J]. 中华医学杂志,1925,11(4):303.

行。名词审查员经常缺席的原因有多方面,其中之一是这些审查员是由与会团体推荐,而不是由国家正式聘请的。

④ 无终审权。

"两个审查会"审查通过的名词,需要教育部复审(即审定),这不是形式上的复审,而是实际上的复审,即请人再度审阅。这就造成了不少不合理的现象。

首先,延续了意见分歧,增加了名词审查工作的难度。例如,化学术语名词呈请教育部审定,因教育部审阅员有不同意见进行商榷,教育部据此发回科学名词审查会重加审议。实际上,教育部审阅员意见并非更有道理,如 Affinity、Specific heat、Gramatom、Grammalecule,科学名词审查会定名为"亲和力"、"比热"、"克原子"、"克分子",教育部审阅员则定名为"倾向力"、"规定热"、"公分原子"、"公分分子"。① 我们现在采用的就是科学名词审查会的定名。

其次,复审常常滞后,延缓了名词的公布。虽然"两个审查会"不松懈,但教育部复审总是滞后。到 1923 年第九次大会时,科学名词审查会历年呈送教育部的审查本共 10 册,医学名词和化学名词各 5 册。除医学名词(一)、医学名词(二)、化学名词(一)和化学名词(二)共 4 册已经审定外,其余 6 册屡次呈催,一直没有批复。医学名词(三)为 1919 年 7 月呈送,时隔四载后仍杳无音信。为此,执行部就"应如何催请审定以速科学名词之统一"提请第九次大会讨论。② 大会议决由执行部陈报教育部,今后该会的审查本

---

① 科学名词审查会第八届年会之报告[J]. 中华医学杂志,1922,8(3):179~181.
② 科学名词审查会执行部提议案[J]. 中华医学杂志,1923,9(3):263.

呈送教育部后,若经过一年尚未审定并公布,则自动转为审定本。据此,会后,执行部陈报教育部,但没有得到答复,后又经催问,才于1924年6月10日接到批示,医学名词(三)、(四)、(五)3册和化学名词(三)、(四)2册已审定。①

医学名词(三)从送审到审定,耗时近5年。还有一册化学名词命运更惨,该名词"由(教育)部交与北京大学审核,被北京大学遗失。经本会询明补送后,始全部审定。而自议决至审定正式公布,已逾六年之久"。②

实际上,由于当时几个全国性医学学会参与了审查,"两个审查会"审查通过的医学名词是质量较高的。前文说到,甚至到1936年,南京政府教育部医学教育委员会决定编译医学书籍时,若遇到南京政府教育部未公布译名的西文医学术语,暂时采用"两个审查会"通过的名词。假如"两个审查会"有终审权,其审查通过的名词,不经过教育部再度请人审阅,而直接公布,这不但有利于提高"两个审查会"的权威性,还可让"两个审查会"审查通过的名词,早日供著译界借鉴。

(2) 缺乏完善的编订程序

"两个审查会"缺乏完善的编订程序。该按什么程序进行编订名词草案?"两个审查会"没有明确规定。

"两个审查会"名词草案极不一致。有的草案准备得比较充分,能提供原名、旧译名、拟定名;有的草案是匆匆拟就,只提供原

---

① 科学名词审查会执行部报告[J].中华医学杂志,1924,10(5):426.
② 拟呈中华民国大学院稿[J].中华医学杂志,1928,14(1):71.

名和拟定名;有的甚至只提供原名。现代术语学家隆多指出:"术语标准化……特性表现在方法的标准化这一趋势上。"①作为当时科技术语标准化组织的"两个审查会",在名词草案编订方面却未能做到方法标准化。

部分"两个审查会"名词草案的编订是不规范的,这给名词审查带来了很大的不便,会中甚至因此而发生争吵。②名词草案编订不规范,除了和名词起草工作是由起草员在业余时间尽义务有关外,还和"两个审查会"缺乏完善的名词编订程序。

(3) 确定译名时协商不充分

译名的确定,离不开充分的协商。"两个审查会"已有一定的协商气氛了,"每值辩论时,各代表倾吐其素蕴,务不留毫发之遗憾而后已。而一有真理披露,又无不能舍己从人,尊崇公理,其气谊之融洽,雍雍乎几于中外一家矣。果我国之会议而悉遵此轨也,其何道之不济?"③但由于审查员代表性不广泛,代表经常缺席、起草迟缓等原因,影响了协商在名词审查会议内的充分进行。

会章规定,"凡草案经大会审查决定后,定名为审查本,需分布海内外对于该科学素有特别研究者征求意见,意见书送达本会之期以发出审查本后四个月为限"。这规定本身是好事,它可以把协商扩展到会外,弥补名词审查会议内协商的不足。但绝

---

① 隆多(G. Rondeau).术语学概论[M].刘键,刘刚译.北京:科学出版社,1985.87.
② 科学名词审查会第十次大会在苏开会记[J].中华医学杂志,1924,10(5):418~421.
③ 沈恩孚.医学名词审查会第一次审查本序[J].教育公报(一期),1918年,(1):3~4.

大多数审查本征求意见,效果并不理想:第一次解剖学名词审查本印刷了533册,送出后收到意见书只有一册,信一封;①第二次解剖学名词及第一次化学名词审查本分发各处征集意见,未得意见;②病理学总论补遗及各论名词,寄生物学、寄生虫学名词,动物学的遗传学进化论术语及术语补遗、分类名词补遗、分科名词,植物学的属名等名词,分发各处征集意见,亦未得意见。③印刷审查本寄往各地征集意见,但效果并不理想,有得不偿失之憾。在第五次大会预备会上,会议主席沈信卿就抱怨"费几百元而得意见甚少"。④

因此,由于种种原因,使得"两个审查会"确定译名时没能进行充分的协商。

虽然"两个审查会"审查通过的名词,大部分由教育部公布。但政府并没有发布相应文件,来要求出版界著译界等遵用这些名词。"两个审查会"也缺少强有力的推广措施。它们采取的推广措施不外乎是:编纂译名书,出售名词审定本,在杂志上登广告,送一些审查通过的名词本给学术团体、学校、专家,既征求他们的意见,也期望他们使用⑤。这样做根本没法约束别人使用。再加上存在上述诸多问题,所以"两个审查会"审查通过的名词,虽由教育部公

---

① 医学名词审查会第三次开会纪录[J].中华医学杂志,1918,4(1):31.
② 医学名词审查会预备会记事[J].中华医学杂志,1918,4(3):162.
③ 第十二届科学名词审查会纪事[J].中华医学杂志,1926,12(4):434.
④ 科学名词审查会第五次开会纪录[J].中华医学杂志,1920,6(2):104.
⑤ 第十一届科学名词审查会在杭开会记[J].中华医学杂志,1925,11(4):303.

布，但并非广为使用。

"两个审查会"在早期，其名词影响甚小，其出版的各项名词本，"向来除分发各处征求意见外，绝少索阅者"。① 到了晚期才有了一定的影响，在第十二次大会上，执行部报告"（本会出版各项名词本），近年则渐已引起各方之注意，上年度内，影响尤宏，专函索阅者，络绎不绝，远如美德日本各国留学生，川黔各省学术团体，亦有函索者"。② 虽然索阅名词者"络绎不绝"，但使用该会名词的并不多。陈方之等10人的态度具有代表性：

"我们早就听见有什么科学名词审查会，年年审查医学名词，但是我们对于这种无足轻重的举动，向来是抱这样的见解——'其审查若当，不过备医学界做一种参考品。其审查若不当，不过多几张废纸，更与我们无关。'——所以便漠不关心。"③

事实上，商务印书馆使用的就不是"两个审查会"所定的化学名词，而是郑贞文制定的化学名词。1932年，罗家伦对这种不使用已定好的名词的现象表示了极大的愤慨："译名的人，多好独出心裁，自心裁独出以后，便好坚执己见。……既定好的译名，往往有人不用。……这样下去，开千百次科学名词审查委员会也是没有用的。"④

---

①② 第十二届科学名词审查会纪事[J].中华医学杂志,1926,12(4):435.
③ 陈方之等.对于教育部审定医学名词第一卷质疑[J].学艺,1927,7(1):1.
④ 罗家伦.中国若要有科学,科学应当先说中国话[J].图书评论,1932,1(3):4～5.

2 大学院译名统一委员会及教育部编审处

本节全面阐述大学院译名统一委员会所做工作和教育部编审处所做工作,并在中国近现代译名统一实践工作的整体背景下对大学院译名统一委员会所做工作进行评价。

2.1 大学院译名统一委员会

1916年,医学名词审查会诞生,开始审查医学名词。1918年,医学名词审查会正式改名为科学名词审查会,全面审查各科名词。到1927年,科学名词审查会已审查通过了一批名词,其中大部分已由教育部审定。

正当科学名词审查会的影响越来越大,并雄心勃勃地想进一步加大名词审查力度的时候,时局发生了变化。

1927年,南京国民政府成立,改教育部为大学院。1928年,大学院译名统一委员会筹备委员会成立,委员为胡适、王岫庐、李煜瀛、宋春舫、曹梁厦、俞凤宾。同年,译名统一委员会正式成立,并在上述6名委员的基础上,增补严济慈、何炳松、秉志、郑贞文、李四光、姜立夫等15名委员[①]。这些人都是当时学界、著译界或出版界的名流,多数人具有科技译名统一工作经验。他们的影响力和工作经验有利于科技译名统一工作的开展。这个委员会成立后,

---

① 黎难秋.科学译名统一与多语科学辞典[A].李亚舒,黎难秋.中国科学翻译史[M].长沙:湖南教育出版社,2000.470.

科学名词审查由该委员会负责。鉴于该委员会是官方组织,科学名词审查会这个主要由民间社团合组的准官方组织很识相地自动停止了审查名词,随后仅仅是整理出版了它曾经审查过的一批名词。

"两个审查会"的组织和制度都是不完善的:没有稳定的国家拨款支持,与会团体需要分担部分名词审查费用;缺乏专职的名词工作人员,名词起草工作由名词审查委员兼任,而这些名词审查委员都有繁忙的医务或教务要做,只能在业余时间起草名词;没有严格、科学的名词编译程序等。这些缺陷使得"两个审查会"的成绩大打折扣。

因此,大学院译名统一委员会很重视组织建设和制度建设。它一成立,就在《大学院公报》上相继颁布了该委员会的组织条例、职员办事规则及大学院译名统一委员会工作计划书。

《大学院译名统一委员会组织条例》[1]规定该会的职责是"统一各科译名",其经费"由大学院依照预算,按月发给",并规定"本会委员均为无给职,于开会期间酌送夫马费,但主任及常务委员,得酌支津贴"。这表明,名词审查费由国家拨付,不再需要学会团体自筹。这是一大进步,因为名词审查是公益事业,国家的资金支持是这项工作能持续有效进行的重要保障。

《大学院译名统一委员会职员办事规则》[2]规定该会的职员组成及职员职责:"由主任任用秘书兼编译员一人,编译员三人至五人,缮写员二人";编译员负责"选集、统计、归纳、参考、翻译各科术

---

[1] 大学院译名统一委员会组织条例[J].大学院公报(第一年第四期),1928,(4).
[2] 大学院译名统一委员会职员办事规则[J].大学院公报(第一年第四期),1928,(4).

语译名";秘书兼编译员除了履行编译员职责外,还需"办理本会一切文牍及会议记录";缮写员"缮写各编译员译稿及本会文牍,并整理检查本会所有书籍、报章、杂志及案卷档册","兼任杂务"。这也是一大进步,因为指定专人负责编译及缮写,有利于提高名词审查的效率。但也有缺点,即编译人数太少。指定有限的三至五人编译所有的科学名词,在学识上是不能胜任的,最好的办法是不同专业的人士编译不同专业的名词。不过对于名词起草总是太慢的科学名词审查会而言,这也是一大进步,因为指定专人负责编译,不会出现开审查会时无名词可审的局面。若是能扩大编译人数,不同的人只编译本专业的名词,效果就会更好。

《大学院译名统一委员会工作计划书》[①]对该会的工作范围、工作分配、编译步骤及程序、审查及公布程序作出了规定。其工作范围为:承认原科学名词审查会决定的译名继续有效,并在原科学名词审查会的工作成果上,继续开展科学名词审查工作。工作分配为:编译工作由该会职员担任,审查工作由该会委员担任。编译步骤为:从编译高中程度以下各科名词入手,逐渐推进到编译专门大学程度的各科名词。编译程序为:(1)从已出版的各种书籍中选集各种译名。(2)统计译名经见次数(以每书为一次)。(3)按经见次数,确定同名异译的各名词的通用程度。(4)对于各种通用译名,附注英法日等译名。(5)记汉字译名于卡片正面上端,英法德日等名称,依次附注于下,于必要时,加注拉丁文。(6)同名

---

① 大学院译名统一委员会工作计划书[J].大学院公报(第一年第四期),1928,(4).

异译的译名,选最通用的译名记于卡片正面,将异译各名记入卡片反面,并略记选定的理由。审查及公布程序为:编订好的各科译名,由主任会同常务委员复核后,分别送交各该科委员先行审查,然后开会决定。决定的译名,送请大学院陆续公布。

从上述《工作计划书》来看,有三点值得特别注意:(1)大学院译名统一委员会承认原"两个审查会"的工作。这有利于保证科学名词审查的连贯性。由于政权更替,由科学名词审查会审查通过的一部分名词,未来得及得到北京政府教育部的审定和公布。这部分名词因为得到南京国民政府大学院译名统一委员会的承认而获得了官方认可的地位,这也可看作是被官方变相公布。(2)遵循明确的名词编译步骤和完善的编译程序。这有利于保证科学名词审查的严格性。(3)开始使用卡片,并采用频率统计的方法来进行科学名词审查工作。这有利于保证科学名词审查的科学性。(4)大学院译名统一委员会审查通过的名词直接由大学院公布,而不再需要再度审定。这有利于提高名词审查工作的效率。其中(2)、(3)、(4)三点都是"两个审查会"所欠缺的。

1928年11月,大学院又改组为教育部,大学院译名统一委员会也就不再存在。1928年12月,教育部设立编审处,科学名词审查事宜归编审处办理。由于存在时间不长,在具体的科学名词审查方面,大学院译名统一委员会所做的工作不多,大致如下:(1)着手审查矿物学、岩石学、地质学名词,但尚属初步草案[①];(2)拟定了《中

---

① 吴凤鸣.我国地质学名词审定工作的历史与现状[J].自然科学术语研究,1989,(2):8.

等数学名词草案》①;(3)搜集物理名词②和化学名词③。

虽然在具体的科学名词审查方面,大学院译名统一委员会并无多大作为,但在组织建设和制度建设方面,它的功绩是巨大的。它第一次明确提出了关于名词审查经费来源、名词审查机构组成、名词审查职责分配、名词编译审查公布程序的官方纲领性文件,为我国官方名词工作组织的组织建设和制度建设做出了重要贡献。"两个审查会"虽然也提出过类似章程,但无论是全面性,还是科学性,均不如大学院译名统一委员会公布的这些文件。而且,"两个审查会"属于准官方组织,其章程不代表官方意见。

2.2 教育部编审处

大学院译名统一委员会取消后,由教育部新设立的编审处负责科学名词审查事宜。1929年2月,教育部编审处公布了编审处译名委员会规程④,其实质内容与大学院译名统一委员会所提出的文件大致相同,并聘请赵廷为、郑贞文、黄守中、沈恩祉、洪式闾等15人为常务委员,分为数学、物理、化学、医学、药学等18组,前后共聘委员240余人⑤。1929年3月28日,教育部编审处召开译

---

① 陈可忠.序[A].国立编译馆.(1935年10月教育部公布)数学名词[M].重庆:正中书局,1945.

② 陆学善.中国物理学会[A].何志平等.中国科学技术团体[M].上海:上海科学普及出版社,1990.252.

③ 郑贞文.化学译名商榷案[A].教育部化学讨论会专刊[M].国立编译馆,1932.212.

④ 教育部编审处译名委员会规程[J].教育部公报,1929,1(3):78~80.

⑤ 国立编译馆.国立编译馆一览[M].国立编译馆,1934.29~30.

名委员常务会议，议决译名委员会工作计划大纲①。1929年9月，编审处组织召开了药学名词审查会，审查委员会主席为当时的教育部次长、译名委员会主席马叙伦，委员为洪式闾、於达望、沈恩祉等19人。审查的名词包括原科学名词审查会审查通过但尚未公布的药用化学及生药名词以及后来酌量增加的名词。通过的药学名词经后来成立的国立编译馆再度组织审查，然后由教育部公布。共计药学名词1800余条，包含拉丁名、德名、英名、日名、旧译名、决定名等名称项。② 教育部编审处还将科学名词审查会的《物理学名词（第一次审查本）》加以订正，成为《物理学名词（教育部增订本）》，于1931年分发国内物理学家，征求意见。③

1932年6月，国立编译馆成立。自此至1949年，科学名词审查事宜由该馆负责。自国民政府在南京成立，至国立编译馆成立，前后约五年，在该时期内，教育部门对科学名词审查问题，虽没有具体的决定，亦没有刊物介绍名词整理经过，但它搜集的资料，为后来审查科学名词奠定了部分基础④。

---

① 国立编译馆.国立编译馆一览[M].国立编译馆,1934.29～30.
② 於达望.药学名词编审校印之经过[J].药报.1934,(41):89～94.
③ 陈可忠.序[A].国立编译馆.(1934年1月教育部公布)物理学名词[M].上海:商务印书馆,1934.
　萨本栋.序[A].物理学名词汇[M].北平:中华教育文化基金董事会编译委员会,1932.
④ 曾昭抡.二十年来中国化学之进展[A].刘咸.中国科学二十年[C].周谷城.民国丛书[Z].1(90):106.

3 国立编译馆

本节从总体上考察国立编译馆在译名统一方面所做的工作,包括国立编译馆为统一O、N译名而进行的工作,并在中国近现代译名统一实践工作的整体背景下,评价其成就,分析其取得成就(和"两个审查会"相比)的原因。

3.1 国立编译馆小史

1932年6月,教育部为加强学术文化图书编辑,成立国立编译馆,辛树帜担任首任馆长。该馆所需经费及工作人员薪水由国家拨付。该馆工作分编译和审查两大部分,编译部分包括编译各科名词、专著及教科图书等,审查部分包括审查教育部令各书局呈送的学校用教科图书及标本仪器等。成立之初,设有编审处和总务处。编审处又设有人文、自然两组。两组各设主任一人,由专任编译兼任,负责各组编译及审查事宜;两组各设专任编审、特约编审及编审员若干人,分别担任编审及审查事宜。总务处设主任一人,由专任编译兼任,负责总务事宜。1933年7月,将专任编审改为专任编译,特约编审改为特约编译,编审员改为编译。同年11月,取消编审处,仍设自然、人文两组,改总务处为事务组。

1936年7月,陈可忠继任馆长。1937年7月,抗日战争爆发,该馆奉令迁庐山,后又迁至长沙。次年复移重庆。1939年4月再迁江津白沙。在多人呼吁下,政府于1942年改组扩大国立编译馆,原人文、自然两组保留,原事务组改为总务组,并增设三个新组:教科用书组、教育组、社会组。由教育部长陈立夫兼任馆长,陈可忠任副馆长。同年8月再迁巴县北碚。

1944年2月,陈立夫不再担任馆长,由陈可忠复任馆长。1946年8月,该馆迁回南京。1948年5月,陈可忠辞去馆长职务,由赵士卿继任馆长。1949年4月,馆务停顿。① 同年,该馆撤至台湾地区。②

国立编译馆的自然科学、工程技术名词编订工作一直由自然组承担。

3.2 国立编译馆编订名词并组织审查的经过

国立编译馆成立后,继承了原教育部编审处的科学名词审查事宜。在审查名词过程中,编译馆负责"起草、整理及呈请教部审核公布之责"③。其工作程序大致为:先由国立编译馆搜集各科英、德、法、日名词,参酌旧译名,谨慎取舍,妥善选择,形成草案。每种名词的草案完成以后,分送各有关学会及各著名大学专家征求意见。名词在征求意见后,由教育部聘请的国内专家组织的审查委员会,加以审查,然后由教育部公布。④

确切地说,此时的译名工作组织是国立编译馆及其组织的名词审查委员会,为方便起见,除特意注明之处外,以国立编译馆代之,而把国立编译馆编订名词并组织审查的工作称为"国立编译馆

---

① 杨长春.国立编译馆述略[J].出版史研究,1995,(3):199.
② 叶再生.中国近现代出版通史(第四卷)[M].北京:华文出版社,2002.24.
③ 国立编译馆.三学会与本馆合作[J].国立编译馆馆刊,1935,(1):6~7.
④ 学科名词审查会议[J].科学,1941,25(5,6):341.

名词编审工作"。

鉴于国立编译馆有名词工作经费和名词编订人员,此时的民间科技社团(学会)几乎不再单独从事科学名词审查工作,而是采取与国立编译馆合作的方式进行。大学院译名统一委员会提出的关于名词审查经费来源、名词审查机构组成、名词审查职责分配、名词编译审查公布程序的纲领性文件,在这里得到了充分的实践。

和"两个审查会"一样,国立编译馆没有规定明确一致的名词审查应遵循的译法准则和译名标准。根据出版的各科译名书的凡例,以及后文述及的鲁德馨的经验总结来看,国立编译馆组织名词审查所遵循的译法准则是:(1)采用已公布的名词;(2)采用固有的名词或已通行的名词;(3)如无已公布的名词,又无相应的固有名和通行的现成名,则采取意译;(4)如(3)行不通,则采取音译;(5)造新字,多见于化学名词中,使用时有严密的原则。这与"两个审查会"所遵循的译法准则相似。

根据各科译名书的凡例,综合而言,国立编译馆组织的名词审查,遵循了准确、简单、明了、单义(一)、单义(二)、系统化(一)、系统化(二)等译名标准(见附录7)。

至解放前夕,国立编译馆编订了多部名词,其中一部分经过专家审查后,陆续公布出版。以下简介部分名词的编审经过。

3.2.1 《化学命名原则》以及Oxygen、Nitrogen的译名的统一

自江南制造局翻译化学书籍以后,化学译名(含Oxygen、Nitrogen的译名)便成为各译书者共同关注的一个焦点。在清末就有不少组织和个人为统一化学译名努力过,如江南制造局、益智书

会、清政府的学部、虞和钦等，但收效不是很大。进入民国后，教育部于1915年公布《无机化学名词》，仍是不甚详细，而且没有涉及有机名词。"两个审查会"设过化学组，审查化学名词，先后审查了元素名词、无机化合物名词、化学术语、化学仪器名词、有机化学普通名词、有机化学系统名词，1921年全部名词审查完毕，由教育部公布。至此，化学名词有了一个较为统一的标准。

科学名词审查会制定的化学名词，虽由教育部公布，却始终未能得到普遍推行，反对力量主要来自当时在国内出版界居首要地位的商务印书馆。此前很长一段时间里，商务印书馆就一直采用郑贞文制定的名词系统。而且由于该馆的重要地位，实际上当时社会上所用的化学译名，绝大多数都出自该馆。郑贞文的名词系统与科学名词审查会的方案有很大分歧，因而，关于化学名词的激烈争论一直持续到1932年以后。

从民国初年到国立编译馆成立，近二十年间，我国化学译名（含Oxygen、Nitrogen的译名）的统一，虽数经尝试，但一直未能成功。①

国立编译馆一成立，便开始着手整理化学名词。郑贞文主持此项工作，他参考各方意见，编成具体方案。

1932年8月教育部召开的化学讨论会，集全国化学专家于一堂，讨论化学上的重要问题，其中之一为译名统一问题。8月1日下午，开分组预备会时，大家讨论郑贞文拟就的具体方案。大家认为在会场不易讨论，便推出郦恂立、李方训、曾昭抡3人组成整理

---

① 曾昭抡.化学讨论会通过之化学译名案[J].科学，1932，16(11):1694.

委员会。他们和郑贞文一起将原案详细推敲。原案经整理后,未能确定 Oxygen、Nitrogen 的译名,便留待译名组在"氧"与"氯"、"氮"与"氤"中选择一个作为 Oxygen、Nitrogen 的译名。

5 日下午,将草案提交译名组会议讨论,译名组成员为王箴、王季梁、程瀛章、吴承洛、郦㕰立、潘澄侯、曾昭抡、李方训、陈裕光、时昭涵、杨幼民、沈熊庆、张资珙、郑贞文、邵家麟、徐作和、陈之霖、戴安邦 18 人。

译名组首先讨论了化学定名原则,议定原则如下:"A. 取字须遵一定的系统。B. 以谐声或会意为主,不重象形。C. 须便于读音、便于书写,笔画以简单为原则。同音字、不易识别之字、易与行文冲突之字,皆宜避免。D. 旧有译名合于上列条件者,尽量采用;倘有二字以上可用者,则依照上列各条,择其最为合用之一字。"[1]

这些原则反映出译名要简单并且系统化,要尽量采用符合条件的旧译名。前者是译名标准方面的内容,后者则属于译法准则范畴。

议定了定名原则后,译名组讨论元素译名。在确定 Oxygen、Nitrogen 的译名时,译名组进行了颇多讨论。[2]

在确定 Oxygen 的译名时,张资珙提议用"氧",他认为:"Oxygen 译为'氧'已颇久,且采用者甚多,仍以用'氧'为宜。"王季梁也

---

[1] 附:译名组通过各案(化学译名原则)[A]. 教育部化学讨论会专刊[M]. 国立编译馆,1932.225~226.

[2] 第五次分组会议纪事[A]. 教育部化学讨论会专刊[M]. 国立编译馆,1932.78~92.

提议用"氧",他认为:"'氧'字笔画少,合于定名原则,应用'氧'字。"徐作和也主张用"氧",他提出的理由是:"'氱'下面所从之'昜'字,极易误写作'易'字,且全个字不便书写。"经表决,15票通过用"氧"。

在确定 Nitrogen 的译名时,程瀛章提议用"氮",他认为:"'氮'字从'炎',不合谐声,从两火字,易与可燃之义相混,谐声会意,均无足取。"郑贞文表示反对,他认为:"'谈'、'痰'、'啖'均从'炎'字谐声可无问题,'炎'字既为谐声,于义自不至误。又'氮'字笔画甚多,不易书写,不如作'氮'。"经表决,17票通过用"氮"。

除了 Oxygen、Nitrogen 的译名外,译名组还确定了其他一些译名。次日,译名组将修正后的草案提交大会讨论。大会基本同意了译名组通过的定名原则,但在表述方面有些改动。大会对元素译名进行了表决,对于 Oxygen、Nitrogen,大会同意用"氧"、"氮"为其译名。

同时大会请求国立编译馆尽快成立化学名词审查委员会,详订有机化学名词,清理无机化学和化学仪器名词。同年8月,教育部及该馆合聘郑贞文、王季梁、吴承洛、李方训、陈裕光、曾昭抡、郦恂立7人为化学名词审查委员会委员,郑贞文为主任委员。

来自全国各地的化学家都认识到筹组一个全国性化学家组织的重要性。会后,全国性的中国化学会因此成立了。

上述7位化学名词审查委员会委员都是中国化学会的成员[1]。该委员会根据化学讨论会议决的化学定名原则,参照历年来各家

---

[1] 张澔.中文化学术语的统一:1912—1945[J].中国科技史料,2003,(2):128.

草案、论著和化学讨论会上各专家的提案及意见,悉心整理,审慎取舍,反复验证,郑重审查,并征求各处学术机关的意见,四易其稿,终于完成《化学命名原则》一书,于1932年11月由教育部公布①,次年6月出版。《化学命名原则》的出版,为包含Oxygen、Nitrogen译名在内的化学译名的统一,奠定了坚实的基础。

《化学命名原则》出版后,由于其本身的优势以及政府的支持(如不用该名词系统的教科书不予审定)等原因,在学术界及全国各地得到普遍推行,各种用中文撰写的化学书籍和论文所用的名词,多以此为根据,以前同名异译、凌乱分歧的弊端,逐渐消除了。同时,各方专家发表意见,互相商讨,以期化学命名能日臻完善,如中华医学会、曾昭抡等组织或个人,均撰有专文,或对元素的名称,或对化合物的命名法,提出看法。关于Oxygen、Nitrogen的译名,中华医学会仍主张用医学名词审查会确定的"氱"、"氮"。

该馆原设有化学名词审查委员会,由教育部聘请郑贞文等7人为委员。后因化学仪器名词及化学工程名词均待拟订,就由中国化学会推荐人员,由教育部聘任,分别组织审查委员会。1936年10月11日,三委员会合并为"化学名词审查委员会",除原有委员外,加推数人,共计委员27人。

1937年1月19日,教育部召开化学名词审查会议,历时5天,开会9次,到会委员达20人,最后三次会议讨论《命名原则》的修改,特邀请中华医学会、中华药学会及卫生署派代表参加。经过讨

---

① 陈可忠.序[A].国立编译馆.化学命名原则(增订本)[M].重庆:正中书局,1945.

论，审查会大体主张保留原公布译名，以少改动为原则。特别是氢、氧、氮、氯、砷五个元素译名，全场一致议决永不更改，如必欲修改，须经审查会出席委员全体同意通过。统一的Oxygen、Nitrogen译名，被赋予了永久的地位。此外，在这次审查会议上，新近发现的元素及氢的同位素，均增订了译名。无机及有机化合物的译名原则，也略有增改。

抗日战争爆发后，国立编译馆西迁，由曾昭抡、袁翰青、李秀峰、张辰等人根据会议决案，对《化学命名原则》进行校勘整理，并鉴于化合物译名的重要，依据命名原则增译化合物名词2000余条①，附于其后。1940年由该馆唐仰虞校阅后，准备出版。但由于后方印刷困难，原书又多化学符号，故一再稽延，直到1945年，增订本才得以出版。

《化学命名原则》的问世，是中国近现代科技史上的重大事件。它为西文化学术语的中译提供了一套统一而又切实可行的原则，对西方化学进入中国起了重要的作用。白寿彝主编的《中国通史》用了较长的篇幅对它作了阐述，并据此指出：

"在三十年代，中国化学家以西方已有的命名体系为模式，创立了一套适用于中国的研究状况并能较好与西方相呼应的较为完善的化学命名体系，为中国尽快、尽好地引进西方新知识，发展自己的化学研究事业扫清了障碍。半个多世纪以来，它经受住了时间的检验。"②

---

① 陈可忠.化学命名原则再版序[A].国立编译馆.化学命名原则(增订本)[M].重庆：正中书局，1945.
② 白寿彝.中国通史(第12卷)[M].上海：上海人民出版社，1989.1715~1719.

"为何20年代教育部颁布的《化学命名原则》(包括Oxygen、Nitrogen的译名)未得到普遍推行,而30年代教育部颁布的《化学命名原则》却得到迅速推行?"参与了30年代《化学命名原则》审查工作的曾昭抡如此发问,他自己给出的答案是:(1)政府的威信加强,不遵此项名词者,其所出之书有不予审定之险;(2)商务印书馆于1932年被焚后不再反对改用新名词;(3)国内化学专家,对于译名问题的争执,不如以前有兴趣,只求速有统一的名词;(4)此项原则制定者对名词问题素有研究,在制定原则时,他们广泛征求了各方面的意见;①(5)中国化学会的成立。②

回顾Oxygen、Nitrogen译名在民国时期的统一这段历史,不难发现曾昭抡的观点是有道理的。不过,似乎还要加上一点,当《原则》公布后,遇到不同意见时,有关组织又进行了及时的协商。如在《原则》初次公布后,中华医学会仍主张用"氯"、"氧",《原则》修改时,国立编译馆邀请了中华医学会代表参加。正是这次会议,达成氢、氧、氮、氯、砷五个元素名称永不更改的共识。曾昭抡未论及这一点,是因为《化学命名原则》的修订是在他提出上述观点之后进行的。

若要说到有机化学命名系统的最终统一,似乎还有一点,即政府(国立编译馆)在名词统一工作方面投入了较多的资金。名词审查是项基础性的工作,仅仅靠专家无私奉献是不够的,还需要政府

---

① 曾昭抡.二十年来中国化学之进展[A].刘咸.中国科学二十年[C].周谷城.民国丛书[Z].1(90):104.

② 曾昭抡.对于度量衡名词及大小数命名问题几点意见[J].东方杂志,1935,32(3):86.

在资金方面的大力支持。正因为有了资金的投入，有机化学命名系统的制定者才有充足的精力花大量的时间去严谨、审慎地制订、验证有机化学命名原则。而不像经费拮据的科学名词审查会那样草草拟就。

从 Oxygen、Nitrogen 译名的最终统一，我们可以得到这样的启示：科技译名的统一既要学术界达成共识，又要官方采取一定的措施来促进学术界达成共识，并保障学术界已普遍认可的译名被大家遵用。

3.2.2 《数学名词》

清政府学部的编订名词馆编纂出版过《数学名词中西对照表》。1918年，科学名词审查会成立。从1923年至1926年间，先后由科学名词审查会审查通过《数学名词》12 部，1931 年中国科学社年会又通过 2 部，共计 14 部，含名词 3216 条。1928 年，大学院设译名统一委员会也曾拟就《中等数学名词草案》一种，但未经审查颁行。

国立编译馆成立后，呈请教育部聘杨克纯、冯祖荀、孙镕、胡濬济、江泽涵、姜立夫等为数学名词审查委员，从事起草工作。1933年4月，教育部召开天文数学物理讨论会，关于数学名词，议决将前科学名词审查会所通过的名词送交全国各大学及专家征求意见，同时选定常用数学名词 700 余条并正式通过 100 余条。后经该馆编译黄守中等整理，印成草案一册，内分普通名词、算术名词、代数解析学名词等 14 部，约计 3200 余条[①]。1933 年 11 月，国立

---

① 国立编译馆. 国立编译馆一览[M]. 国立编译馆，1934.30～31.

编译馆将该草案作为初审本,送请全国数学专家及各大学中学审查。1934年9月,将根据初审意见整理而成的二审本,再送审查。1935年6月,该馆根据第二次审查意见编订第三次送审本之时,适逢国内数学专家发起组织中国数学会,并于7月在上海召开成立大会。该馆派代表出席会议。鉴于数学名词亟待全国数学专家组织名词审查会审查,以便早日公布,于是该馆向大会建议,立即组织数学名词审查会,担负起统一名词的重任。大会接受了该馆的建议,并推定钱宝琮、胡敦复、何鲁、姜立夫、江泽涵等15人为数学名词审查委员。1935年8月,该馆将根据二审意见整理而成的三审本,送请中国数学会作最后勘核,并由该馆呈请教育部聘请中国数学会姜立夫等14人为审查委员。同年9月,数学名词由在上海召开的数学名词审查会议审查。同年10月,教育部公布《数学名词》,共3426条名词[①]。1945年出版。

我们今天使用的Mathematics的标准译名是"数学"。1945年出版的《数学名词》的贡献之一,就是为我们统一使用"数学"这个译名奠定了良好的基础。数学史家梁宗巨在《世界数学通史》中这样写道:

"数学也叫算术……'算术'这个名称在汉代确已通行,《周髀算经》最早正式用这个词。《周髀》卷上:'昔者荣方问于陈子曰:今者窃闻夫子之道,知日之高大,光之所照,一日所行,远近之数,远近之数,……陈子曰:然。此皆算术之所及。'

---

① 陈可忠.序[A].国立编译馆.(1935年10月教育部公布)数学名词[M].重庆:正中书局,1945.

第一章 官方译名工作组织及其所做的工作

汉唐的数学著作大都以算术为名,如《九章算术》、《孙子算术》等,算术指的是数学全体,和现在算术的意义不同,后来大概是为了提高地位,改称'算经'。

宋、元两代,我国数学的发展达到高峰。那是'数学'与'算学'这两个词并用。例如在朱世杰《四元玉鉴》(1303)的序中就同时使用这两个词:'松庭朱先生以数学名家,周游湖海二十余年矣。四方之来学者日众,……方今尊崇算学,科目渐兴,先生是书行将大用于世。……'

秦九韶《数书九章》(1247)也叫作《数学大略》,在序中说:'尝从隐君子受数学。'而朱世杰的另一部著作叫作《算学启蒙》(1299)。

算学、数学并用的情况一直延续了几百年。"①

Mathematics 译名混乱,有的译为"算学"、有的译为"数学",这给教学、研究和管理带来了诸多不便,经过大家的努力,将其译名统一为"数学",但这费了一番波折。②

1933年4月,教育部召开的天文数学物理讨论会,通过一部分数学常用名词。但"Mathematics"的译名因为大家对于"数学"、"算学"意见不一,故未能决定。

1935年9月,中国数学会名词审查委员会在上海召开会议,大家主张"数学"、"算学"两者并存。同年10月,中国数学会名词审查委员会通过的数学名词由教育部公布。

---

① 梁宗巨.世界数学通史(上卷)[M].辽宁教育出版社,1996.3~4.

② 数学(Mathematics)一名词确定之经过[A].国立编译馆.(1935年10月教育部公布)数学名词[M].重庆:正中书局,1945.

教育部认为"数学"、"算学"两者并存不妥当,因此1938年9月,向设有数学系、算学系的大学和独立学院的教授征求意见。至1939年6月,反馈意见的单位有28家,其中14家主张采用"数学",13家主张采用"算学",1家无主张。教育部为了慎重起见,又将该事提交由其召集的理学院课程会议讨论。关于"Mathematics"的译名,该会议议决"由教育部决定,通令全国各校院一律遵用,以昭划一"。教育部选用了"数学"作为"Mathematics"的译名,同年8月,教育部通令全国一律遵用。

教育部选用"数学"所依据的理由是:(1)"数"、"理"、"化"已经成为通用的简称;(2)"数"是古代的六艺之一;(3)教育规章制度中,习用"数学"一名;(4)当时各院校采用"数学"、"数理"或"数学天文"为系名的有29家单位,而用"算学"或"天文算学"为系名的仅有7家单位。

国立编译馆就依照教育部部令,对已经由教育部公布的《数学名词》中的相关译名作了改订。改订后的《数学名词》于1945年出版。

3.2.3 《物理学名词》及其问世后引发的争论

3.2.3.1 《物理学名词》

我国物理学名词专书的问世,始于光绪三十四年(1908)清政府学部审定科编纂的《物理学语汇》。1920年,科学名词审查会议决增加物理组,由中国科学社主稿。1928年,大学院组织译名统一委员会,搜集了少量物理学名词。大学院改组后,译名事业归教育部编审处办理。教育部编审处曾根据科学名词审查会物理组审

第一章 官方译名工作组织及其所做的工作

查本,酌加订正,于1931年分发国内物理学者征求意见。中华文化教育基金董事会组织的编译委员会,也委托萨本栋编译物理学名词。萨本栋将前两种审查本稍加修改,编纂成《物理学名词汇》一书。

国立编译馆成立后,鉴于物理学为基本科学之一,迫切需要名词的统一,故立即由专任编译康清桂、编译吕大元、特约编译徐仁铣等整理厘定各旧稿、搜集补充新译名[1],并征集专家及各学术机关意见。时逢中国物理学会在北平召开成立大会,国立编译馆派员列席,并提请组织名词审查委员会,承担审查物理学名词事宜。此时,国立中央研究院物理研究所也有修订名词的举措。

1933年4月,教育部召开天文数学物理讨论会,国立编译馆趁机将所编初稿提出讨论。但由于会期短促,除通过物理学名词定名原则及单位名词等基本名词外,仅议决将全部名词交中国物理学会整理。国立编译馆根据议决意见,将全部名词重加增订,于同年8月提交中国物理学会第二届年会审查。物理学会推举吴有训、周昌寿、何育杰、裘维裕、王守竞、严济慈、杨肇燫7人为委员,限期于大会后一个月内完成。国立编译馆为求完备起见,又参考科学名词审查会、中华文化教育基金董事会、中央研究院、商务印书馆周昌寿等各稿,以及其他各方意见,将上述物理学名词通体整理,分别注明了出处,然后送请各委员作最后的决定。委员会于8月15日至20日着手作初步整理,21日起正式开会,将所列名词逐条讨论,前后集会共9次,至9月2日,全部审查完毕。审查结

---

[1] 国立编译馆.国立编译馆一览[M].国立编译馆,1934.31.

束后,立即将审定本送交国立编译馆,该馆略加整理后,于1934年1月25日呈请教育部核定。同月31日,教育部公布《物理学名词》[①],共8206条名词。1934年该书出版。

3.2.3.2 《物理学名词》问世后引发的关于两套国际权度单位中文名称的争论

1934年8月,商务印书馆出版发售《物理学名词》一书。当时主管度量衡事务的实业部以该书采用了不合《度量衡法》新制的单位及其名称为由,咨请教育部饬令停止出版发售该书。争论遂因此而生。但要说清这场争论,需从国际权度制单位制说起。

18世纪末,米制(Metric System)创立于法国。1889年第一届国际权度大会认定了"国际米原器"和"国际千克原器",以此两个原器作为国际权度最高标准(由此引出了把"米制"又称"国际权度制"),并确定了国际权度制单位系列的构成原则:

(1)度量衡三个量各有一个主单位,长度的主单位metre,容量的主单位litre,重(质)量的主单位kilogramme。1791年,法国国民议会采用地球子午线的四千万分之一为长度单位,1795年把该单位名称定为metre(出自希腊文metron,意为量测,中文音译为米)。重量(或质量)的单位是一立方分米的水在4℃(此时密度最大)时的重量(或质量),该单位初称grave(出自拉丁文gravis,意为重),继而命其千分之一为gramme(此字出自希腊文gramma,意为小重量,中文音译为克),而改称质量原器之质量为kilo-

---

① 陈可忠.序[A].国立编译馆.(1934年1月教育部公布)物理学名词[M].上海:商务印书馆,1934.

gramme(kilo 为希腊字首,意为千,中文称千克)。在米制初期,以一立方分米为体积或容量标准,单位名称 litre,中文音译立特,后又把 litre 的定义改为:一千克纯水在最高密度时的体积。

(2) 采用十进制。

(3) 凡十进的大数,都在主单位前冠以 deca-(表示十倍)、hecto-(表示百倍)、kilo-(表示千倍)、mega-(表示兆[十万]倍)等从希腊文命名的词头。

(4) 凡十退的小数,都在主单位前冠以 deci-(表示十分之一)、centi-(表示百分之一)、milli-(表示千分之一)、micro-(表示兆分之一)等从拉丁文命名的词头。

第一届国际权度大会上,把"国际米原器"和"国际千克原器"的副标准分颁给 1875 年《米制公约》的签约国,加快了各国推行米制的进程。19 世纪末,已有 14 个欧洲国家和美国、日本等共 30 多个国家宣布采用或接受国际权度制。

19 世纪中叶国际权度制传入中国,单位名称完全用译音的办法。如在 1858 年中法《通商章程善后条约:海关税则》中规定:"中国壹担即系壹百斤者,以法国陆拾吉罗葛棱么零肆百伍拾叁葛棱么为准,中国壹丈即拾尺者,以法国叁迈当零伍拾伍桑的迈当为准,中国壹尺即法国叁百伍拾捌蜜理迈当。"[1]这种方法,只在折算时使用,并不要求民众都熟悉译音名称。

从 20 世纪初开始,民国期间采用国际权度制曾有过三次尝

---

[1] 通商章程善后条约:海关税则[A].王铁崖.中外旧约章汇编(第一册)[Z].三联书店,1957.133.

试:第一次是民国初年,彻底废除旧制,完全采用国际权度制;第二次是1915年,国际权度制和营造尺库平制二制并用;第三次是1928年,以国际权度制为标准制,辅以与标准制有最简单的比率的市用制作为过渡制。从实际效果看,第三次的办法较为稳妥。但无论哪一种办法都遇到如何合理选定国际权度单位中文名称的问题。中文名称既可音译,也可意译;既要简单明了,易被社会民众接受,更要把国际权度制原则(只给主单位以名称,其他单位为十进十退关系)表达得非常清楚。民国时期,工商部门以及学术界、教育界分别制定了一套国际权度单位中文名称。

(1) 工商部门制定的国际权度单位中文名称

民国初立,废除旧的度量衡制度、制定新的度量衡制度的工作是由工商部主管的。工商部就国际权度单位的翻译问题请有关部门派人参加讨论。结果有两种意见:一种认为应该译音,如 metre 译为密达、litre 译为立脱耳、kilogramme 译为吉罗克兰姆;另一种认为应该译义,如 metre 译为法尺、kilometre 译为法里。工商部经过详细审查,认为译音不如译义,译义不如沿用度量衡旧制的尺、升、斤、两等名称,便于民众记忆和使用。

于是在1913年,工商部沿用旧有的尺、升、斤、两等名称,拟定了"新尺、新升、新斤"等国际权度单位中文名称(见附录8《权度条例草案》栏)。但由于单一采用国际权度制的方案并未得到国会议决[1],这组"新"字系列的名称未付诸实行。

1914年,北洋政府农商部成立。农商部(部长张謇)认为 me-

---

[1] 关增建.计量史话[M].北京:中国大百科全书出版社,2000.57.

tre过长、kilogramme过重,与数千年来的民情习俗相差甚远,难以施行。鉴于当时英美等国采取英制与国际权度制共存的做法,农商部拟定了《权度条例草案》,决定实行甲乙两制,甲制为营造尺库平制,乙制为国际权度制。甲制为过渡时期的辅助制度,其数值由乙制按一定的比例折合而来。关于国际权度单位中文名称,沿袭此前工商部的办法,只是在1914年发布的《权度条例二十四条》中,个别名称用字稍有变动(见附录8)。鉴于"新"字为冠首不成名词,1915年1月公布的《权度法》把"新"字改用"万国公制"的"公"字(见附录8)[①]。然而,由于甲乙两制无简单比例而不便记忆,再加上当时政局不稳,政令迭更,故该法形同虚设,这组"公"字系列的名称在当时并未产生多大的影响。

1927年,南京政府成立,着手研究推行国际权度单位的具体方案。次年7月18日,公布《中华民国权度标准方案》。1929年2月16日,公布《度量衡法》。在拟定这两个文件中的国际权度单位中文名称时依据的原则是[②]:(1)"凡名称之沿用已久者,能用则用之,例如公尺公斤等名称";(2)"西文名称及译名之不甚通俗者,能不用则不用之,例如米突、迈当、克兰姆、立特等";(3)"凡名称之已经前农商部公布者,苟无较妥之名词替代之,则暂仍其旧,如公尺、公斤、公升等名称。"据此,全部沿袭了1915年《权度法》所制定的那套国际权度单位中文名称(见附录8)。

《度量衡法》还规定了国际权度制和市用制之间的关系:市用

---

① 吴承洛.中国度量衡史[M].上海:上海书店,1984.317~321.
② 徐善祥.改订度量衡名称与定义之商榷[J].东方杂志,1935,32(3):77.

制长度以公尺三分之一为市尺（简作尺），重量以公斤二分之一为市斤（简作斤），容量以公升为市升（简作升），一斤分为十六两。

《度量衡法》的贯彻施行，标志着这套中文名称以法定单位的形式在经济、生产等领域取得权威地位。

(2) 学术界、教育界制定的国际权度单位中文名称

近代科学文化的故乡在西方，把它们传播到中国是中国学术界和教育界从事的一项伟大工程。在传播近代科学文化的过程中，必须解决各学科（包括权度单位）、各文化领域的译名规范和统一问题。当时的学术界和教育界对科学单位名称给予了高度重视。

1914年《权度条例二十四条》公布几个月后，被远在美国留学的几位中国学生关注，他们以科学社（1915年10月更名为中国科学社。中国科学社是民国时期最大的综合性科学社团和最具影响力的学术组织之一）的名义，在1915年《科学》杂志第1卷第2号上发表《权度新名商榷》一文，对当时"新"字系列国际权度单位中文名称提出了批评，认为其"不便于学术上之应用者，约有三事"[①]：① 单位殊异。在"新"字系列国际权度单位中文名称中，长度的主单位为新尺（即 metre），重量的主单位为新斤（即 kilometre），容量的主单位为新升（即 litre），而此时学术上所用的单位，长度的主单位为新分（即 centimetre），重量的主单位为新分（即 gramme），容量的主单位为新撮（即 cubic centimetre 简写为 c.c.），两者不一致。② 名称混淆。"新分"既是重量的单位，又是

---

① 科学社.权度新名商榷[J].科学,1915,1(2):124~126.

第一章 官方译名工作组织及其所做的工作

长度的单位,在学术上容易混淆。③ 对比无义。在我国度量衡旧制中 1 斤＝16 两,可能有人会因此而误认为 1 公斤(kilometre)＝16 公两(hectometer),而实际上 1 公斤＝10 公两。鉴于此,科学社尝试性地提出了第一组供科学上应用的国际权度单位的中文名称。其主要原则是:先音译国际权度制的主单位名称,metre 音译为"米"、gramme 音译为"克"、litre 音译为"立特",再加上"十"、"百"、"千"、"分"、"厘"等字①(见附录 8)。这组名称实际上是把当时科学中常用的度量衡单位加以归纳整理形成的,把十进十退关系表达得非常清楚,故而得到学术界和教育界的普遍认可。

北京政府时期,由教育部及全国多个学术团体所组成的科学名词审查会承担了审查科学名词的责任。1919 年,科学名词审查会委托中国科学社起草包括国际权度单位中文名称在内的物理学名词。该社经过详慎讨论,认为国际权度制中的十进十退单位,翻译到中文里来,有另外造新字的必要。否则,"千米"、"千克"似乎不成单位,若在这类名词之前再加上其他数字,如"三千千米",写读尤感困难。当时的教科书,多已采用"籿、粨、籿、粎、粉、糎、粍、粁"等起源于日本的度量衡单位名词。中国科学社认为,这类名词颇见整齐划一,只是其中的"粎"需改为"米突",方能摒除尺寸分等旧观念,而完全符合国际权度制中一量一名(主单位名称)的精神。据此,中国科学社起草了第二组国际权度单位中文名称②(见附录8),并由科学名词审查会审议通过。这类起源于日本的新造字,虽

---

① 科学社.权度新名商榷[J].科学,1915,1(2):127～128.
② 中国科学社.本社对于改订度量衡标准制之意见[J].科学,1935,19(4):473～480.

然符合国际单位制中一量一名的精神,但不适合中国的语言文字。因为一般说来,一个汉字只可以读一个音,而这些新造字却一个字读两个音。

1927年,南京政府成立后,改教育部为大学院。1928年,设立大学院译名统一委员会,并由其继承前科学名词审查会的职责。同年,大学院改组为教育部,译名事宜归教育部编审处办理。无论是大学院译名统一委员会,还是后来的教育部编审处,都未审查国际权度单位中文名称。1932年6月,国立编译馆成立,担起编订科学名词并组织科学名词审查的重任,同年7月着手编订包括国际权度单位中文名称在内的物理学名词。1933年3月,完成初稿,接着征求专家们的意见。8月,教育部召开全国天文物理数学讨论会,该会物理组提出了厘定国际权度单位中文名称应依据的原则[①]:①遵守国际习惯,以厘米克秒制为基础;②凡国际间已有特名之单位,均采用近似汉文译音,遇必要时,得只留其首音;③非万不得已,不造新字,故总共只造一新字,即熵(entropy);④单位名词如指小数,则于已有特名单位名词上冠以分、厘、毫等字;如指十倍、百倍、千倍,则冠以什、佰、仟等字。据此,《物理学名词》中的国际权度单位中文名称为"仟米、佰米、什米、米、分米、厘米、毫米"等系列(见附录8)。会后,中国物理学会将全部重要物理名词审查完竣,送交国立编译馆。1934年1月31日,教育部公布了《物理学名词》,标志着由学术、教育部门制定的国际权度单位中文名称在学术界和教育界取得了权威地位。从这次学术、教育部门

---

① 萨本栋.电磁学单位系统之沿革[J].东方杂志,1935,32(1):35.

制定的第三组单位中文名称可以看出，它继承了原科学名词审查会审查通过的国际权度单位中文名称的十进十退原则，摒弃了其造新字的做法后，益臻完善，不仅在科学、中高等教育中便于使用，就是中等文化程度的教师、工程、公用事业人员学习、使用也并不困难。

（3）关于两套名称的争论

民初制定国际权度单位中文名称时就有两种意见之争：译音（如 metre 译为密达）和译义（如 metre 译为法尺），工商部为便于民众记忆和使用而沿用了旧制的尺、升、斤、两等名称。

1914 年《权度条例二十四条》公布后，发表在 1915 年《科学》杂志上的《权度新名商榷》一文，认为新制中文名称在科学、教育中根本用不上。

1934 年 8 月，商务印书馆出版发售《物理学名词》一书。当时主管度量衡事务的实业部以该书采用了不合《度量衡法》新制单位及其名称为由，咨请教育部饬令停止出版发售该书。同年 10 月，中国物理学会在各报上发表《中国物理学会为请求改订度量衡标准制单位名称与定义事上书行政院和教育部书》一文，列举《度量衡法》所定国际权度单位名称的定义不准确、条文有疏忽、定名欠妥当，并建议修改。随后，全国度量衡学会发表《度量衡标准制法定名称之解释及其在科学上之应用》及《度量衡标准制法定名称与其他不合法名称之优劣论》两文，以该局所定单位名称业经国府批准，应成为法定名称，乃呈请实业部转咨教育部，请其中止物理学会所提倡的改革。

1935 年，《东方杂志》组织了《度量衡问题》的讨论。在当年第

32卷第3号上发表了中央研究院、国立编译馆等文化机关,中国物理学会、中国度量衡学会等学术团体,以及中央研究院、北平研究院、北京大学、北平大学、清华大学、师范大学等处研究所主任及物理学、化学、工程学等各方面的主任、教授的专论文章。算上编者《导言》和第1期上1篇、第7期上2篇,关于度量衡问题讨论的文章近20篇共8万多字,按其观点可分为维护《度量衡法》名称者和主张修改者两方。维护者一方的文章,有全国度量衡局局长吴承洛两文①、中国度量衡学会两文②。均主张《度量衡法》中之名称为法定名称,且有种种优点,无修改之必要。对于一名数义的"公分"的"分"字,可加偏旁"广"、"土"、"亻"或作"公分长"、"公分地"、"公分重"以示区别。即使修改,也只容最低限度的修改。而且其他特种单位也不应与法定名称相冲突。

主张修改的一方,有十多篇文章之多,其中关于评论两套名称长短的有:国立编译馆指出,"《度量衡法》之名词混杂,难于应用"、"法规所定名词扞格不通,未能满意"③。前工商部技监徐善祥一文④,阐明制定《度量衡法》当时所取的原则及不够彻底的地方(如前工商部权度方案,本定十两为一市斤,后经国府委员审

---

① 吴承洛.度量衡标准制法定名称之科学的系统[J].东方杂志,1935,32(3):65;吴承洛.研究度量衡问题应取之途径[J].东方杂志,1935,32(3):67.
② 中国度量衡学会.度量衡标准制法定名称之解释及其在科学上之应用[J].东方杂志,1935,32(3):92.
中国度量衡学会.度量衡标准制法定名称与其他不合法名称之优劣论[J].东方杂志,1935,32(3):93.
③ 周昌寿.度量衡问题导言[J].东方杂志,1935,32(3):63.
④ 徐善祥.改订度量衡名称与定义之商榷[J].东方杂志,1935,32(3):78.

查,仍定十六两为一市斤。而米制中最大优点(十进制),因此不能贯彻到底,九仞之功,亏于一篑,不胜扼腕),认为不改名词则已,如改必须根本解决;而中国物理学会所拟的单位名称,似乎不是非常完善,不如数年前造字方法较为完善。北平研究院物理研究所主任严济慈《论公分公分公分》一文①,详述《度量衡法》中"公分"一名多义,引起种种误解和流弊。北平大学工学院院长张贻惠文中详举标准制单位音译法、造字法、农商部法三种译法的优劣,经过比较,认为中国物理学会的名称兼有各种之长,仅倍数读音,仍留缺憾②。曾昭抡指出:"度量衡局所定者,确远不及中国物理学会所定者之合于科学原则。其中最不妥者为 gram 与 centimeter 之同称为'公分',此种办法,予习化学者以莫大的苦恼。……'克'、'米'二字,笔画简而意义明,颇以为便。"③吴学周指出,《度量衡法》中的权度单位名词漫无系统、佶屈聱牙,为了通俗性而牺牲了科学性;物理学会提出的名词简单、明了、有系统性、便于记忆。物理学会提出的名词,虽非尽善尽美,但和《度量衡法》中的权度单位名词比较,两者的优劣,有天壤之别④。国立中央研究院物理研究所指出:《度量衡法》中的权度单位名称"所以采用'尺'、'升'、'斤'三项旧有名词之意,谓为'求民众易于了解,且合于中国言语文字之习惯';用意甚善,然流弊

---

① 严济慈.论公分公分公分[J].东方杂志,1935,32(3):79.
② 张贻惠.标准制度量衡命名平议[J].东方杂志,1935,32(3):83~84.
③ 曾昭抡.对于度量衡名词及大小数命名问题几点意见[J].东方杂志,1935,32(3):88.
④ 吴学周.关于吾国现行度量衡标准制之管见[J].东方杂志,1935,32(3):91.

实大,而其结果必且与所期相反"①。北平清华大学物理学系主任教授萨本栋还建议,政府应聘请专家组织一个永久的(权度制单位)国家委员会,一方面参加国际工作,另一方面全权处理各科科学中应有的符号、单位、名称及定义等问题。有关法令,政府应尊重委员会的意见,以免条文上发生技术上的困难及学理上的错误②。

总之,"除全国度量衡学会主张一律遵守《度量衡法》名词不容异议外,即吴承洛亦表示可以容许最小限度的修改。其余全部,均主张修改。其余大多数并赞同采用教育部公布之《物理学名词》。"③这些赞同者基本上是科学界和教育界人士。

1935年实业部就《度量衡法》中各种单位名称及定义问题向全国有关机关及学术团体发送"征求关于科学上及现行《度量衡法》中各种单位名称,及定义之意见"的公函。

全国有89个机关及团体(大学、公用事业单位、工、农、医研究机构、学会、协会以及政府机关)给实业部发出的公函反馈了意见。其中赞成法定名称的26份,赞成中国物理学会所拟单位名称的46份,其他意见17份④。和上述《东方杂志》组织的讨论的结果相比,这些数据更能表明两套名称在当时的支持率。

1935年夏,行政院根据中国物理学会的请求,召集与度量衡

---

① 国立中央研究院物理研究所,国立中央研究院物理研究所对于现行度量衡法规之意见书[J]. 东方杂志,1935,32(3):97.
② 萨本栋. 电磁学单位系统之沿革[J]. 东方杂志,1935,32(1):35.
③ 周昌寿. 度量衡问题导言[J]. 东方杂志,1935,32(3):64.
④ 政府机关、学术机关、学术团体对于修改度量衡标准制单位名称与定义等之意见[Z]. 油印本,1935年左右.

制度有关的机关在南京开会,决定两套名称并用①。

(4) 关于两套名称的评价

两套名称各有优缺点。根据上述讨论及田星云的《如何统一计量单位的名称》②、杨肇燫的《采用国际米制度量衡就应当遵循它的命名法精神》③两文,可归纳出两套名称的优缺点。由工商部门制定的国际权度单位中文名称的主要优点是:模仿我国旧有的度量衡名称,便于记忆。但是,它也有缺点,主要是:① 长度单位、质量单位、面积单位均有公分公厘公毫,容易引起混淆。(有关方面提议用加不同的偏旁的办法来解决这个问题,实际上是无效的。)② 分厘毫等术语,无一致的进制,如:长度公分为公尺的百分之一,质量公分为公斤的千分之一,面积公分,则为公亩的十分之一。③ 看不出主单位。④ 看不出十进十退的关系。⑤ 无法推广到导出的物理量上去。

由学术界和教育界制定的国际权度单位中文名称的主要缺点是与习惯不完全相合,主要优点是:① 可以看出主单位。② 可以看出十进十退关系。③ 可以应用到导出的物理量上去。

可以说,在当时的社会背景下,两套名称都有其合理性。

统一国际权度单位中文名称,是度量衡工作的重要部分,关系到国家政治的稳定和经济的发展。统一国际权度单位中文名称,

---

① 中国物理学会.中国物理学会四年来之工作[A].何志平等.中国科学技术团体[C].上海科学普及出版社,1990.251.

② 田星云.如何统一计量单位的名称[N].光明日报,1956-12-18.

③ 杨肇燫.采用国际米制度量衡就应当遵循它的命名法精神[N].光明日报,1956-10-16.

又是统一科学名词工作的一部分,关系到国家学术的昌明和教育的进步。民国时期,无论是作为度量衡工作主管者的工商部门,还是作为科学传播者的学术界和教育界,都对此项工作极为重视,而且都取得了较大的成绩。

当时的工商部门根据民间习惯,考虑到大多数民众的利益,立足于通俗性,制定的国际权度单位中文名称,有利于新的度量衡制度的推广。包含该套名称的《度量衡法》"未及数载,而全国各地一致普遍采用"。[①] 其原因除了有行政力量外,还与"新制制度本身之优良与适合国情,有以使然也"[②]有关。

而当时的学术界和教育界,从科学传播和科学研究的需要出发,立足于科学性,制定了另外一套国际权度单位中文名称,有利于科学传播和科学研究。"多年来教科书所有单位大小数的命名法,就是乙法(即由学术界和教育界制定的国际权度单位中文名称——笔者注)"。[③]

虽然相互争论,但这两套名称都长期存在着。其主要原因在于当时科技教育的不发达。从长远角度看,由学术界和教育界制定的国际权度单位中文名称显然更具科学性和权威性,所以在科学传播和科学研究方面,有着更大的市场。然而,当时的广大民众,没有受到多少科技教育,要他们接受并使用由学术界和教育界

---

① 汉口市政府.汉口市政府对于修订度量衡法中各种单位名称与定义之意见[A].各机关团体对于修改度量衡标准制单位名称意见[Z].油印本,1935年左右.
② 河北省度量衡检定所.对于法定度量衡标准制单位定义与名称之意见书[A].各机关团体对于修改度量衡标准制单位名称意见[Z].油印本,1935年左右.
③ 杨肇燫.采用国际米制度量衡就应当遵循它的命名法精神[N].光明日报,1956-10-16.

制定的那套国际权度单位中文名称,是有一定困难的。对此,时人评价道:"今日科学界所定之物理名词(即学术界和教育界所定的国际权度单位中文名称——笔者注),无论其在科学上有如何便利,然趋重音译扞格难入于市厘民众之脑中"。① 相对来说,让当时的广大民众接受和使用由工商部门制定的那套国际权度单位中文名称,就要容易多了,毕竟,该套名称更贴近他们的生活。

新中国成立后,随着科技教育的推进,废除由民国时期工商部门制定的国际权度单位中文名称的时机逐渐成熟。在经过专家们的长期讨论后,政府宣布了法定计量单位。这些法定计量单位继承了由民国时期学术界和教育界制定的那套国际权度单位中文名称中的绝大部分。至此,除"公斤"、"公里"等外,由民国时期工商部门制定的国际权度单位中文名称完成了它的历史使命,并逐渐淡出了历史舞台。

3.2.4 《天文学名词》

1930年,中国天文学会组织译名委员会,推举张云、高鲁、蒋丙然、赵进义、徐仁铣、常福元、朱文鑫、张钰哲、高均9人为委员,中央研究院天文研究所也作为团体会员加入。该会先后收到高均、朱文鑫、张云、张钰哲等委员编辑的名词。但由于人力物力有限,没有进行整理。国立编译馆成立后,天文学会就将天文名词译名底稿交给国立编译馆,由该馆特约编译张钰哲、编译吕大元编

---

① 李乔苹.北平市度量衡检定所所长李乔苹修正度量衡法定单位名称之意见[A].各机关团体对于修改度量衡标准制单位名称意见[Z].油印本,1935年左右.

辑。1932年11月编成天文学名词草案,包含名词1300余条。随后国立编译馆呈请教育部聘竺可桢、高鲁、张钰哲、陈遵妫等13人为审查委员,以张钰哲为主任委员,主持审查工作。国立编译馆将初稿分寄各委员,征询意见,并请尽量修改补充。

1933年4月,教育部召集天文数学物理讨论会,国立编译馆汇集各方修正稿,提交天文组讨论。各专家历时5天,反复斟核,通过名词1300余条①。一般天文学上应有的名词,已基本具备。会后由国立编译馆整理,呈请教育部核定。同年4月20日,教育部公布《天文学名词》。1934年出版。本书星座名称的译法,大体依据常福元所著的《中西恒星对照录》。

随着天文学的不断进步,原有的天文学名词已不敷应用,而且有些名词应予修改,于是天文学会又成立了天文学名词编译委员会,负责主持增订工作。该委员会有朱文鑫、李珩、吴有训、余青松、徐仁铣、高鲁、张钰哲、常福元、曹漠、邹仪新、赵进义、蒋丙然、戴文赛等委员。1937年4月,天文学名词编译委员会举行会议,讨论天文学名词增订的原则和进行步骤。1940年,天文学名词编译委员会将增订后的名词7000余条付审,并将增订原则予以修正。1942年10月,天文学名词编译委员会在昆明举行会议,对各委员意见加以整理,中国物理学会也派有代表参加讨论。1948年天文学名词编译委员会在南京开会审查,对有疑义的名词,再予讨论。1950年,紫金山天文台专家曾逐条加以考虑。又经中国科学

---

① 陈可忠.序[A].国立编译馆.(1933年4月教育部公布)天文学名词[M].上海:商务印书馆,1934.

院编译局整理后,送由学术名词统一工作委员会聘请的审查委员陈遵妫、张钰哲、戴文赛等作最后审查①,1952年出版。

3.2.5 《电机工程名词(普通部、电力部、电讯部、电化部)》

光绪三十四年(1908年)由学部审定科编纂、商务印书馆出版的《物理学语汇》,所载电学名词近200条,这些译名比较妥善,很多为后世沿用。其后虽然电工名词不断增加,但一直没有专辑。直到1920年,才有交通部电气技术委员会编订的《电气名词汇编》刊行于世,所载名词约3000余条。1921年中国科学社电机股编纂的《电机工程名词》,分类翻译,搜罗颇为丰富,为数亦在3000条以上,可惜没有印本,未能普遍推行。1928年,大学院译名统一委员会也编订了《电机工程名词》,为数约400余条。1929年中国工程学会出版的《电机工程名词草案》,所列名词约2500余条(内缺无线电工程名词),同年出版的《无线电工程名词草案》,为数约500余条。1931年,建设委员会编订《电机工程应用名词》,搜集近500条。1934年,中国工程师学会将1929年中国工程学会出版的《电机工程名词草案》增订再版,所列名词约5000余条,搜采之宏,为前所未有。

1933年夏,国立编译馆由康清桂负责编订电机工程名词。所参考的文献,除上述外,还有杨简初、朱一成、许应期、陈章、黄茹左、林海鸣等人所赠的《电工名词初稿》名词4600余条,潘履洁赠

---

① 序[A].中国科学院编译出版委员会名词室.天文学名词[M].科学出版社,1959.

送的电化名词 100 余条,赵曾珏赠送的电机工程英文名词 8000 余条,以及铁道部编订的《国有铁路材料分类编号名称汇编草案》及其他国内外专辑 20 余种[①]。1935 年夏,完成初稿。全编分为普通、电力、电讯、电化四部。国立编译馆先后将初稿送请教育部聘请的审查委员恽震(主任委员)、顾毓琇、萨本栋、康清桂、杨孝述、杨简初、杨肇燫、裘维裕、赵曾珏、潘履洁等人及其他专家审查。1936 年 10 月教育部召开审查会议,对普通部名词进行了最后的勘核。1937 年教育部公布了普通部名词,共有 6045 条名词。1939 年出版。由于抗日战争时期国立编译馆辗转迁徙,工作受到影响,后三部名词到 1945 年才得以出版。电化部名词 2339 条[②],1944 年 2 月公布。电力部(经 1941 年 3 月审查会议决定)名词 3321 条[③],1941 年 11 月公布。电讯部(经 1941 年 10 月审查会议决定)名词 4559 条[④],1945 年 1 月公布。

3.2.6 《矿物学名词》

我国最早的矿物学名词专著,是清光绪九年(1883 年)由江南制造局刊行的《金石中西名目表》一书,此书系傅兰雅根据玛高温

[①] 陈可忠.序[A].国立编译馆.(1937 年 3 月教育部公布)电机工程名词(普通部)[M].上海:商务印书馆,1939.
[②] 陈可忠.序[A].国立编译馆.(1944 年 2 月教育部公布)电机工程名词(电化部)[M].重庆:正中书局,1945.
[③] 陈可忠.序[A].国立编译馆.(1941 年 11 月教育部公布)电机工程名词(电力部)[M].重庆:正中书局,1945.
[④] 陈可忠.序[A].国立编译馆.(1945 年 1 月教育部公布)电机工程名词(电讯部)[M].重庆:正中书局,1945.

第一章 官方译名工作组织及其所做的工作

和华蘅芳合译的《金石识别》所用名词整理而成,并补充了玛、华漏译的名词。《金石中西名目表》所含译名共1700条,除音译部分外,大多为后世沿用。此后40年间,出现了一些散见的名词,但没出现专书。直到1921年才出现有系统的辞典,即中华书局出版的《博物词典》一书,所列矿物学名词约近500条。1922年张锡田编纂的《矿物鉴识法》问世,所列名词计1000余条。1923年董常编纂的《矿物岩石及地质名词辑要》问世,关于矿物学部分的名词计2300余条。大学院译名统一委员会成立后,拟订了《矿物学名词初稿》,计2600余条。1930年,商务印书馆出版《地质矿物学大辞典》,所列矿物学名词计2300余条。1935年,科学名词审查会出版《动植物名词汇编》,所附矿物学名词计1600余条。以上各书互有详略,大体后详于前,专详于兼。

1932年国立编译馆成立之初,由专任编译王恭睦负责,根据前人成书,参以英、德、法、日各国专著,重行编订矿物学名词。所有普通矿物学及矿物分类学名词,均被收入初稿,共计6100余条[①]。翌年3月,国立编译馆将初稿送请教育部聘请的翁文灏、丁文江、章鸿钊、李四光、叶良辅、王烈、谢家荣、董常、朱庭祜、张席禔、田奇儁、何杰、王宠佑、李学清、王恭睦等矿物学名词审查委员审查。经过两次审查,至1934年2月审查完毕。同年3月9日,教育部公布该部名词。1936出版,共计名词6155条。

---

① 陈可忠.序[A].国立编译馆.(1934年3月教育部公布)矿物学名词[M].上海:商务印书馆,1936.

3.2.7 《细菌免疫学名词》

1918年,医学名词审查会就开始审查细菌学及免疫学名词,其草案于1920年刊行。后经整理补充,并入科学名词审查会于1931年出版的《医学名词汇编》。这些译名虽颇为精审,但数量不大,总共才680余条。其他有些译著,也附有该项译名,如1928年汤尔和所译的《近世病原微生物及免疫学》,附免疫学名词100余条,1932年博医学会出版的《秦氏细菌学》,附细菌学名词340余条。两书的译名都不乏妥善者,但由于未经公开讨论核定,故没有引起各方注意。

国立编译馆成立之初,即着手编订细菌学及免疫学名词。1933年6月完成初稿,随即送请教育部聘请的审查委员赵士卿(主任委员)、颜福庆、刘瑞恒、伍连德、汤尔和、陈宗贤、潘骥、程树榛、李振翩、宋国宾、汤飞凡、林宗扬、鲁德馨、杨粟沧、余濆、金宝善、李涛等人审查。1934年2月进行第二次送审,同年8月进行第三次送审。经过三次审查,该项名词才确定下来[1],同年11月由教育部公布。1937年出版。本编名词分为细菌学及免疫学二部,每部又分十几类,细菌学名词1409条,免疫学名词659条,共计2068余条。

3.2.8 《发生学名词》

动物发生学名词,历来没有专书。1931年科学名词审查会出

---

[1] 陈可忠.序[A].国立编译馆.(1934年11月教育部公布)细菌学免疫学名词[M].上海:商务印书馆,1937.

版《医学名词汇编》，所列发生学名词，大约 500 余条。1933 年吴元涤出版《普通胚胎学》一书，书中所附译名，也大约 500 余条。此外，1923 年商务印书馆出版的《动物学大辞典》也收集有部分动物发生学名词。国立编译馆成立后，由编译杨浪明开始搜辑此项名词。1934 年 1 月完成初稿，分为发生学一般名词、脊椎动物发生学名词、无脊椎动物发生学名词三部，共计 1700 余条[①]。随后送请教育部聘请的审查委员秉志（主任委员）、陈桢、张作人、朱洗、薛德焴（即薛良叔）、张巨伯、王家楫、伍献文、曾省、鲍鉴清、雍克昌、胡经甫、贝时璋、章韫胎、刘崇乐、杨浪明等人详加审查，委员们对初稿略有补正。经过整理后，于同年 11 月进行第二次审查。两次审查结束后，杨浪明将第一次及第二次送审本加以整理，根据大多数审查委员的意见，确定决定名称，共计名词 2000 余条[②]。1935 年 10 月，教育部公布该部名词。1937 年出版，所含名词 1757 条。

3.2.9 《气象学名词》

气象学名词，一向缺少专书。历来翻译书籍和传授知识，都感到译名困难。1932 年，中央研究院气象研究所出版《气象学名词中外对照表》，至此，气象学名词，才有了一定的基础。

1935 年夏，国立编译馆开始进行气象学名词的编订，特地聘请中央大学教授胡焕庸主持工作。为了加大工作效率，以便早日

[①] 陈可忠.序[A].国立编译馆.(1935 年 10 月教育部公布)发生学名词[M].上海：正中书局,1937.

[②] 动物发生学名词[A].国立编译馆.国立编译馆一览[M].南京：国立编译馆,1934.33.

脱稿，由胡焕庸邀请王维屏帮助编订。1936年4月，初稿完成，分气象、气候及天气三类名词，计4400余条①，送请由气象学会推举、教育部聘请的审查委员胡焕庸(主任委员)、高均、竺可桢、吕炯、蒋丙然、王应伟、涂长望、刘衍淮、刘恩兰、陆宏图、朱炳海、李宪之等人审查。同年6月，各委员陆续寄回审查本，经胡焕庸整理，于1937年1月再度请大家审查。1月28日及29日，教育部召开气象学名词审查会议，对气象学名词作最后决定。此次到会的有胡焕庸、朱炳海、竺可桢、蒋丙然、高鲁、高均、吕炯、朱国华、涂长望、刘衍淮、刘恩兰、张含英等委员，主席为胡焕庸。全部名词经过一一勘核后，由交胡焕庸整理②。同年3月18日，教育部公布气象学名词。该名词根据欧美著名专著及国人成书搜集编订而成，凡普通气象学上所应用的专门名词，均被列入。该书1939年出版，所含名词4443条。

3.2.10 《比较解剖学名词》

比较解剖学名词，历来没有专书，散见于解剖学书籍及其他有关科目名词典籍内。如科学名词审查会1927年出版的《解剖学名词汇编》、1931年出版的《医学名词汇编》、1935年出版的《动植物名词汇编》等书，均包含一些比较解剖学名词。薛德焴所著的《近世动物学》及朱洗、张作人所著的《动物学》等书，也搜罗了较多的比较解剖学名词。上述书籍所载的比较解剖学译名虽繁简不一，

---

① 陈可忠.序[A].国立编译馆.(1937年3月教育部公布)气象学名词[M].上海:商务印书馆,1939.

② 化学、心理、比较解剖、气象四名词审查会议[J].国立编译馆馆刊,1937,(22):6.

但大多为精心创制,不失为比较解剖学名词的先河。

国立编译馆成立后,即由编译杨浪明根据中西典籍所载各名词,汇为专辑。1934 年 9 月完成初稿,计 5900 余条名词[①],然后送请教育部聘请的审查委员秉志(主任委员)、伍献文、欧阳翥、陈纳逊、蔡堡、薛德焴、卢于道、闻亦传、雍克昌、寿振璜、武兆发、刘咸、何春乔、陈炳湘、朱洗、陈达夫、胡经甫、杨浪明等人审查。后来经过整理,于 1936 年 12 月第二次送审。1937 年 1 月,教育部召开审查会议,作最后的勘核。同年 3 月,由教育部公布该部名词。1948 年出版,所含名词 6013 条。

3.2.11 《统计学名词》

光绪三十三年(1907 年)9 月,由宪政编查馆奏请,令各省设立调查局,各部院设立统计处。调查统计方面的事情,在我国开始萌芽。各部院统计处由该管堂官派定专员,依照该馆所定表格,详细罗列,按期上报,以备编辑统计年鉴。此后,政府对统计事业颇为重视,但统计学书籍仍不多见,而统计学名词也未经官方厘定。倒是有些个人编纂的译名书问世,例如,1923 年,朱君毅编纂的《统计与测验名词汉译》一书问世,所含名词 250 余条。1930 年,王仲武编纂的《汉译统计学名词》一书问世,所含名词约 700 条。1933 年,朱君毅在其《统计与测验名词汉译》一书的基础上编纂的《统计与测验名词英汉对照表》一书问世,所含名词 1000 余条。

---

① 陈可忠.序[A].国立编译馆.(1937 年 3 月教育部公布)比较解剖学名词[M]. 上海:正中书局,1948.

1939年秋,国立编译馆请朱君毅主持编订统计学名词,并与中国统计学社第十届统计名词编译委员会合作,完成初稿。共计名词1367条,包含西文名词、旧译名、拟定译名等项。然后,印发初审本,函送国内专家,加以审查。1941年1月,国立编译馆呈请教育部聘请朱君毅、吴大钧、吴定良、金国宝、艾伟、陈长蘅、陈达、许世瑾、王仲武、黄钟、褚一飞、芮宝公、邹依仁、唐启贤、郑尧枠、潘彦斌、刘南溟、朱祖晦、杨西孟、汪龙、刘大钧、赵人儁、厉德寅、乔启明、赵章黼、尤崇宽、罗志如、杨蔚、吴大业、倪亮、李蕃等人为名词审查委员,以朱君毅为主任委员。上述初审后的统计学名词由各审查委员分别审查,参注意见。同年3月26日至29日,统计学名词审查会议在重庆国立中央图书馆举行,统计学名词在此次会议上得到通过。同年7月,教育部公布该部名词。1944年出版。所含名词924条[①]。

3.2.12 《机械工程名词(普通部)》

清末江南制造局出版的《汽机中西名目表》,为后世翻译机械工程名词打下了一定的基础。1915年,中华工程师学会出版了詹天佑编译的《新编华英工学字汇》包含不少机械工程名词。1928年中国工程学会出版《机械工程名词草案》,含名词2000余条,1934年出版了刘仙洲在此基础上修订的《机械工程名词》,约11000条。同年,国立编译馆着手编订机械工程名词,由康清桂负责。当时所采用的西文原名,以 Schlomann Oldenbourg 的《机械

---

① 陈可忠.序[A].国立编译馆.(1941年7月教育部公布)统计学名词[M].上海:正中书局,1944.

词汇》为主,旁及多种有关的西文书籍,另有中文译名的参考材料约 30 种。制作卡片 3 万余张[①],每张以英文居首,次为法、德、日文及中文旧译、拟译各栏。所谓拟译,就是在旧译中选择简明适当的名词拟作定名,如果无旧译可选用,就拟新译。译名主要取材于刘仙洲的《机械工程名词》,因为该书收录的旧译名最为完备。卡片工作完成之后,杨家瑜、陈大燮、曹强、陈有璇等专家鼎力相助,加以修订补充。1940 年,国立编译馆先将机械工程名词普通部印成初稿,送请教育部聘请的机械工程名词审查委员会委员王助、王士倬、毛毅可、朱健飞、吴琢之、杜光祖、何元良、李辑祥、沈觐宜、吕凤章、林凤岐、金希武、周仁、周承祐、周厚坤、周惠久、唐炳源、梁守槃、张可治、张家祉、康清桂、陈大燮、陈广沅、黄伯樵、黄叔培、黄炳奎、庄前鼎、程孝刚、曾桐、杨克嵘、杨家瑜、杨毅、杨继曾、刘仙洲、钱昌祚、欧阳崙、魏如、顾毓琼等人审查。1941 年春,教育部在重庆召开机械工程名词审查会,审查通过该部名词。同年 11 月,由教育部公布。1946 年出版,包含名词 10676 条。

3.2.13 《化学工程名词》

以往我国涉及化学工程的著作,较有系统的当推明末宋应星的《天工开物》。然而那时科学尚不发达,即使是西方的化学,也处于炼金术的末期,故该书所用的术语,大多简略,不适合表达近现代化学工程知识。清末江南制造局出版了傅兰雅译著的《化学工

---

① 陈可忠.序[A].国立编译馆.(1941 年 11 月教育部公布)机械工程名词(普通部)[M].上海:正中书局,1946.

艺》、《化学仪器》、《化学材料中西名目表》等书,近现代化学工程著作,在我国始见端倪,但所用的名词术语,分歧杂沓,未能统一。1929年,中国工程学会出版了《化学工程名词草案》,含名词960余条。

1932年,国立编译馆出版《化学命名原则》后,就立即着手编订化学工程名词。中国化学工程学会将其起草的《化学工程名词草案》送交国立编译馆,经该馆编译李秀峰、高行健,唐仰虞等人加以整理,定为初稿,共15部:化工单位处理、燃料与燃烧、陶瓷工业、油墨与油漆、皮革、水泥石灰制造、炸药及毒气化学、酸碱工业、电化工业、造纸工业、动植物油脂工业、石油工业、橡胶工业、肥料工业、制糖工业。自1935年起,国立编译馆将前十部分发全国各有关机关及学术团体征求意见[1],并送请教育部聘请的化学工程名词审查委员会委员吴承洛(主任委员)、吴钦烈、李秀峰、李寿恒、杜长明、金开英、林继庸、张克忠、张洪沅、张泽尧、徐名材、徐宗涑、徐善祥、马杰、高行健、康辛元、唐仰虞、曹惠群、贺闿、陈世璋、陶延桥、曾昭抡、曾广方、杨公庶、魏元光、顾毓珍等人审查。1939年,国立编译馆将后五部初审本和前十部二审本一并寄出审查[2]。1941年3月,教育部在重庆召开审查会议,对化学工程名词作最后的核定,会议定出名词10747条。后经修改,将十五部名词并为一编,剩余名词10334条[3]。1942年11月,教育部公布该部名词。由于后方印刷困难,1946年才得以出版。

---

[1] 国立编译馆.名词工作近讯[J].国立编译馆馆刊,1935,(8):5.
[2] 国立编译馆.名词[J].国立编译馆馆刊,1939,(36、37):3.
[3] 陈可忠.序[A].国立编译馆.(1942年11月教育部公布)化学工程名词[M].上海:正中书局,1946.

3.2.14 《人体解剖学名词》

"两个审查会"多次审查过解剖学名词,1927年编订的《解剖学名词汇编》,为其集大成者。全编名词计4822条[1],数量较大。1935年,国立编译馆鉴于该名词虽沿用已久,但尚有脱漏,而且未经国家明令公布,不能为国内学者普遍采用,于是由赵士卿从事修订工作。初稿完成后,分送各审查委员审查。初审本陆续收回后,立即着手整理,选出意见分歧的名词,印成二审本,于1937年5月寄请各专家审查。但由于抗战爆发,付审稿本大半散失,以致当时未能实现公布的目的。

1936年以前,各国通用的解剖学名词,是国际解剖学会在瑞士巴赛尔(Basel)会议所决定的标准名词,即 B. N. A. (Baseler Nomina Anatomica)。沿用40年来,渐渐发现这种定名不够完善,于是,国际解剖学专家于1935年在德国的咸那(Jena)开会,进行修订。1936年公布了修正后的标准名词,定名为 J. N. A. (Jenaer Nomina Anatomica)。

1940年冬,国立编译馆将 Kopsch 所编的包含新旧解剖学名词的原书译成中文名。1941年7月,送请教育部聘请的人体解剖学名词审查委员会委员鲁德馨(主任委员)、王子玕、王仲侨、王肇勋、吴济时、李宣果、沈克非、宋国宾、谷镜汧、秉志、张鋆、张查理、郭绍周、陈友浩、陈恒义、叶鹿鸣、赵士卿、潘铭紫、卢于道、应乐仁、

---

[1] 陈可忠.序[A].国立编译馆.(1943年7月教育部公布)人体解剖学名词[M].上海:正中书局,1947.

韩次明等人审查。1943年5月5日,教育部在四川北碚召开医学名词审查委员会议。该部名词经莅会委员三日夜的热烈讨论后,全部审查完毕。又由赵士卿加以整理。同年7月27日,由教育部公布。1947年出版,含名词5760条。

3.2.15 《病理学名词》

病理学名词,历来没有专书。1936年,国立编译馆着手编订病理学名词。3年后,完成草稿。全稿篇幅浩繁,曾暂分为九部,较为详尽地收录了各种病名及有关病理学的名词,其中拉丁文、德文、英文名词不下12万条①。1938年,陆续送请教育部聘请的病理学名词审查委员会委员赵士卿(主任委员)、丁文渊、王子玕、朱章赓、余岩、宋国宾、汪元臣、谷镜汧、林振纲、金泽忠、侯宝璋、胡正详、胡定安、洪式闾、徐荫棠、徐诵明、梁伯强、翁之龙、高麟祥、康锡荣、郭琦元、黄雯、鲁德馨、顾毓琦等人审查。1943年春,全稿审查完毕。同年5月,教育部在四川北碚召开医学名词审查会议。名词经莅会委员热烈讨论后,全部通过。该馆详加整理后,呈送教育部。1944年11月,由教育部公布。

该科名词共四册,前三册为名词,第四册为索引。1948年出版第一册,含名词7349条。

3.2.16 《普通心理学名词》

西学东渐以来,心理学译著日渐增多,但译名分歧,译名专书

---

① 赵士卿.序[A].国立编译馆.(1944年11月教育部公布)病理学名词(第一册)[M].上海:正中书局,1948.

少见。

国立编译馆成立后,于1935年夏,开始编订普通心理学名词,由编译赵演主持工作,编译左任侠辅助编订。同年冬,完成初稿,包含名词2700余条[①]。1936年12月,寄给各地心理学专家及各大学心理学系或教育学院等,征求意见[②],以此作为初审。后又根据初审意见,印成二审本,送请教育部聘请的审查委员汪敬熙、唐钺、潘菽、萧孝嵘、吴南轩、樊际昌、陈雪屏、周先庚、孙国华、陆志韦、蔡乐生、程乃颐、许逢熙、沈有乾、郭一岑、郭任远、谢循初、蔡翘、高觉敷、左任侠、赵演等人复审。经初、复审后,各方意见已渐趋集中。1937年1月19日,教育部召开审查委员会议。会议通过普通心理学名词2000余条,心理仪器设备名词100余条[③],全部名词均经再三斟酌,慎重考虑。同年3月18日,由教育部公布。1939年出版,所含名词2755条。

3.2.17 《精神病理学名词》

精神病理学名词,历来没有专书。科学名词审查会1922年出版的《神经病理学名词》包含100余条精神病理学名词,1926年出版的《内科名词》散见若干条精神病理学名词。这些名词后来并入该会1931年出版的《医学名词汇编》一书。

[①] 陈可忠.序[A].国立编译馆.(1937年3月教育部公布)普通心理学名词[M].上海:商务印书馆,1939.
[②] 国立编译馆.名词工作近讯[J].国立编译馆馆刊,1936,(9):3.
[③] 国立编译馆.化学、心理、比较解剖、气象四名词审查会议[J].国立编译馆馆刊,1937,(22):6.

国立编译馆成立后,即决定汇编此项名词为专书,由专任编译赵士卿主持编订。1934年1月完成初稿。初稿依据病理性质分为16部,共1100余条名词。随后送请教育部聘请的审查委员卢于道、谷镜汧、宋国宾、陶炽孙、林百渊、鲁德馨、魏毓麟、程玉麐、汪攀桂、刘悟淑、咸寿南、陶祖荫、赵士卿等人审查。将各专家意见汇齐整理后,于同年11月第二次送审。第二次送审的稿本,全数收阅后,由赵士卿加以整理。他将其中译名不一致的名词摘录出来,并选择较适用的译名,作为决定名,其余则列为参考名[1]。国立编译馆将这部分名词印成第三次送审本,于1935年5月送请各委员作最后决定。第三次审查本收回后,该馆经过通盘整理,将该部名词呈交教育部,同年12月由教育部公布[2]。1940年出版,所含名词1173条。

3.3 国立编译馆进行的理论研究

除了大量的实践工作外,国立编译馆也进行了少量的理论研究。

鉴于当时"西文地名人名之音译,向无完善标准,同名异译,学者苦之"[3],国立编译馆便"拟定厘定地名人名音译标准原则草案,寄请各专家签注意见"[4]。

---

[1] 国立编译馆.本馆编译工作之近况[J].国立编译馆馆刊,1935,(1):6.
[2] 陈可忠.序[A].国立编译馆.(1935年12月教育部公布)精神病理学名词[M].上海:商务印书馆,1940.
[3] 国立编译馆.名词[J].国立编译馆馆刊,1939,(29):4.
[4] 国立编译馆.名词[J].国立编译馆馆刊,1939,(29):5.

第一章 官方译名工作组织及其所做的工作

1932年8月教育部召开的化学讨论会和1933年4月教育部召开的天文物理数学讨论会,对审查名词时应遵循的译法准则和译名标准等进行了若干探讨。

这两次会议,虽然是由当时的教育部召集,但国立编译馆是实际上的主要组织者。前者由当时国立编译馆自然组主任陈可忠建议,并由他和国立编译馆专任编审郑贞文共同筹备。① 后者由陈可忠和国立编译馆的专任编译康清桂、特约编译张钰哲等筹备。② 故将两次讨论会放在此处阐述。

上述化学讨论会议决元素及化合物定名时的"取字标准"如下:(1)需依照一定的系统。(2)易于书写。应以选用笔画较少并避免三个独立偏旁并列的字(例如以"钋"译Polonium)为原则。(3)便于读音。不易识别的字、易与行文冲突的字,都应避免,同音字亦以避免为原则。凡用同字为偏旁,以表示不同物的系统上的关系时,应以各定不同的音(例如氨音安、胺音按)为原则。假借的字,应定新音(例如铊定音为台)。(4)以谐声为主,其次会意,不重象形。(5)旧有译名合上列条件的,尽量采用;如果有两种以上旧名可用,则依照上列各条,选择最适用的一个。③ 这些"取字标准"包含译名标准和译法两部分,其中前三条为译名标准,大致

---

① 化学讨论会筹备经过纪略[A].教育部化学讨论会专刊[M].国立编译馆,1932.1.

② 教育部天文数学物理讨论会筹备经过[A].教育部天文数学物理讨论会专刊(特订本)[M].教育部,1933.1.

职员录[A].国立编译馆.国立编译馆一览[M].南京:国立编译馆,1934.90.

③ 化学译名方面议决案[A].教育部化学讨论会专刊[M].国立编译馆,1932.128.

为：系统化、简单，后两条与译法准则有关，是说给元素和化合物定名，主要立足于外文名的读音和意义，而不要重视元素和化合物的结构形状，并尽量采用符合条件的旧译名。民国以来，我国科技译名统一实践工作所遵循的译法准则大致为：第一步，沿用固有名词或已有译名，如固有名词或已有译名实在不妥或两者俱无，新译；第二步，译义；第三步，译音；第四步，造字。造字是最不受欢迎的一步。它主要出现在化学元素和化合物领域，因为给一些元素和基本化合物定名时，造字带来的好处远比坏处多。

上述天文物理数学讨论会，议定天文学名词译法准则为：（1）习用的名词不轻易改动。（2）外国天文学家，仅收入最著名的，以采用旧译为原则。[①] 议定物理学名词译法准则为：（1）属于其他学科的名词，已经规定的，不另规定。（2）久用成习惯的，不另译新名；但与原则相差很大的，就另译新名，而加注旧名。（3）外国人名、地名及其他专名，除已译定或已公布的外，暂用原文。（4）必要时创造新字。（5）单位名词，由专名变成的，译音。议定物理学名词译名标准为：（1）普通名词，以意义准确为标准。（2）名词用字，字数宜少；避免多用单字；避免同音字；发音应平易；笔画应简单，应采用通用字。（3）两个不同的外国名词，意义相同的，用一个译名，同一外国名词，有多种意义的，分别规定译名。[②] 这些译名标准可归纳为：准确、简单、明了、单义（一）、单义（二）。

---

① 大会议决案[A].教育部天文数学物理讨论会专刊（特订本）[M].教育部，1933.104～105.

② 大会议决案[A].教育部天文数学物理讨论会专刊（特订本）[M].教育部，1933.124～127.

第一章　官方译名工作组织及其所做的工作　115

由于天文、数学、物理三科,相互关系密切。三科公用名词,数量不小。但此类公用名词,中文译名,未必处处吻合。所以,大会还议定统一这类译名的办法:请国立编译馆,汇集整理天文、数学和物理三科公用名词,分送中国天文学会、中国物理学会和中国数学会磋商。若有参差之处,于必要时,召集三个学会的会长或常务委员,联合解决。①

3.4　国立编译馆的成就

在科技译名统一实践工作方面,国立编译馆取得了重大成就。

据有关部门统计,在国立编译馆的组织下,到1949年,已经审查并出版的科学名词(不含医学、社会科学)有18种:天文学(1934)、数学(1945)、统计学(1944)、物理学(1934)、化学命名原则(1933)、化学命名原则增订本(1945)、化学仪器设备(1940)、发生学(1937)、比较解剖学(1948)、气象学(1939)、矿物学(1936)、普通心理学(1939)、电机工程·普通部(1939)、电机工程·电化部(1945)、电机工程·电力部(1945)、电机工程·电讯部(1945)、化学工程(1946)、机械工程(普通部)(1946)。② 此外,笔者还发现以下5种医学名词已经审查并出版:细菌免疫学(1937)、人体解剖学(1947)、病理学第一册(1948)、精神病理学(1940)、药学(1933)。

据有关部门统计,还有一批虽然没有公布但在进行中的科学

---

① 大会议决案[A].教育部天文数学物理讨论会专刊(特订本)[M].教育部,1933.132.

② 学术名词编订情况调查表(根据前国立编译馆工作报告编制)[J].科学通报,1950,(2):123.

名词（不含医学、社会科学）29种。在整理付印中的有1种，即化学术语；在复审中的有3种：天文学（增订本）、地质学、土木工程•结构学部；二审本在整理中的有1种，即土木工程•测量学部；在初审中的有3种：物理学（增订本）、岩石学、土木工程•铁路与公路部；初审本在整理中的有7种：昆虫学、植物病理学、植物生理学、植物生态学、植物组织学及解剖学、人文地理、自然地理；初稿在油印中的有1种，即普通园艺学；初稿在编订中的有13种：生物化学、细胞学、组织学、普通动物分类学、脊椎动物分类学、植物形态学、植物园艺学、普通植物分类学、水利工程、机械工程•造船、机械工程•铁路械机、机械工程•自动车航空器、机械工程•工具仪器动力厂设备①。

时人对国立编译馆的科技译名统一实践工作，给予了高度评价，如"编译馆努力此项工作，成绩斐然"②。曾参与民国时期化学名词审查工作的曾昭抡指出，在此阶段"通常所用之科学名词遂渐得统一"③。纵观中国近现代的科技译名统一实践工作，国立编译馆的成就远比"两个审查会"的成就大，主要原因之一当然是后者审查通过的名词、锻炼起来的名词审查人员为前者的工作打下了较好的基础，此外，还有以下几个主要原因：

(1) 译名工作组织更权威

国立编译馆时期的译名工作组织（即国立编译馆及其组织的

---

　① 学术名词编订情况调查表（根据前国立编译馆工作报告编制）[J]. 科学通报，1950,(2):123.

　② 阙疑生. 统一科学名词之重要[J]. 科学,1937,21(3):181～182.

　③ 曾昭抡. 对于度量衡名词及大小数命名问题几点意见[J]. 东方杂志,1935,32(3):86.

名词审查委员会)权威性更大,固然是与政府权威性增强有关,除此之外,还与译名工作组织更完善有关。

"两个审查会"有着浓厚的民间性,缺乏专职的工作人员,名词审查委员由与会团体推荐,名词起草工作由名词审查委员在业余时间完成,审查通过的名词还需要教育部请人再度审阅。从名词审查费用来看,政府仅仅负担一部分,剩下的一部分得靠与会团体交纳。

国立编译馆则有专门的名词编订人员,名词审查委员由国立编译馆呈请教育部聘请,名词审查资金由国家提供,审查通过的名词直接由教育部公布。这些都是"两个审查会"所不能比拟的。

此外,从后文人们关于译名统一实践工作要点的讨论中,可以看出,在国立编译馆时期,人们已经普遍认识到官方授权的名词审查组织的重要性。

(2) 名词编订程序更完善

"两个审查会"缺乏完善的编订程序。编订名词草案该按什么程序进行?"两个审查会"没有明确规定,这使得部分名词草案的编订不规范,没有考虑译名的实际使用情况,只提供了原名和拟定名,有的甚至只提供原名,这很不利于专家审查。《大学院译名统一委员会工作计划书》规定了完善的名词编订程序,国立编译馆大致照此程序编订名词,其基本程序大致是:先搜集各科英、德、法、日名词和旧译名,然后谨慎选择一个较为妥善的旧译名作为拟译名,其余旧译名则作为参考译名。这种程序使得草案里的名词具有不同语种的外文名、旧译名、拟定名等。这样的名词草案,便于专家审查。清楚了旧译名,也就清楚了译名的实际使用情况,这样,专家们在选定译名时,就能考虑得更全面些,被选定的译名也就更具合理性。

(3) 确定译名时协商更充分

译名的确定,离不开充分的协商。民国初期的医学名词审查会,已经有一定的协商气氛了,"每值辩论时,各代表倾吐其素蕴,务不留毫发之遗憾而后已。而一有真理披露,又无不能舍己从人,尊崇公理,其气谊之融洽,雍雍乎几于中外一家矣。果我国之会议而悉遵此轨也,其何道之不济?"①但由于当时的医学名词审查会除医学组外,审查员代表性不广泛,比如化学组,并不能代表全国的化学界,所以这种协商只是小范围而已。科学名词审查会时,参加团体增加,协商范围扩大。国立编译馆时期,协商范围进一步扩大,此时的名词审查委员在全国性的专业领域内产生。而且,由于种种原因,"两个审查会"通常只能在有限的大会时间内进行协商,会前会后都很难做到广泛协商,国立编译馆则不是如此,它通常在组织专家们进行名词初审后,再挑出意见不一致的名词进行复审,直到大家意见趋于一致,才再提交大会讨论(有些名词也未经开会讨论,如矿物学名词)。这样确定的译名更具群众性,容易被遵用。

(4) 参与名词审查的全国性专科学会更多

国立编译馆时期,具有更多的全国性专科学会,这为科学名词审查提供了更坚实的组织基础。专科学会往往代表专业领域的最高水平,若有专科学会的介入,科学名词审查工作的科学性和有效

---

① 沈恩孚.医学名词审查会第一次审查本序[J].教育公报(一期),1918年,(1):3~4.

性大大加强,被确定的译名的学术权威性也得到加强,更容易被遵用。国立编译馆组织审查通过的某些学科名词得到通行,是与某些专科学会的形成分不开的。"两个审查会"审查通过的医学名词,虽然存在一些问题,但与其审查通过的化学名词相比,则通行性强多了。一个主要原因就是,医学名词是由代表当时医学最高水平的几个全国性的医学团体参与审查的。由于当时国内缺少全国性的化学学会,①"两个审查会"没有全国性化学学会的加入,其通过的化学命名原则不能代表化学领域的意见,很难通行。国立编译馆组织审查的化学命名原则被广泛采用,原因之一就是成立了中国化学会②。《化学命名原则》是由该学会会员郑贞文、王季梁、吴承洛、李方训、陈裕光、曾昭抡、郦㭎立 7 人通过的。

(5) 名词推广措施加强

"两个审查会"审查通过的名词,使用的人不多,原因之一就是缺少强有力的推广措施。它们采取的推广措施不外乎是:编纂译名书,出售名词审定本,在杂志上登广告,送一些审查通过的名词本给学术团体、学校、专家,既征求他们意见,也期望他们使用③。这样做并不能赋予名词约束力。国立编译馆则好多了,由于它有审查教科书的权力,审定公布的名词通过教材审查工作,得到强制实行。名词推广措施加强,名词因此获得一定的约束力。虽然其

---

① 曾昭抡.二十年来中国化学之进展[A].刘咸.中国科学二十年[C].周谷城.民国丛书[Z].1(90):112~113.

② 曾昭抡.对于度量衡名词及大小数命名问题几点意见[J].东方杂志,1935,32(3):86.

③ 第十一届科学名词审查会在杭开会记[J].中华医学杂志,1925,11(4):303.

范围主要限于中小学教科书，但对于推广审定公布的名词具有重要意义。

国立编译馆的科技译名统一实践工作，促进了当时的科技传播和科学研究，也为建国后的科技译名统一工作奠定了良好的基础。

第二章 官方译名工作组织之外的工作

在民国时期,除了官方译名工作组织外,一些民间科技社团也在从事译名统一实践工作。此外,还有一些个人、组织等编纂了译名书和辞典。民间科技社团所做的实践工作、译名书和部分辞典的编纂,是官方译名工作组织所做实践工作的有益补充,本章拟对这部分工作进行系统阐述。

1 民间科技社团所做的工作

由于科技译名统一工作非常重要,因而受到民间科技社团的普遍重视。在未成立官方译名工作组织之时,就已有社团独立开展工作,如中国科学社等。成立了官方译名工作组织之后,一些社团就参与其中的工作,这些社团的参与是官方译名工作组织的工作得以开展的基础。这些社团有中华医学会、中国科学社等。虽然成立了官方译名工作组织,有些社团依然独立开展工作,这是因为官方译名工作组织尚未着手相应学科译名的统一工作。这些社团有中国工程学会、中华眼科学会等。由民间科技社团独立提供的译名,数量不是很大(近 2 万条),亦未得到官方的公布,但由于尚无官方公布的译名,所以这些译名是官方公布的译名的补充。民间科技社团的译名统一实践工作,是官方译名工作组织的实践工作的基础和补充。此外,在理论研究方面,有些民间社团也取得了较大的成就。这一节主要探讨民间社团所做的实践工作,其主要理论研究放到第三章讨论。

1.1 中国科学社

前文说到,近现代科技诞生于西方,在其传入中国的过程中,必须解决译名统一问题,有些民间组织与政府机构为此做了不少工作,但直至清末,收效甚微。

到了民国,"科学订名一事,为近数年学界所最注意者"[①],统一科技译名的任务引起了中国科学界的密切关注。一些民间科技社团为统一科技译名做了大量工作,中国科学社就是其中的一员。

中国科学社于1915年正式成立,其前身是1914年成立的科学社。从1915年到1949年,它为中国科技译名的统一做了大量的工作,并取得了较大的成就。

本节主要详细阐述中国科学社的译名统一实践工作,总结其取得的成就。严格说来,下文中说到的第二、第三阶段的工作,应算在官方译名工作组织所做的工作之内,但为求系统,也放在此处一并阐述。

1.1.1 第一阶段:独立工作(1915—1918)

民国初年,随着西方科技传入中国步伐的加快,科技译名不统

---

① 何鲁.算学名词商榷书[J].科学,1920,5(3):241.

一现象也随着加剧,这严重阻碍着中国科技事业的发展。但政府此时尚未成立从事统一科技译名工作的组织,中国现代科学的先驱者——中国科学社社员为此深感忧虑,于是,他们便开始独立从事科技译名的统一工作。此阶段的工作从以下三方面来展开的。

1.1.1.1 制定严密的科技译名统一工作章程

成立之初,中国科学社便在其社章(1915年)中规定"编订科学名词,以期划一而便学者"为其社务之一[①]。其前身"科学社"也很重视科技译名统一工作,曾在《科学》创刊号的《例言》中写道:"译述之事,定名为难。而在科学,新名尤多。名词不定,则科学无所依倚而立。本杂志所用名词,其已有旧译者,则由同人审择其至当,其未经翻译者,则由同人详议而新造。将竭鄙陋之思,借基正名之业。当世君子,倘不吝而教正者,尤为厚幸。"[②]

中国科学社还制定了严密的章程来开展科技译名统一工作。中国科学社的社员来自各个学科领域,根据学科性质将他们分为若干分股,各分股股长组成分股委员会。中国科学社里厘定科技译名的组织是分股委员会。《分股委员会章程》第十二至第十九条就厘定科技译名依次作出了如下规定:

(1)凡本社所用之译名,由本会厘定。(2)凡交本会厘定之译名,须将原文及大学者所下定义原文载明。(3)凡须厘定之件,由本会依其性质分交各分股长。各分股长与其股员厘定之后,仍须报告本会定其取舍。(4)各分股长须将其股内所厘定译名每三月

[①] 任鸿隽.中国科学社社史简述[A].科学救国之梦:任鸿隽文存[M].上海:上海科技教育出版社,2002.725.

[②] 例言[J].科学,1915,1(1):1.

报告本会,由本会汇交译著部编辑刊布。(5)凡译名经刊布后,社员皆当遵用。若欲更易他名,非照(2)条、(3)条重行厘定后不得行用。(6)非中国科学社社员有所论著译述交中国科学社发表者,宜遵用本会所定译名。若易他名,亦宜声明中国科学社作某某字样,以便参证。其有为本会所未定者,本会得斟酌取舍。(7)凡音译名词,经本会采用者,不得更译。(8)译著部、期刊编辑部交来的译名,须尽先厘定。①

中国科学社书籍译著部也给予了配合,其《暂行简章》第十二条和第二十条就科技译名使用等问题作出了相关规定:"译著书籍所用名词,应遵用本部所规定者。其未经本部规定者,得由译者自定。唯书成之后,应将此名词另列一表送交部长转交分股委员会评定";"凡一切名词经本部审定者,须以分股委员会之通过为断定"。②

这些规定反映出中国科学社科技译名工作的程序如下:第一步,汇集需要厘定的译名,按科目分配到各股。第二步,各股厘定特定科目的译名。第三步,各股厘定通过的译名,交分股委员会审核公布。第四步,中国科学社社员及那些将论著译述交中国科学社发表的非中国科学社社员,必须使用分股委员会审核公布的译名。

科技译名统一工作是一项艰巨而复杂的工作,既要有措施来保证科技译名的正确性等方面,又要有措施来保证规范的科技译

---

① 分股委员会章程[J]. 科学,1916,2(9):1068.
② 中国科学社书籍译著部暂行简章[J]. 科学,1916,2(5):827.

名得到应用。上述规定有利于保证中国科学社制定的科技译名的准确性等,也有利于推广应用中国科学社制定的科技译名。

当时还有很多其他社团,如中国工程学会,也为统一科技译名做过不少工作,但很少有团体能像中国科学社这样制定严密的译名统一工作章程。

中国科学社的分股委员会在译名统一方面所做的具体工作不太清楚,但有资料表明分股委员会下面的某些股确实做了较多的工作。如电机股至1917年9月中国科学社召开第二次(常)年会时,编译的名词约有1000条。① 1919年起,中国科学社加入科学名词审查会的工作,但科学名词审查会没有着手电机名词方面的工作。中国科学社的电机股坚持进行电机名词的编译工作,至1921年时,已编纂成《电机工程名词》一书,该书所含名词颇为丰富,数量在3000条以上。只可惜没有出版,未能普遍推行。②

1.1.1.2 为《科学》配备名词员,并在《科学》上刊出《名词表》

中国科学社在其机关刊物《科学》的编辑过程中,设有专门的名词员汇集科技译名。③

在《科学》第2卷第12期上刊出了《中国科学社现用名词表》,是已出版的《科学》杂志所使用的科技译名的汇集(有些译名虽已被以往《科学》使用,但被编辑认为非佳译时,则不录或改

---

① 第二次常年会纪事[J].科学,1918,4(1):89.
② 陈可忠.序[A].国立编译馆.(1944年2月教育部公布)电机工程名词(电化部)[M].重庆:正中书局,1945.
③ 科学期刊编辑部章程[J].科学,1917,3(1):131.

译),以便该社编辑采用。并欢迎"社内外学友惠示卓见,匡正不逮"①。

上述名词表包含名学、心理学、天文、算学、物理、照相术、气象学、工学、生物学、农学及森林学、医学等译名及人名、学社及公司名等约 1750 条。每条名词含英文名和中文名两项,如"phase:相度"。根据上述《分股委员会章程》来看,这些名词应该是由分股委员会通过或同意的。

中国科学社原定一年刊出一次名词表,实际上仅刊登过一次。

1.1.1.3 发起科学名词论坛

由于科技译名统一工作相当艰巨,"科学名词非一朝一夕所可成,尤非一人一馆所能定"②,所以,中国科学社"同人殷忧不遑"③,在尚未加入科学名词审查会之前,中国科学社就寻求与外界的合作,如《科学》第 4 卷第 4 号曾报道中国科学社拟和北京大学合作,共同订定译名④,但未见有什么成果。

中国科学社 1916 年在《科学》上发起科学名词论坛,"公举周铭、胡刚复、顾维精、张准、赵元任五君理其事","凡社内外同人讨论名词见教者,无论欢迎"⑤。在中国科学社参与官方译名工作组织的科技译名统一工作期间,该论坛也存在。该论坛表明中国科学社盼望大家一起致力于译名统一工作,还表明中国科学社既重视译名统一实践工作,也重视理论研究。该论坛取得了较大的

---

① 中国科学社现用名词表例言[J].科学,1916,2(12):1369.
②③ 名词讨论缘起[J].科学,1916,2(7):823.
④ 本社与北京大学之携手[J].科学,1918,4(4):408.
⑤ 名词讨论缘起[J].科学,1916,2(7):823.

第二章 官方译名工作组织之外的工作

成就。

《科学》杂志(以名词论坛为主)上发表的讨论科技译名问题的文章(为了行文方便,把第二第三阶段的相关文章也列入——笔者注)约为60—70篇。这些文章,除了讨论具体科技术语的译名之外,还涉及科学名词翻译方法、科技译名标准、科技译名统一工作方法和统一科技译名所需的人才等问题。这些讨论对当时及后世的科技译名统一实践工作具有借鉴意义。

1931年,张鹏飞在《科学》上发表《吾对于学术名词进一言》一文,就科技译名统一工作所需人才问题发表了看法。他认为:"制定名词之人选非兼具下列五者资格不可:一、专家;二、经验丰富;三、精通国文;四、精通西文;五、具有学者虚心研究之态度。"[①]就科技译名统一工作所需人才问题发表看法的文章,当时非常少见,而且,作者提出的看法非常正确,所以,此文非常珍贵。

为了避免不必要的重复,其他文章放在第三章讨论,此处只将主要文章列表如下:

科目	题　名	卷期
数学	算学名词商榷书	5卷3、6期
	英文数学名词中译之讨论	16卷8期
	数目冠首字	16卷11期
	大数命名标准之研究	17卷11期
	大数及小数命名之拟议	18卷6期

---

① 张鹏飞.吾对于学术名词进一言[J].科学,1931,15(12):2071~2072.

(续表)

科目	题名	卷期
物理	权度名词商榷	1卷2期
	电磁非气	2卷2期
	电位定名解	2卷8期
	介绍《英汉物理学名词》并商榷译名问题	12卷1期
	电学译名刍议	13卷4期
	物理学会请求改善现行度量衡制度	19卷1期
	本社对于改订度量衡标准制意见	19卷4期
	赞成中国科学社所提出的米制单位命名后,说句要紧话	19卷5期
	赞助本社所拟度量衡标准	19卷6期
化学	化学元素命名说	1卷2期
	有机无机二名词不适合于今日化学界	4卷2期
	有机物质命名法	4卷10期
	无机化学命名商榷	5卷4期
	有机化学命名刍议	5卷10、11期
	有机化学命名法平议	11卷3期、4期
	无机化学命名法平议	12卷10期
	译几个化学名词之商榷	14卷4期
	关于有机化学名词之建议	14卷9期
	有机化学名词之商榷	15卷3—7期
	国际有机化学名词改良委员会报告书	15卷10期
	原质之新译名	16卷12期
	有机化学名词改良委员会最后报告书	18卷3、4期
	日内瓦命名草案	18卷8期
	杂环化合物之命名	29卷2期

第二章 官方译名工作组织之外的工作

（续表）

科目	题　名	卷期
生物	说文植物古名今证	1卷6期
	万国植物学名定名例	2卷9期
	植物普通名与拉丁科学名对照表	2卷12期
	植物名词商榷	3卷3期
	植物名词商榷	3卷8期
	园艺植物英汉拉丁名对照表	6卷12期
	遗传学名词之商榷	8卷7期
	对于植物学名词之管见	8卷11期
	中国之双名制	11卷10期
	植物病理学术语及其解释	16卷7期
	昆虫译名之意见	18卷12期
	昆虫之中文命名问题	24卷3期
	江西植物名录	6卷11、12期
	江苏植物名录	5卷2、6—8、11期
	浙江植物名录	6卷12期
	增订浙江植物名录	9卷7期
	南京木本植物名录	12卷1期
	streptomycin中文译名之商榷	30卷3期
地质	地质时代译名考	8卷9期
	火成岩译名沿革考	8卷12期
	几个普通地层学名词之商榷	9卷3期
通论	划一科学名词办法管见	2卷7期
	官话字母译音法	6卷1期

(续表)

科目	题名	卷期
	再论注音字母译音法	8卷8期
	吾对于学术名词进一言	15卷12期
	译事臆语	17卷6期
	统一科学名词之重要性	21卷3期
其他	中西星名考	3卷1、3期
	中国船学会审定之海军名词表	2卷4期
	钢铁名词之商榷	7卷12期
	射电工程学(无线电)名词及图表符号之商榷	9卷4期、12期
	常用电工术语译文商榷	13卷8期
	常用电工术语之商榷	14卷2期

1.1.2 第二阶段:参与科学名词审查会的工作(1919—1927)

中国科学社是当时最有影响的社团之一,其科技译名统一工作必然受到较多人的关注。1918年10月全国中等学校校长会议召开,为了统一科技译名,会议建议教育部委托各地方科学学会编订科学名词。

当时有一个医学名词审查会,成立于1916年,由中华医学会、博医会、中华民国医药学会、江苏省教育会发起,其任务主要是审查医学名词。后来,为了便于审查名词,医学名词审查会申请改名为科学名词审查会。

1918年,教育部根据上述会议的建议及医学名词审查会的申请,批准医学名词审查会改名为科学名词审查会,名词审查范围由医学名词扩大到各科名词。科学名词审查会所需的部分经费由教育部提供,其审查通过的名词由教育部审定、公布。虽然科学名词审查会主要是由民间科技社团合组的组织,但由于政府给予其经费支持并公布其审查好的名词,所以该组织具有官方性质,其工作具有官方色彩。中国科学社等一些学术团体陆续加入到科学名词审查会,共同致力于科技译名统一工作。

从1919年起,中国科学社参加了科学名词审查会召开的第五次至第十二次名词审查大会①,其中第七次至第九次的中国科学社与会代表及参加组别大致如下:

会议届次	与会代表	参加组别
第七次	吴济时	病理学组
	王季梁、孙洪芬、曹梁厦	化学组
	杨孝述、胡刚复、李宜之	物理学组
	钱崇澍、过探先	动物学组
第八次	吴谷宜	病理学组
	熊正理、胡刚复	物理学组
第九次	周仲奇、吴谷宜	医学组
	吴子修、郑章成	动物学组
	钟心煊、胡先骕	植物学组
	胡明复、何鲁、段育华、段调元、姜立夫	算学组

资料来源:
1. 科学名词审查会第七次开会记,《中华医学杂志》,1921,7(3):130.
2. 科学名词审查会第八届年会之报告,《中华医学杂志》,1922,8(3):186.
3. 科学名词审查会第九届大会,《中华医学杂志》,1923,9(3):201~202.

---

① 张大庆.中国近代的科学名词审查活动:1915—1927[J].自然辩证法通讯,1996,(5):51.

在名词编订、审查方面,中国科学社的主要贡献在于物理和数学名词。科学名词审查会通过的物理及数学名词系由中国科学社主稿①。物理名词起草委员为胡刚复等人②。数学名词起草员为胡明复、姜立夫等人③。科学名词审查会从1923年至1926年间,先后审查通过《数学名词》12部。由于时局变化,1928年起,科学名词审查会不再审查科学名词,中国科学社便于1931年中国科学社年会上又通过2部数学名词。《科学》第9卷第8~12期刊登了科学名词审查会通过的物理名词中的电学和磁学名词,《科学》第10卷第2~6、8期、第11卷第2、8、9期、第16卷第4、5、9期刊登了上述14部数学名词。后来由国立编译馆组织审查的《物理名词》和《数学名词》就是以上述物理名词和数学名词(包括1931年中国科学社年会上通过的2部数学名词)为基础的④。

国立编译馆成立后,集中办理译名统一事宜,"但(其)所有材料,大部分仍是根据本社(即中国科学社——笔者注)与三数团体(即科学名词审查会——笔者注)已有的成绩"⑤。

---

① 国立编译馆.国立编译馆一览[M].南京:国立编译馆,1934.29.
② 中国科学社第四次年会记事[J].科学,1920,5(1):111.
③ 江泽涵.我国数学名词的早期工作[J].数学通报,1980,(12):23.
④ 陈可忠.序[A].国立编译馆.(1935年10月教育部公布)数学名词[M].重庆:正中书局,1945.
陆学善.中国物理学会[A].何志平等.中国科学技术团体[M].上海:上海科学普及出版社,1990.252.
⑤ 任鸿隽.中国科学社社史简述[A].科学救国之梦:任鸿隽文存[M].上海:上海科技教育出版社,2002.741.

1.1.3 第三阶段:参与大学院译名统一委员会和国立编译馆的工作(1928—1949)

1927年,南京政府改教育部为大学院,成立大学院译名统一委员会筹备委员会。科学名词审查会得知此消息后,决定一旦译名委员会成立,便向其自动移交科学名词审查工作。

1928年,大学院译名统一委员会正式成立,聘有委员30人,中国科学社的社员秉志、姜立夫等位居其列①,该委员会从事过收集、统计科技译名的工作,但没有公布审定好的名词。同年,大学院改组为教育部,译名统一事宜归教育部编审处办理。1932年,国民政府设立了国立编译馆,由其编订科学名词并组织专家审查。至1942年,编译馆"先后不同程度地完成了自然科学、社会科学的80个学科领域的译名统一工作","为解放后的新中国继续开展译名统一工作奠定了良好的基础。当时审定公布的许多科学译名一直沿用至今"②。

编译馆的主要工作程序是:收集、整理科学名词,然后组织专家审查。此时,不少专门学会已经成立,鉴于专门学会审查科学名词更具科学性,所以,编译馆在组织审查科学名词的过程中,有很多名词是委托专门学会组织名词审查会进行审查的。由于当时各专门学会成员绝大多数同时也是中国科学社的社员,所以绝大多数科学名词审查员也是中国科学社的社员,甚至以前就代表中国

---

① 国立编译馆.国立编译馆一览[M].南京:国立编译馆,1934.29.
② 黎难秋.科学译名统一与多语科学辞典[A].李亚舒,黎难秋.中国科学翻译史[M].长沙:湖南教育出版社,2000.473.

科学社参加过科学名词审查会的名词审查会议,参与国立编译馆组织的《数学名词》审查的数学学会会员姜立夫、胡敦复、何鲁[①],曾代表中国科学社审查过数学名词;参与国立编译馆组织的《化工名词》审查的中华化学工业会会员曹梁厦[②],则代表中国科学社参加过化学名词的审查会议。

因为当时有些专科尚未成立学会,某些科目的名词,国立编译馆就无法委托专科学会审查,而是在全国范围内选择专家组织名词审查委员会。也有不少中国科学社社员被选中,如秉志参加了发生学名词的审查[③]和人体解剖学名词的审查[④],并且为历次比较解剖学审查会议主席[⑤]。刘咸参加了比较解剖学名词的审查[⑥],此外,中国科学社还参与了由编译馆组织的《大数小数分节》的讨论[⑦]。

1.1.4 中国科学社的成就

从以上论述可以看出,中国科学社在科技译名的统一方面做了大量的工作,贯穿了民国时期科技译名统一工作的始末。可以这样说,中国科学社的科技译名统一工作是民国时期我国科技译

---

① 国立编译馆.中国数学会数学名词审查会议纪要[J].国立编译馆馆刊,1935,(6):6.
② 国立编译馆.名词工作近讯[J].国立编译馆馆刊,1936,(9):4.
③ 国立编译馆.名词工作近况[J].国立编译馆馆刊,1935,(5):4.
④ 国立编译馆.国立编译馆呈文[J].国立编译馆馆刊,1935,(7):2.
⑤ 国立编译馆.比较解剖学名词审查会议[J].国立编译馆馆刊,1937,(22):6.
⑥ 国立编译馆.名词工作近况[J].国立编译馆馆刊,1935,(5):4.
⑦ 国立编译馆.国立编译馆公函[J].国立编译馆馆刊,1935,(2):3.

名统一工作的一个缩影。从上文及第三章的论述中,也可以看出,中国科学社在科技译名统一工作方面取得了较大的成就(以第一、第二阶段为主),主要是:(1)在科学名词审查会期间起草并参与审查了数学名词和物理学名词,为当时的学术界和教育界奠定了较为统一的数学、物理名词,也为后世的相关科技译名统一工作奠定了较为厚实的基础;(2)名词论坛引起了时人对科技译名统一工作的广泛关注,该论坛在理论研究方面也取得了一定的成果。

能取得第一点成就的主要原因是,中国科学社集中了当时物理、数学方面的专家。中国物理学会成立于1932年,中国数学会成立于1935年。科学名词审查会时期,尚无物理和数学方面的专科学会。而当时有较大影响的中国科学社,设有物理算学股,集中了当时物理、数学方面的专家。数学方面有中国最早的数学博士胡明复、姜立夫,这两人是当时数学译名统一工作的骨干。物理方面有胡刚复、梅贻琦、杨孝述、熊正理、尤乙照等,这些人都参与过当时物理学名词审查工作,特别是毕业于哈佛大学物理系的胡刚复,是当时物理译名统一工作的骨干。物理算学股和后来的中国物理学会、中国数学会还有着源与流的关系。如中国物理学会成立时,选出的首届董事、会长、副会长、秘书、评议员差不多都是中国科学社社员。[①] 正因为集中了物理、数学方面的专家,故中国科学社在物理、数学译名统一方面具有领导地位。

中国科学社虽设有化学股,有一些化学方面的专家,但其他学

---

① 冒荣.科学的播火者——中国科学社述评[M].南京:南京大学出版社,2000.198~199.

会也有化学方面的专家。如丙辰学社的郑贞文是化学专家,对化学译名深有研究。此外由于医学和化学联系紧密,医学方面的专家较为熟悉化学知识,故当时医学方面的学会,在化学译名统一方面也发出了声音,所以中国科学社在化学译名方面的成就没有数学、物理方面大。中国科学社虽设有生物、医药、矿冶股,有一些相应的专家,但当时的中国农学会、中国博物学会、中华医学会等专科学会也有部分相应的专家。故中国科学社在这些学科译名统一方面,没有领导地位,所以其成就亦没有物理数学方面大。

能取得第二点成就,主要是因为《科学》杂志具有较大的影响力。中国科学社的机关刊物——《科学》杂志,从1915年创刊,至1950年,共出了32卷,在当时具有较大的影响力。"国内所有的中等以上学校、图书馆、学术机关、职业团体,订阅《科学》的相当普遍。不但如此,《科学》也曾被用来与外国的学术机关交换刊物,并且得到外国学术团体的重视,拿来代表我们学术活动的一部分。"[1]正因为《科学》杂志具有较大的影响力,才能吸收多人参与"名词论坛"的讨论。

1.2 中国工程学会

中国科学社的工作主要在自然科学基础学科方面,而中国工程学会则为统一工程技术译名做了大量的工作。

本节系统探讨中国工程学会所做的译名统一工作,并分析其

---

[1] 任鸿隽.《科学》三十五的回顾[A].科学救国之梦:任鸿隽文存[M].上海:上海科技教育出版社,2002.719.

贡献。

我国近现代工程知识是从国外引进的。清末民初，并没有足够的工程译名，所以，对于工程名词，"习英文者，即以英文之名词呼之，习德法文者，即以德法文之名词称之，各行其道，苦无适从"①。后来，即使有些译名，也是混乱不堪，"各业自有译名，或以会意，或以形声。同一机件之名称，工商学界，各不相通，甚有随地而异者，漫无标准"②。因此，规范统一工程译名，成了当时工程界的一项迫切任务。当时新成立的工程团体——中国工程学会，认识到缺乏规范的工程译名"于工业前途，诚一大障碍也"③，所以很重视科技译名特别是工程译名的统一事业，正如曾任中国工程学会会刊《工程》第3卷第3号、第4卷1号总主编的陈章撰文指出："（工程）译名不统一，最为编译者所苦，而审定标准，在工程界最为急务，已为吾人所共见，无待赘论。本会既为国内工程界团体之巨擘，则责无旁贷，彰彰明甚。"④

中国工程学会于1918年在美国成立，1923年，开始转回国内活动。1931年，中国工程学会和中华工程师学会合并，成立中国工程师学会。中国工程学会在短短的十余年中，在统一科技译名尤其是工程译名方面做了大量的工作。

1.2.1 设立组织，编订工程名词

1918年8月1日，中国工程学会正式成立⑤，其宗旨有三，其

---

①②③ 徐佩璜.序[A].机械工程名词[M].上海：中国工程学会,1928.
④ 陈章.本会对于我国工程出版事业所负之责任[J].工程,1927,3(1):411.
⑤ 周琦.中国工程学会会史[J].工程,1925,1(1):61.

中之一为:"促进各项工程问题之研究。"①当年设有四股:调查股、编辑股、会员股及名词股。名词股的职责是"掌握规定或审定已用及未有之工程名词"②。成立后第一年度,名词股股长为苏鉴。该股于短时间内规定了办事细则。因工程学科门类众多,该股便下设土木、化工、电机、机械、矿冶五科,每科设科长一人、科员若干人。并预期一年将五科通用中文名词规定或审定。该年度各科均编订了部分名词③。

接下来的几年没有多大作为,甚至名词股也可能不存在了。直到第六年度(1922—1923),发起了基金募捐,用于开展译名等工作④。

1925年,交通部要求技术厅修订铁路名词,并指示与各专门团体联合进行,以求完善。中国工程学会呈函请求加入⑤。

1925年9月4日至7日在杭州举行的第八次年会上,中国工程学会议决组织一个名词委员股,委员十人,分别代表各项工程。此时,由政府授权的科学名词审查会负责审查各科名词,其代表是由各团体推荐、派遣的。到此为止,科学名词审查会尚未审查工程名词,中国工程学会决定日后派赴参与科学名词审查会的代表,由上述名词委员股中选出⑥。

因而,在成立后的第九年度(1925—1926)增设了名词审查股,

---

① 中国工程学会总会章程摘要[J]. 工程,1925,1(2):2.
②③ 周琦. 中国工程学会会史[J]. 工程,1925,1(1):61.
④ 中国工程学会成立十年之会史[J]. 工程,1928,3(3):253.
⑤ 书记报告[J]. 工程,1925,1(2):175.
⑥ 会务报告(本会第八次年会记事)[J]. 工程,1925,1(3):228.

与科学名词审查会相辅而行,审查工程名词①。工程名词审查委员会委员长为程瀛章②,会员不详。

1926年7月,中国工程学会加入科学名词审查会。经中国工程学会出席代表程瀛章正式提出,科学名词审查会议决于1928年审查工程名词。后来,由于负责科技译名统一工作的官方组织——大学院译名统一委员会于1928年成立,科学名词审查会,这个主要由民间科技社团合组的准官方组织,停止了审查科学名词。而大学院译名统一委员又尚未来得及审查工程译名。中国工程学会因而决定独立组织编译工程名词委员会③。

1929—1930年度,该委员会的组成人员如下:委员长为程瀛章,委员为张济翔、冯雄、尤佳章、徐名材、张辅良、孙洪芬、钱昌祚、蓝春池、林继庸、邹恩泳、葛敬新、李伯芹、胡衡臣、钱福谦、吴钦烈④。

1930—1931年度,葛敬新、李伯芹、钱福谦等三人不再担任该委员会委员,其余人员照旧⑤。

从1928年起,中国工程学会陆续印刷、公布了下列名词草案:

《机械工程名词》(程瀛章、张济翔编订,黄炎校,2000余条,1928年出版)

《汽车工程名词》(柴志明编订,杨锡镠校,700余条,1930年出版)

---

① 中国工程学会成立十年之会史[J]. 工程,1928,3(3):258.
② 中国工程学会常驻委员会委员长台衔[J]. 工程,1926,2(3):138.
③ 中国工程学会对于社会努力进行之事业[J]. 工程,1928,3(4).
④ 中国工程学会职员录[J]. 工程,1930,5(2).
⑤ 中国工程学会职员录[J]. 工程,1930,6(1).

《航空工程名词》(程瀛章、钱昌祚编订,袁丕烈校,1200余条,1929年出版)

《无线电工程名词》(倪尚达等编订,500余条,1929年出版)

《染织工程名词》(陶平叔、张元培、倪维雄编订,袁丕烈校,1300余条,1929年出版)

《电机工程名词》(尤佳章编订,杨锡镠校,2500余条,1929年出版)

《化学工程名词》(张辅良编订,袁丕烈校,960余条,1929年出版)

《土木工程名词》(程瀛章、张济翔编订,黄炎校,1800余条,1928年出版)

《道路工程名词》(具体情况不详)

中国工程学会将这些名词草案分发国内从事工程事业的团体、个人以及中国工程学会会员试用,希望读者若发现遗漏及不妥善之处,能随时通知该会较妥善的译名和要补充的新名词,以便增订修改。

这些名词草案的凡例表明,编者们在编订名词时以"切合实用"为主。这些名词均只含英文名和中文名两项。下文说到中国工程学会比较重视处于实际工作中的工人的译名使用习惯。这三点表明中国工程学会统一工程译名时,追求实用性是其特点之一。

1931年8月27日,中华工程师学会与中国工程学会举行联合会,议决将两会合并为中国工程师学会。中国工程师学会亦设有名词编译组织,并对上述《电机名词草案》和《机械工程名词草案》进行过增订。增订后的《电机名词》收词5000余条。[①] 关于增订后的《机械工程名词》情况,可参见后文述及的刘仙洲编纂的《机械工程名词》。

1.2.2 进行舆论监督,倡导译名统一

译者的草率翻译和各行其是,是造成当时科技译名相当混乱的原因。甲午战争后,国人很是羡慕日本的强大,便向日本学习,从日本翻译了很多书籍,很多日文名词直接进入中国,这无疑加大了中国科技译名的混乱程度。

《工程》在早期辟有工程书籍评价栏,所刊文章往往会对所评书籍在译名方面的不足作出评价,倡导译名统一。笔者发现四篇较为详细的与译名统一问题有关的评论。

第一篇为钱昌祚对《航空论》(商务印书馆)一书作出的评论。钱昌祚指出:"我国工业论著,多苦于译名不统一。是书译名中,颇多可议之处……,译 drif 为'前驱力',错误特甚! 此力实为阻止飞机之前进,绝不能称之为前驱力也。"[②]

第二篇为崇植对《机械学》(商务印书馆)一书作出的评论。他指出:"至译名一层,最可讨论,但此处不能作长篇之批评。且著者于译名,亦不能负完全之责任,盖此乃我机械工程全部之问题也。唯名词如'马力',虽占用甚久,而绝对悖谬原理,不如改为'马功率'为是。至引擎上之 cycle,似以'循环'较'周期'为是。至'hit

---

[①] 中国工程师学会出版书目广告[J]. 工程周刊,1934,3(32):509.
[②] 钱昌祚.(评)《航空论》[J]. 工程,1925,1(3):221.

and miss 法',著者未有译名,鄙意不妨可称谓'间进法'。"①

第三篇为萼初对《内炉发动机》一书作出的评论。萼初指出:"著者对于译名太不审慎,如 Hydrogen 为水素,Oxygen 为酸素,Energy 为势力,Wire Drawing Action 为竭动作用,Oil Engine 译煤油机,cycle 为回轮,Dead Center Position 为死心位置,Ethylene 为而西连,Acetylene 为亚色布连等,难使吾人满意。化学名词,国内已有审定本,郭君似应舍己从人,十年前之东洋名词,随手应用,未免失于检点。余如 Flame Propagation 译作燃烧速度,不知将何以处理 Rate of Combution。全书译名,类皆如此,恕不尽举。"②

第四篇为受培对《实验电报学》(商务印书馆)一书作出的评论。他指出:"译名一节,殊多问题,曾君以酸称强水,导体为引电质,detector 为小测电表,Dynamometer 为线称,tin 为马口铁等等,一误于日本之译名,再误于工匠之术语,三误于作者之草率,致书中随处皆有不甚准确之译名。电桥一名,意者当为 Wheatstone Bridge 之简译,乃曾君用以译磨而司报机上之'螺丝接线头'(工匠俗名),桥字之义何取,实难臆测。鄙意此名词可译为接头,接榫,或电榫等,虽不慎高妙,然尚可用,质之曾君,意云如何?"③

上述评论所涉及的四本书中,有三本书是由当时较权威的出版社——商务印书馆出版的,但这三本书中的科技译名都有诸多问题,如把酸称强水。而另外一书《内炉发动机》则问题更大,如 Hydrogen、Oxygen 的译名。这两种元素在西方刚发现时,由于当

---

① 崇植.(评)《机械学》[J].工程,1925,1(3):221.
② 萼初.(评)《内炉发动机》[J].工程,1925,1(3):223.
③ 受培.(评)《实验电报学》[J].工程,1925,1(4):310.

时认识的局限,前者命名取意于成水,后者取意于成酸,到 18、19 世纪,随着科学的发展,人们已认识到,这两种元素的含义应该改变,不能限于成水成酸的含义。日本对于这两个元素的译名是按原意翻译的"水素"、"酸素",《内炉发动机》一书的作者不用国内已有的更好的"氢"、"氧"等译名,却用日本名词,实在是不太妥当的,可见当时工程书籍中译名混乱现象是十分严重的。当然,上述关于译名的评价,并不见得是百分之百的准确,例如,我们现在规范使用的是"功率"一词,而不是崇植建议的"马功率"一词。但不管如何,上述评论对于唤起大家对工程译名统一工作的重视,实在是一种贡献。这一点,很是值得我们借鉴。截至 2010 年 5 月,全国科学技术名词审定委员会公布的科技术语已近 90 种,术语总数约 30 万条。规范科技术语的推广是一项艰巨的任务。由于科技术语的专业性非常强,规范科技术语的推广,离不开专家对规范科技术语使用情况进行评价和舆论监督。

1.2.3 开展理论研究

中国工程学会也进行了一定的理论研究。

1925 年 9 月 4 日至 7 日在杭州举行的第八次年会上,举行了一场关于统一工程译名的讨论①。讨论涉及如何对待工程名词的俗名,如何处理工程名词译音与译义的关系,是否要把工程名词的编译与审查分开,如何与科学名词审查会合作等问题。从这次讨论可以看出,中国工程学会在统一工程译名时,以译义为主,不得

---

① 会务报告(本会第八次年会记事)[J].工程,1925,1(3):228.

已时译音,比较重视处于实际工作中的工人的术语使用习惯,比较重视与科学名词审查会的合作。

后来任《工程》总主编的陈章也对工程译名统一问题发表了见解,他指出:翻译工程名词的方法,最好译义,其次为译音。但是如果译义译音都很难,则用相近词代替,或者造新字;工程译名贵在统一,以便产生实际功效,即使稍有不妥,也无妨大体;工程名词,一旦审定,宜交国内大书局,如商务印书馆或中华书局,印成工程名词审定标准词典,颁行全国,以资遵守。这些词典要每五年增订再版一次,以便加入新名词、改订旧名词。①

陈章这些观点都是很正确的,特别是他提出标准的工程名词要定期增订,以便加入新名词和改订旧名词。

《工程》上还刊过两篇与统一工程译名有关的理论文章。第一篇为孔祥鹅的《商榷电机工程译名问题》②,第二篇为赵祖康的《道路工程学名词译订法之研究》③。关于两文的内容,放在第三章阐述。

1.2.4 中国工程学会的贡献

在我国工程译名的统一方面,无论是倡导工程译名统一,还是开展理论研究,无论是组织工程名词编订委员会,还是出版工程名词草案,中国工程学会都做出了贡献。其突出贡献是编订出版了机械工程、道路工程、汽车工程、航空工程、无线电工程、染织工程、电机工程、化学工程、土木工程九部工程名词草案。除道路工程名

---

① 陈章.本会对于我国工程出版事业所负之责任[J].工程,1927,3(1):411.
② 孔祥鹅.商榷电机工程译名问题[J].工程,1927,3(1):40.
③ 赵祖康.道路工程学名词译订法之研究[J].工程,1929,4(2):223.

第二章 官方译名工作组织之外的工作

词外,共计 11000 条左右。无论是工作量之巨大,还是工作之精深,在我国历史上都是空前的。

在中国工程学会之前,我国在统一工程译名方面所做的工作不多,取得较大成就的工作更是少见。清末,江南制造局出版了《汽机中西名目表》(1890),益智书会出版了《术语辞汇》(1904年初版,1910年修订版)。前者以《汽机发轫》(1871)一书所译专业名词为基础,并逐渐增添后来翻译的汽机类新书所得的新译名词;后者包含了多科工程名词,但数量不多①。进入民国时期,在统一工程译名方面所做的工作加大。中华工程师学会出版了詹天佑编译的《新编华英工学字汇》(1915),含名词约8800余条,虽然数量不小,但不是分科别类,且重点是土木、机械两科名词。1916年,铁路协会出版了审订铁路名词会编纂的《华德英法铁路词典》,名词不超过700条。北京政府交通部一度编订土木工程名词,但未见完成。科学名词审查会审查通过的《物理学名词》包含部分与电机工程有关的名词,但"虽述及一二,然遗漏既多,缺焉不详"②。科学名词审查会本有审查工程名词的计划,但因时局变化而搁浅。

大规模分门别类编订、审查及出版工程名词成了当时的急迫任务,中国工程学会勇敢地担起这一重任,并取得了出色成绩。自该会"发行土木、机械、电机、无线电、道路、航空、化学及染织九种工程名词草案以来,各界函索者纷至沓来,其适合社会需要可见一

---

① 王扬宗.清末益智书会统一科技术语工作述评[J].中国科技史料,1991,12(2):17.

② 徐佩璜.序[A].机械工程名词[M].上海:中国工程学会,1928.

斑"①。据此,可以说,中国工程学会在工程译名统一方面做出了突出贡献,它出版的这批名词草案为我国工程译名的统一奠定了良好的基础。

中国工程学会能在工程译名的统一方面做出突出贡献,主要原因有两点:

(1) 中国工程学会集中了工程专家

中国工程学会 1923 年转回国内活动后,"几年间会员超过 1000 人,基本上网络了当时工程技术界各方面的得力人才",②在国内工程界居于领导地位。刘华的硕士学位论文对中国工程学会领导地位的确立情况作了详细阐述。③

(2) 官方译名工作组织尚未进行工程译名统一工作

无论是科学名词审查会,还是其后的大学院译名统一委员会,均没有审查出版工程译名。大规模分门别类编订、出版工程名词的工作历史地落到了中国工程学会的肩上。

1.3 其他科技社团

1.3.1 中华眼科学会

1937 年 4 月,中华眼科学会成立。在此之前,医学名词审查会、科学名词审查会、国立编译馆等组织已经为统一医学译名做了

---

① 中国工程师学会会务消息[J].工程周刊,1934,3(1):127.
② 钟少华.中国工程师学会[J].中国科技史料,1985,6(3):36.
③ 刘华.中国工程学会的创建、发展及其历史地位的研究[D].清华大学硕士论文,2002.34~44.

很多工作,编审了一大批医学名词,并由教育部公布。但由于医学门类繁多,有些专科如眼科,已公布的名词数量不够,这就容易产生译名混乱现象。鉴于此,同年5月,中华眼科学会组织眼科名词整理委员会,推举周承浯、陆润之、陈任、刘以详等人为起草委员。他们参考英、美、德、法、日等国文献,经过6个月完成草稿。草稿发表于《中华医学杂志》第24卷第1期,即第一次《眼科专号》。同人发现遗漏及错误很多,非补充修正不可。但时逢抗战,陈任离沪,工作被迫中断。等到战线西移、上海局势稍微稳定之后,重新开始整理工作。孙成璧为新加入的成员。整理后的眼科名词由947条增至1606条。①

1940年4月,中华眼科学会出版了这些名词,名为《眼科名词汇》。书中名词包含英文名、日译名、《医学名词汇编》译名、译名(即决定名)等项。

在确定译名时,编者们依据的译名标准是:准确、简单、明了、单义(一)。译法准则是:在不违背上述标准的前提下,沿用鲁德馨编纂的《医学名词汇编》中的译名,即"两个审查会"通过的译名。②

1.3.2 中国船学会

民国初年,中国船学会同人渴望把船学知识引入国内。鉴于名词不审定则一切均无从着手,而审定名词又非一二人心思才力所能济事,于是联合成立船学会,着手审定名词。审定的船学名词

---

①② 绪言[A].眼科名词汇[M].中华眼科学会,1940.

发表于《科学》1916年第2卷第4期上,征求读者意见。据笔者估算,这些名词约为300条,每条名词含英文名和中文名两项。这些名词,大都为船学理论方面的名词。该会拟征求意见后,再度研究讨论,然后呈送海军及工商两个部门,请求裁酌颁行,定为永久船学名词。在审定上述名词时,该会所主张的译法准则是:(1)对于船学上名词,如国内已有适于普遍使用而与原意不矛盾的,一律沿用;(2)译义而不译音,只有人名等则译音;(3)有时船学名词不能译音,译义又显冗长,不便于使用,对于这类名词,就创造新字,创造的新字以能包含意义为主。①

此外,据曾昭抡介绍,中国化学研究会、中华化学学会也做了一定的工作。据赵匡华主编的《中国化学史》介绍,中国化学工程学会也做了一定的工作。

中国化学研究会,于1918年在法国成立。同年,该会会员王祖榘、李书华、沈觐寅等,多次在法国都鲁芝开会,编译有机化学名词。次年,沈氏将此项工作完成,由该会印赠各会员。1920年,会员李麟玉对原稿进行了较大修改补充,李书华、沈觐寅又对其略加修正,发表在《学艺》杂志上。②

中华化学学会,于1924年5月在美国正式成立。1926年7月,该会总会移至中国。该会编有《中华化学会名词汇编第一册

---

① 中国船学会审定之海军名词表[J].科学,1916,2(4):473.
② 曾昭抡.二十年来中国化学之进展[A].刘咸.中国科学二十年[C].周谷城.民国丛书[Z].1(90):111~112.

（化学仪器名词）》，1930年出版，约35页。①

中国化学工程学会，于1930年2月在美国成立。同年成立了化工名词审定会，由张洪沅任主席，并议定四项审译简则。至1930年冬，收集名词4000余条，为我国化工名词审定工作奠定了基础。②

2 译名书和辞典的编纂

民国时期，在译名统一实践工作方面，除了上述官方译名工作组织及民间科技社团所做工作外，还有一些组织、个人等编纂译名书和辞典。

一些译名书和辞典提供了一批官方尚无的新译名，有利于译名统一工作。这些译名书和辞典提供的新译名数量较大（约为16万条），接近官方译名数量（约为17万条）。但由于它们提供的新译名没有得到官方的公布，大多数也未得到多位（2位以上）专家的审查。所以，这些译名书和辞典的编纂，不可能居于当时译名统一实践工作的主体地位，而只能是当时官方译名工作组织所做实践工作的补充。

有些辞典编纂、出版时，已经有了相应的官方译名，有的辞典提供的译名能和官方译名保持一致，有的辞典提供的译名不能和官方译名保持一致。

---

① 曾昭抡.二十年来中国化学之进展[A].刘咸.中国科学二十年[C].周谷城.民国丛书[Z].1(90)：111～112.

② 赵匡华.中国化学史·近现代卷[M].南宁：广西教育出版社，2003.550.

本节试图从译名统一工作的角度对这些译名书和辞典进行探讨,并分析它们的特点。需要说明的是,一般而言,译名书以提供译名为主要目的,不对术语进行释义。有些译名书虽以辞典为名,甚至还有注解,但因它们都以提供译名为主要目的,故均当作译名书阐述。

2.1 译名书

2.1.1 基础科学类

2.1.1.1 《无机化学命名草案》

当时的官方译名工作组织医学名词审查会审查出版了无机化学名词,但关于化合物,仅列举了浅显部分,而且只是对译外国名称。郑贞文批评道,这是"知译名而不知命名,知旧译之弊,而不知原名之弊"。① 郑贞文把译名和命名分开,是非常正确的。因为科技是不断发展的,科技术语的概念可能变化,但术语的字面意义没有变化,所以,科技术语的翻译应从概念出发,而不是根据字面意义简单地翻译。科技术语的翻译,实际上把某语言中的科技概念,在另外语言中给予重新命名的过程。因而,郑贞文认为要统一日益庞杂的无机化学名词,首先需审查原名当否,其次要设立最少的规则来容纳最多的物质,并能推广到未发现的新物质。他认为元素名称,取其可以作为一种元素的标志性特征就足够了,通用习见的译名,若无大的错误,就予以保留,不宜标新立异。至于化合物,

---

① 郑贞文.无机化学命名草案弁言[A].郑贞文.无机化学命名草案[M].上海:商务印书馆,1920.

则应当先定根基的名称，再根据其结合状况，或加动词，或设标识，以表明其构造关系。1918年，郑贞文受聘于商务印书馆。此后的一年多里，他从事无机化学命名工作。他首先根据无机化合物的结合关系，归纳出若干规则，拟订了《无机化学命名草案》初稿，以《瓦特化学辞典》(Watt's dictionary of chemistry)中所有的无机物名称(4000余种)来验证原拟规则，发现外国原名有若干错误，原拟规则也有不完备之处，于是又修改初稿。后又参酌杜亚泉、虞铭新、陈文哲、俞同奎等专家的意见，完成了定稿。1920年由商务印书馆出版。①

2.1.1.2 《普通英汉化学词汇》

经过很多专家的艰难探索和辛勤付出，《化学命名原则》得以完成，并于1932年由教育部公布。这是中国化学家在化学命名方面取得的巨大成果，标志着中国成功创立了一套适合中国文化，并能与西方已有命名体系较好对接的化学命名体系。不过，由于《化学命名原则》属于原则层面，并非实际应用层面。所以，在其公布之后，社会人士及学生等对于这个命名原则多不会用。因此，曾参加过科学名词审查会化学名词审查会议的恽福森编纂了《普通英汉化学词汇》。该书由中国科学图书仪器公司于1942年7月初版，1947年4月再版。据笔者估算，该书收名词10000条左右。

该书只收比较普通的化学名词。所遵循的译法准则是：(1)所

---

① 郑贞文.无机化学命名草案弁言[A].郑贞文.无机化学命名草案[M].上海：商务印书馆，1920.

收的物质名词,学名概依《化学命名原则》译出,普通名则选择最通行的译名,例如 acetic acid,"乙酸"是学名,"醋酸"是普通名;(2) 由于当时化学术语及化学仪器名词等教育部尚未公布,该书对于这类名词亦采取当时最通行的译名,或依照前科学名词审查会所定译名;(3) 与物理学、矿物学有关的名词,采取教育部公布的《物理学名词》、《矿物学名词》;(4) 除非遇上我国从未译过的名词,否则不主张另创新名,以免我国化学名词过于复杂。①

2.1.1.3 《英汉化学新字典》

国立编译馆编审的《化学命名原则》公布出版后,我国化学界就有了较为标准的依据。

化学名词中,最令人头痛的,是有机化学名词。当时出版的辞书,大都对有机化学名词避重就轻,略而不详,这不能不说是美中不足。为了改变这种状况,曾经多次参加过科学名词审查会化学名词审查工作的徐善祥,与郑兰华合作,历经十余年,编成《英汉化学新字典》。中国科学图书仪器公司 1944 年 8 月出版了该书。该书有机化学名词以 Heilbron 所著的《Dictionary of organic compounds》为蓝本。该书还尽量收入一些无机化学及各专科名词。②该书含名词 40000 余条。③

在编写过程中,编纂者依次以下列书为依据:① 国立编译馆

---

① 恽福森.编译例言[A].恽福森.普通英汉化学词汇[M].第 2 版.上海:中国科学图书仪器公司,1947.
② 徐善祥.编辑缘起[A].徐善祥,郑兰华.英汉化学新字典[M].上海:中国科学图书仪器公司,1944.
③ 颜惠庆.序一[A].徐善祥,郑兰华.英汉化学新字典[M].上海:中国科学图书仪器公司,1944.

编审的《化学命名原则》、《化学仪器设备名词》、《药学名词》、《矿物学名词》、《物理学名词》;② 科学名词审查会出版的《理化名词汇编》、历届化学名词审定本;③ 恽福森编纂的《普通英汉化学词汇》、《英汉化学字汇》;④ 其他私人著述。在上述书中,如发现确实不妥的译名,就加以修正补充。该书原则上以译义为上,谐声(造字)次之,若造字,则依据《化学命名原则》所示方法造字。① 所以,该书所遵循的译法准则可概括为:沿用旧名(首先是最近的官方译名工作组织国立编译馆编审的译名,其次是早些时候的官方译名工作组织科学名词审查会所负责出版的名词,再次是当时的辞书中使用的译名,最后是私人著述中的译名),遇到确实不妥的译名时,则改正;译义为主,其次谐声造字。

2.1.1.4 《物理学名词汇》

中华教育文化基金董事会于1924年在北京成立。1927年设科学教育顾问委员会,曾决定尽快编印科学词汇,以备编辑教科书时参考。1930年该委员会改组为编译委员会。委员会为翻译物理学书籍征求在北平的物理学家的意见,大家均认为译书之先须统一译名,于是该委员会将整理编订物理学名词一事托付时任清华大学教授的萨本栋。在此之前或同时期,已有多本物理学译名书问世。如1920年,科学名词审查会编纂了《物理学名词(第一次审查本)》,1931年教育部又取该书进行增订,制成《物理学名词(教育部增订本)》,分发国内物理学者征求意见。萨本栋就以这两

---

① 凡例[A].徐善祥,郑兰华.英汉化学新字典[M].上海:中国科学图书仪器公司,1944.

书为蓝本,编纂了《物理学名词汇》,收名词4166条。[1]

在编纂过程中,当遇到同义异译的名词时,作者就参照散见于《科学》杂志上关于科学名词商榷的文献,以及1928年至1929年间,中国工程学会陆续刊印的《机械工程名词》、《汽车工程名词》等各种工程名词(草案),选用较为妥善的译名。[2]

萨本栋后任国立编译馆的电机工程(普通部)名词审查员。

2.1.1.5 《统计与测验名词英汉对照表》和《汉译统计学名词》

当时,由于科学名词审查会的努力,很多学科的名词已经出炉,但统计学方面的名词尚无人专门着手。于是,朱君毅为了解决教育统计名词翻译的杂乱和含糊,于1923年编纂了《统计与测验名词汉译》一书。同年由商务印书馆出版。该书名词数量虽不是很大,约250余条,[3]但对于教育统计学已有相当大的贡献。

随着统计学学术事业在中国的发展,迫切需要翻译这类名词。在友人的怂恿下,王仲武就把1922年所编的《统计学原理及应用》一书旧稿中的译名加以整理,并参考其他书籍,编成《汉译统计学名词》一书。1930年由商务印书馆出版。该书以一般统计上常用的名词为范围,但关于经济统计方面的名词多些。名词数量虽然不到700条,[4]但在当时已是较为可观了。

《汉译统计学名词》出版后,朱君毅在《统计与测验名词汉译》

---

[1] 王冰.中国早期物理学名词的审订和统一[J].中国科技史料,1997,16(3):257.

[2] 凡例[A].萨本栋.物理学名词汇[M].北平:中华教育文化基金董事会编辑委员会,1932.

[3] 朱君毅.序[A].朱君毅.统计与测验名词英汉对照表[M].中华书局,1933.

[4] 王仲武.绪言[A].王仲武.汉译统计学名词[M].上海:商务印书馆,1930.

第二章 官方译名工作组织之外的工作

一书的基础上，编纂了《统计与测验名词英汉对照表》，1933年7月由中华书局出版。书中统计与测验名词共计1000余条。书中名词得到廖茂如、朱景文、王书林的校订，其中的数理统计名词，又特别得到褚一飞的指正。①

据王仲武自己介绍，《汉译统计学名词》中的译名，大半是他的学生"逼"他翻译出来的。原来，在1920年，王仲武给一班商科学生讲统计学的时候，每讲到一个外文名词，学生们就要他译出一个中文名。他问他的学生为什么要这样，他的学生答道："有了中文名词，第一层，我们就像得了一个简明的概念；第二层，因为已经有一个概念，再看详细的解说或应用，容易懂得多；第三层，更觉便于记忆。"②这也表明，表意的汉语科技语，有利于学生学习、理解和记忆。

王仲武在绪言中表明了《汉译统计学名词》一书所遵循的译名标准是：译名要确当，不失原意，又要明了易懂；还有字数的限制。多了两个字，就嫌累赘。少了一个字，又怕含糊；同时相类名词，又要一律；译法准则是：已成了习惯的译名，凡是意义尚合用的，都仍旧保留，不另作新译，免得纷扰。凡是与数学有关的名词，都尽量使用数学方面的译名。③ 后面这一点，说的就是"副科服从主科"的原则。统计学里的一些概念，来自基础学科数学，为了统一一致，应当与数学里的名称一致。

后来，王仲武和朱君毅均为国立编译馆《统计学名词》的审查

---

① 朱君毅.序[A].朱君毅.统计与测验名词英汉对照表[M].中华书局,1933.
②③ 王仲武.绪言[A].王仲武.汉译统计学名词[M].上海:商务印书馆,1930.

委员,朱君毅还是主任委员。

2.1.1.6 《医学词典》

1890年,博医会为了开展医学名词统一工作,成立了名词委员会。高似兰将名词委员会通过的名词编纂成《医学词典》。1908年5月,《医学词典》作为博医会通过的标准名词正式出版,含名词13000条。①

该书1915年出第2版。1916年,中国博医会与刚成立不久的中华医学会组成了医学名词和出版联合委员会,负责修订再版《医学词典》。1917年出第3版,1923年出第4版,1924年出第5版,1926年重印第5版,1930年出第6版。1930年,高氏去世后,《医学词典》从第7版起,开始由医学名词和出版联合委员会的鲁德馨和孟合理继续编辑再版。②

医学名词审查会成立以前,《医学词典》的译名所依据的译法准则是:(1) 采用已有的中文名;(2) 意译;(3) 使用《康熙字典》中的生僻字;(4) 音译;(5) 造新字。③

在成立医学名词审查会前的第一次谈话会上,高似兰介绍了博医会名词委员会在编译审查医学名词(也就是《医学词典》中的名词)时,遵循如下译法准则:第一采用合适的中国固有名词,第二

---

① 张大庆.早期医学名词统一工作:博医会的努力和影响[J].中华医史杂志,1994,(1):18.
② 张大庆.高似兰:医学名词翻译标准化的推动者[J].中国科技史料,2001,(4):324~330.
③ Philip B. Cousland. Introduction [A]. *English-Chinese Lexicon of Medical Terms* [M]. Shanghai: Medical Missionary Association of China, 1908.

采用日本名词,第三意译,第四音译。① 这与实际情况不符,高似兰为什么要这样说,可能是因为博医会名词(也就是该书中的名词)"鲜用日译而多杜撰新字"②而招致了批评。

医学名词审查会成立后,该书所遵循的译法准则是:对于"两个审查会"审查通过的译名,《医学词典》与之保持一致;对于尚未审查的名词,则选择通行的译名;对于无意可译的专门名词,译音。③

2.1.1.7 《生理学中外名词对照表》

我国早期翻译的生理学书籍,有的译自欧美,有的译自日本。由来华传教士医生组成的博医会,为了传播西医的需要,开展了医学名词统一工作,编纂、出版了医学名词。译自欧美的生理学书籍,用了博医会的名词。译自日本的生理学书籍,则用日本创造的名词。这样,就使得名词糅杂纷纭,令读者无所适从。1914年,为了便于读者学习生理学,孙祖烈编纂了《生理学中外名词对照表》。该书虽然没有自己制订译名,只是汇集日本名词、博医会名词和西文原名,将它们列为一表,但通过对照,使读者开卷了然,可为以后的译名统一工作直接提供资料,所以,该书实际上是有利于科技译名统一工作的。该书包含名词3000余条。④ 上海医学书局1930

---

① 会报:文牍:江苏省教育会审查医学名词谈话会通告及记事[J].教育研究,1915,(22):1～5.

② 俞凤宾.医学名词意见书(二)[J].中华医学杂志,1916,2(3):18.

③ Philip B. Cousland. 凡例[A]. *English-Chinese Lexicon of Medical Terms* 5th [M]. Shanghai:China Medical Missionary Association,1924.

④ 孙祖烈.序[A].孙祖烈.生理学中外名词对照表[M].第2版.上海医学书局,1930.

年7月再版,初版时间不详。

2.1.1.8 《园艺学辞典》

鉴于尚无专业的园艺学名词著作问世,中央大学园艺系的熊同龢编纂了该书,于1948年出版。他在《编辑述要》里指出:"本书编著之主要目的有二:一为便利参考文献之阅读,一为奠立统一名词之基础。"编著工作始于1941年春,至1946年底初步完成,历时六载。该书收录专业名词2280条①,包括果树、蔬菜、花卉的栽培、管理、种苗繁殖、庭园布置、加工制造等。

该书编纂时参考了多种外文书籍,如 Bailey 编纂的 *Standard Cyclopedia of Horticulture*、Jackson 编纂的 *A Glorssary of Botanic Terms*、Taylor 编纂的 *Garien dictionary*、Wright 编纂的 *The Standard Cyclopedia of Modern of Agriculture*。

名词含英、中文名,名词后附有简要的说明。如:Acid soil[酸性土]土壤之反应为酸性者,酸值小于7。附有中文索引。

2.1.1.9 《矿物岩石及地质名词辑要》

鉴于地质名词中文译名的不当与缺乏,董常受命于地质学专家丁文江和翁文灏,编纂了《矿物岩石及地质名词辑要》一书。翁文灏和章鸿钊对该书中的名词进行了审定。1923年,该书由农商部地质调查所印行。② 矿物学部分的名词计2300余条。③ 据笔者

---

① 熊同龢.编辑述要[A].熊同龢.园艺学辞典[M].上海新农企业股份有限公司,1948.
② 章鸿钊.序[A].董常.矿物岩石及地质名词辑要[M].农商部地质调查所,1923.
③ 陈可忠.序[A].国立编译馆.(1934年3月教育部公布)矿物学名词[M].上海:商务印书馆,1936.

统计,岩石部分的名词约为830余条,地质学部分的名词约为1400多条。

该书所遵循的译法准则是:首先用中国通用译名或中国已有之名,其次则用日本名词,或酌情修订,再次则或据产地,或据化学成分,或据物理性质,或据原音,或据原意,创制新名。①

据时人黄秉维介绍,该书出版后,国内地质学界使用该书的人很多。②

2.1.2 工程技术类

2.1.2.1 《新编华英工学字汇》

鉴于当时工程译名分歧严重,西文一个名词,在中国的译名则有文义与俗义、南言与北言、中国本土名词与日本名词的分别。工程译名错乱纷纭,不利于我国工程事业的发展。詹天佑早就想编译工程名词。从1888年他开始在北洋铁路工作起,他随时记录发现的工程名词。到修建京张铁路时,他又与该路工程司(指有行政管理职权的工程师)经常讨论,搜辑的名词越来越多。后去粤汉铁路任职,他又参酌那里的习惯名称,逐渐增加名词。经过20余年的努力,他将名词辑成初稿。虽初稿已成,但詹天佑自认为学识不

---

① 矿物名词凡例[A].董常.矿物岩石及地质名词辑要[M].农商部地质调查所,1923.
岩石名词凡例[A].董常.矿物岩石及地质名词辑要[M].农商部地质调查所,1923.
地质学名词凡例[A].董常.矿物岩石及地质名词辑要[M].农商部地质调查,1923.
② 黄秉维.地学辞书评论[N].(天津)大公报,1935-04-19(史地周刊).

够,不敢把译名作为定名出版。等到1914年中华工程师学会成立后,会员们听说会长詹天佑编有该稿,多次敦促他出版,以切合会章中关于审定名词的规定。詹天佑便将该稿重加校勘,1915年由中华工程师学会出版。书中每条名词含英文名和中文名。① 据笔者估算,该书约含名词8800条。

该书汇译了工程各科名称,但土木、机械两科名词要多一些。工程以外如关于车务等方面的名词,因其关系密切,该书亦列入。该书所遵循的译名标准是:以合于实用为宗旨,译名务求容易理解,不专求雅驯。② 译法准则是:所译名词,或根据旧籍,或沿用俗名,中国没有译出的,就征集大家的意见,再作决定。③

2.1.2.2 《华德英法铁路词典》

由于当时铁路名词"多有俚俗不堪"、"命名不一"④,亟待审定。审订铁路名词会于1913年成立,其目的是编纂铁路名词。叶恭绰被推举为会长。审订铁路名词会先拟定大纲,再进行编纂辑录,先后召开大小会议上百次。100多人参与了编纂、讨论、校对等工作。审订铁路名词会历时三载有余,编成《华德英法铁路词典》。1916年3月,铁路协会出版了该书。书中名词为应用铁路名词,数量不足700条⑤。每条名词先列德文名、次列英文名、再列法文名,然后是图形及中文名。

---

①②③ 詹天佑.编纂《新编华英工学字汇》缘起[A].新编华英工学字汇[M].中华工程师学会,1915.

④ 华德英法铁路词典例言[A].审订铁路名词会.华德英法铁路词典[M].铁路协会,1916.

⑤ 叶恭绰.序[A].审订铁路名词会.华德英法铁路词典[M].铁路协会,1916.

第二章 官方译名工作组织之外的工作　161

编者们虽成立了审订铁路名词会,但除了编纂该书外,未见其他成果,亦未见章程,故可把该会看作是一个编纂委员会,而把他们的成果放在本节阐述。

2.1.2.3 《公路辞汇》

无论是科学名词审查会,还是国立编译馆,均未审查出版公路名词。国立清华大学教授李漠炽讲授公路课程,感到公路名词繁多,选用困难,需要有系统化的译名词典。于是,1936年冬,他开始编纂工作。次年仲夏,全部脱稿。但作者正拟付梓时,卢沟桥事变骤起,作者只得怀稿随校南迁,辗转湘、滇。后与交通部公路总管理处处长赵祖康会晤。前文说到,赵祖康对译名统一工作颇为热心,曾在《工程》上发表相关文章。李、赵会晤后,赵也觉得有必要出版公路译名。于是,1940年5月,交通部公路总管理处出版了李漠炽编纂的《公路辞汇》。但原稿共有名词万余条,因昆明纸价及排印工费昂贵,作者只得删去其中次要部分,剩下7000余条。该书所遵循的译法准则是:尽量采用我国通用名词,并参考国内已出版的各种工程及理化词典。但有很多名词为已出版的各种译名书及词典所未见,作者便根据自己的心得译出。[1]

2.1.2.4 《英华纺织染辞典》

1929年,中国工程学会出版了《染织工程名词草案》,收词1300余条。此后没有类似辞书出现,官方亦未公布这方面的名词,这就使得当时的纺织染译名歧异。鉴于此,蒋乃镛历时数年,编成《英华纺织染辞典》初稿。然后送请纺织专家朱仙舫、张文潜、

---

[1] 李漠炽.自序[A].李漠炽.公路辞汇[M].交通部公路总管理处,1940.

陆绍云、祝士刚、戴文伯、李充国、谭勤馀、傅铭九、秦炳洙等人订正。1943年2月由中国纺织学会出版，行销于大后方各省市。1945年抗战胜利后，蒋乃镛又对该书进行了修订，王元照为其修订提供了不少意见。① 1947年11月再版。据笔者估算，再版后，全书含名词约为6680条。

该书所遵循的译法准则是：以根据名词意义、物体功用或物体形状译出的名词为主，俗称及译音为次。②

2.1.2.5 《纤维工业辞典》

纤维工业名词，我国纺织界历来没有明确规定。不但各纺织染厂不同，各种纺织染书籍亦不同，以致错综迷离，令人无所适从。中国纺织染工程研究所鉴于统一纤维工业名词的急迫，于1944年起着手编订《纤维工业辞典》。该所先全面收集普通应用名词，后经多位专家的讨论，并参考东西各国书籍以及我国过去习惯，对译名一一加以订正。该所将其中四部先编好的名词，在该所刊行的《纺织染工程》第6卷合订本先行发表。1945年8月，全篇脱稿。同月该所将所有名词刊印成册，以供纺织界参考。不到一年，该书全部销罄，可见当时纺织界对标准译名的需求是非常迫切的。1947年4月该所再版了此书，再版比初版增加名词500余条③。该书署名编者为黄希阁和姜长英。书中每条名词除了英文名和中

---

① 蒋乃镛.再版自序[A].蒋乃镛.英华纺织染辞典[M].第2版.中国纺织学会，1947.

② 蒋乃镛.编辑大意[A].蒋乃镛.英华纺织染辞典[M].第2版.中国纺织学会，1947.

③ 自序[A].黄希阁，姜长英.纤维工业辞典[M].第2版.上海：中国纺织工程研究所，1947.

文名外,还有简短的解释,如:hygroscopic quality,吸湿性。自大气中吸收水分之性质(再版,p73)。笔者估算,再版后约含名词4000条。该书没有提上述蒋乃镛编纂的《英华纺织染辞典》,可能是因为没有注意到此书。

需要指出的是,《纤维工业辞典》虽以"辞典"命名,但其主要目的,是以统一译名为目的,提供的定义(或说明、解释等)是起辅助作用。正因为如此,所以这类定义(或说明、解释等)都是简明扼要的。这与后文中要提到的辞典类中的辞典不同,后者比如《植物学大辞典》,其主要目的,是提供释义,故其释义内容非常丰富。因而,把《纤维工业辞典》当作译名书放在这里。出于同样的原因,前面提到的《园艺学辞典》和后面要提到的《英华、华英合解建筑辞典》也被归在译名书里面。

我国目前从事科技名词审定与公布的专职机构是全国科学技术名词审定委员会,成立于 1985 年。1996 年以前,其公布的名词称为《××学名词》或《××名词》,绝大部分只是外文名和中文名,只有个别名词有简明的注释。1996 年起,其公布的名词大部分有定义,这类名词书称为《××学名词》或《××名词》(定义版),但其定义一般是言简意赅,只描述事物的本质特征或一个概念的内涵(或者外延),不给出其他说明性、知识性的解说。

2.1.2.6 《机械工程名词》

1928 年,中国工程学会出版了程瀛章、张济翔编订的《机械工程名词草案》。该书译名精审,但收词不多,仅 2000 余条。1932 年,中国工程师学会推选清华大学工学院院长顾毓琇为编译工程名词委员会委员长。这年冬天,顾毓琇委托刘仙洲编订机械工程名词。

刘仙洲便参考中国工程学会出版的《机械工程名词草案》、国立编译馆编订的《物理学名词》等书,编纂了《机械工程名词》一书,收词11000多条。① 协同编订的有庄前鼎、石峻吉、曹国惠、金希武、孙瑞珩等人。1934年,该书由商务印书馆出版。没过几月,便销售告罄。该书又于1936年、1945年两次增订,名词增至两万多条。②

该书所遵循的译法准则是:(1)从熟——选用旧译中被采用最多的译名;(2)从俗——选用已在工人中通用,字义不甚粗鄙的译名。译名标准是:(1)选用与原义最吻合的译名;(2)从简——选择字数比较简练的译名。简单地说,该书所遵循的译法准则是:通行的旧译名或工人通用的译名,照旧。所遵循的译名标准是:准确、简单。③

刘仙洲后任机械工程名词(普通部)名词审查员。

2.1.2.7 《水利工程名词草案》

鉴于当时我国水利工程名词歧异,孔祥榕在全国经济委员会水利会第一次会议上,提出厘定水利工程名词案。大会通过该提案,并议决由水利处负责编译名词。1935年8月,水利处负责编译的《水利工程名词草案》由全国经济委员会出版。该书出版后,

---

① 刘仙洲.前版序二[A].刘仙洲.机械工程名词[M].上海:商务印书馆,1936.
② 戴吾三,叶金菊.刘仙洲与机械工程名词[A].第二届中日机械技术史学术会议论文集[C].46~49.
③ 刘仙洲.前版序二[A].刘仙洲.机械工程名词[M].上海:商务印书馆,1936.

被分送各水利机关使用。①

该书虽经数次修正,但编者尚觉不够完善,故以草案为名。编者拟采辑校对完备后,再行邀请专家讨论,议定标准译名。想法很好,可惜未见付诸实际行动。该书共含 4000 余条名词。② 含英文名和中文名两项。

2.1.2.8 《英汉对照混凝土名词》

混凝土名词,一直没有专书问世。由国立中央大学和淮河水利工程总局合设的混凝土研究室便参考国立编译馆编审的《化学命名原则》、《化学工程名词》、《物理学名词》、《机械工程名词》、《电机工程(电力部)名词》、中国工程学会出版的《土木工程名词草案》、科学名词审查会出版的《理化名词汇编》、经济委员会水利处编纂的《水利工程名词草案》、王益崖编纂的《地学辞书》、赵祖康撰写的《道路工程学名词译订法之研究》等书和文章,编纂出版了《英汉对照混凝土名词》一书③。书中没有写明编纂及出版时间,笔者根据参考书目,推测编纂及出版时间不早于 1946 年。该书的编纂得到了胡品元、关富权、孙士熊、汪胡桢、萧开瀛、裘孔闿、蔡振、李士毫、贡霖、戴居正 10 位专家的指正。④ 据笔者估算,该书约含 1260 条名词。每条名词有英文名和中文名两项。

该书所遵循的译法准则是:采用教育部公布的译名;采用通行

---

① 科学新闻[J].科学,1935,19(7):1141.

② 例言[A].水利工程名词草案[M].全国经济委员会,1935.

③ 参考书目[A].混凝土研究室.英汉对照混凝土名词[M].混凝土研究室,出版年不详.

④ 致谢[A].混凝土研究室.英汉对照混凝土名词[M].混凝土研究室,出版年不详.

的译名；以意译为主；人名则音译：

"尽量采用国立编译馆订定之译名，以求统一。如 accelerator 采用化工名词所译之'加速剂'，舍弃意义更明确之'快硬剂'。""若过去已有译名而沿用已久，则虽不甚恰当，亦仍采用之，俾使译名渐趋统一，如 modulus 仍译'系数'。""以译义为主，唯原名为人名者，则采用音译，如 brinell hardness 译为'勃林尔硬度'。"①

该书所遵循的译名标准为：简单、单义（二）等。

2.1.2.9 《英华、华英合解建筑辞典》

1932 年以前，尚无建筑学专科译名书问世，建筑学译名"纷纭百出，实为谋进建筑事业之一大障碍"。② 上海市建筑协会有鉴于此，于 1932 年 12 月 25 日举行译名统一筹备会议，议决三条办法：(1) 各种名词先由起草委员会拟定，然后交委员会议修正确定；(2) 推定庄后、董大酉、杨锡镠、杜彦耿四先生为起草委员。(3) 每两星期举行一次会议。后因各人忙于业务，起草委员会不能如期举行，杜彦耿便独自编译名词。他先将编译好的名词在《建筑月刊》上发表，获得了不少人的意见，然后他又将名词汇编成书。1936 年由上海市建筑协会出版。

该书名词包括英文名和中文名，名词后有一定量的注解。据《八千种中文辞书类编提要》介绍，该书收集土木建筑工程名词 3300 余条。③

---

① 译名原则[A].混凝土研究室.英汉对照混凝土名词[M].混凝土研究室,出版年不详.

② 杜彦耿.自序[A].杜彦耿.英华、华英合解建筑辞典[M].上海市建筑协会,1936.

③ 曹先擢,陈秉才.八千种中文辞书类编提要[M].北京:北京大学出版社,1992.788.

2.1.3 百科类

《百科名汇》

1930年以前,我国不但科技译名较为混乱,而且没有百科译名书,读者往往因为一个名词要去查阅各种专科辞书,很不方便。

因此,时任商务印书馆编译所所长的王云五,商请所内同人何炳松、程瀛章、张辅良、许炳汉、黄绍绪等人,计划编纂一部关于百科名词的汉英对照译名书,希望在科学名词的汉译方面有所贡献。何炳松等人花了数年工夫,旁征博引,反复探讨,尽量搜罗了当时一切新科学的主要名词,编成该书,1931年,该书由商务印书馆出版。该书总计西文原名40000多条,汉译名词60000多条。[①]

编者在确定译名时,所遵循的译法准则是:尽量以我国各学术团体厘定的名词,尤其是科学名词审查会审查通过的数学、物理、化学各科名词为根据。[②]

该书中的名词,得到了国内许多专家学者的审定,如哲学名词经蔡元培、胡适、唐钺、吴致觉等审定,文学名词经胡适、唐钺审定,社会学名词经陶孟和、陈翰笙审定,经济学和商业名词经刘秉麟、陈翰笙审定,教育学名词经朱经农、唐钺审定,政治学和法律名词经陶孟和、梅思平审定,历史和宗教名词经傅运森、陈翰笙审定,地理学、气象学和地质学名词经竺可桢、翁文灏审定,农业名词经邹秉文、原颂周审定,物理和工程名词经裘维裕审定,算学和天文学名词经段育华、高鲁审定,生物学名词经秉志、胡先骕审定,医学名

---

①② 王云五.序[A].王云五等.百科名汇[M].上海:商务印书馆,1931.

词经汤尔和审定,航空学名词经钱昌祚审定,建筑学名词经吕彦直审定,音乐名词经萧友梅审定。①

这些译名书的数量分布为:基础学科类 10 种,工程技术 9 种,百科类 1 种。这说明译名书集中分布于基础学科和工程技术领域。

除了孙祖烈编纂的《生理学中外名词对照表》只是汇集了译名外,相对当时官方译名而言,其他译名书提供了新译名,这些译名是官方译名的补充。

这些译名书有如下特点:

1. 从数量来看,这些译名书绝大多数面向单一学科领域,主要收集某一学科领域的科技名词。只有一本译名书(即《百科名汇》)是面向很多个学科领域,收集了很多个学科领域的科技名词。

2. 根据所遵循的译法准则等来看,这些译名书有一大特点:大多数译名书能够注意与官方译名保持一致。这些译名书的编纂者或审阅者大多在官方科技译名工作组织里,从事过译名统一工作。译名书的主要目的是提供译名,所以编纂者一般能做到与官方译名保持一致。

3. 从编纂力量来看,这些译名书大都是团队工作的结果,身后也依靠着某个学术组织,或者是学会,或者是研究所,或者是编译所。科技译名的制订和编纂,是项复杂艰巨的工作,个人的力量是难以胜任的。

---

① 王云五.序[A].王云五等.百科名汇[M].上海:商务印书馆,1931.

4. 从书名来看，各译名书书名很不一致。如"词汇"、"字典"、"名词汇"、"名词对照表"、"名词"、"词典"、"辞典"、"名词辑要"、"字汇"、"辞汇"、"辞典"、"名汇"等。

由于原始资料欠缺（上海图书馆、国家图书馆等无藏书或破损），有些译名书笔者无法见到。除了本书阐述的译名书外，据《八千种中文辞书类编提要》介绍，还有下列译名书：

(1)《(详注英汉)化学辞汇》，恽福森编，上海商务印书馆，1920年。

该书收录有关无机化学、有机化学、化学器械、工业及矿物等名词8000余条，英、中文名称对照。每条内容包括物质性质、形状、制造、化学作用等。

(2)《生物学名辞》，马条兹（mathews）、G. B.、郑葆珊著，辅仁大学农学系1946初版，1948年第2版（增订本）。

该书初版名为"普通生物学名辞"，增订版改名为"生物学名辞"。共收录生物学与农业科学方面的名词1300余条，英、中文名称对照。

(3)《华法英矿业词汇》，朱华缓编，上海商务印书馆，1936年。

该书收录矿业名词1000余条，中、法、英文名称对照。

(4)《汽车名词录》，上海中国自动机工程学会编印，1934年第二版。

该书收录汽车名词1000余条，英、中文名称对照。

(5)《英法中文汽车名词》（中国自动机工程学会丛书之一），何乃民编，上海商务印书馆，1948年。

该书第一篇为汽车名词部分,收集与汽车有关的名词4000余条,英、法、中文名称对照。

(6)《中外病名对照表》,吴建原编,上海医学书局1915年初版,1919年再版。

该书收录中、英、日对照病名500余条,并附有中外药名对照表。

2.2 辞典

民国时期编纂了不少科技辞典和包含较多科技条目的辞典,对当时的科技译名统一实践工作产生了一定的影响。由于官方译名要比其他类型的译名更具权威性,因此,本书以是否与官方译名[1]保持一致作为标准,把这些辞典分为三类:(1)提供的译名可作为官方译名补充的辞典;(2)提供的译名能和官方相应译名保持一致的辞典;(3)提供的译名不能保证和官方相应译名保持一致的辞典。需要说明的是,这种分类方法是较为粗糙的,因为所依据的仅仅是主要特征。

2.2.1 提供的译名可作为官方译名的补充的辞典

译名的提供是一个逐渐积累的过程,不能一蹴而就,所以会出现社会需要译名,但官方却还没有公布的情形。这种情形在民国早期表现得尤为严重。下列辞典的编纂、出版就缓解了这种情形,它们提供的译名是官方译名的补充。

---

[1] 以已经出版的由官方公布的译名为准。

2.2.1.1 《植物学大辞典》

该书由杜亚泉、陈学郢、凌昌焕、李详麟、周藩、黄以仁、吴德亮、周越然、许家庆、孔庆莱、杜就田、莫叔略、严保诚13人,历时10余年编成。1918年2月由商务印书馆出版。

这些编者中,凌昌焕参加过1917年1月和8月举行的科学名词审查会化学组的审查会议,黄以仁参加了1921年7月举行的科学名词审查会植物组的审查会议,杜就田参加了1922年7月和1923年7月举行的科学名词审查会动物组的审查会议。杜亚泉虽然没有参加当时官方译名工作组织的名词审查会议,但他对译名统一工作是非常热心的。1905年,商务印书馆出版他编译的《化学教科书新编》,书中附有他制订的无机物命名方案。该方案虽然是对前人工作的继承和发展,但这是中国学者发表的第一个关于化合物的命名方案。[1] 后文要说到的《动物学大辞典》、《地质矿物学大辞典》的问世都有他的功劳。

《植物学大辞典》收录植物名称、植物学术语8980条。书后附西文索引5800余条,日本假名索引4170余条。[2]《植物学大辞典》内容详博,在当时,"近出科学辞典,详博无逾于此者"[3]。该书后来曾被多次出版。

编者在编纂之初,是出于编译中小学教科书的需要,想编一份

---

[1] 王扬宗.化学术语的翻译和统一[A].赵匡华.中国化学史·近现代卷[M].南宁:广西教育出版社,2003.84~91.

[2] 林玉山.中国辞书编纂史略[M].郑州:中州古籍出版社,1992.120.

[3] 蔡元培.序[A].孔庆莱等.植物学大辞典[M].第2版.上海:商务印书馆,1918.

植物学名与中日两国普通名的对照表而已,随着编纂工作的进行,才改变计划,编纂成了大辞典。①

该书在收录名词时,根据了以下原则②:

一、植物名称及术语,以我国文字为主,中西文对照。植物名称,多为我国的普通名,且其学名已经考订。间或有日本的普通名,用汉字表述或可译为汉字,类似我国的普通名,且其学名已考订的,也一并收入。

二、我国植物,同物异名者很多,即有不少别名。为便于查阅,别名亦分别收入,但仅注为某种植物的别名,其科属形态等,均详细列于普通名之下。对于日本普通名,那些可以适用于我国,而我国又另有普通名的,则当作别名收入。

三、植物名称之下所附的西文,概为学名,即拉丁文。植物学术语之下,所附西文,为英、德文。德文用斜体字母表示,以示区别。

四、植物名称之下,除了列西文学名外,还附上日本用假名连缀的普通名。植物学术语,日本都译为中文,用假名连缀的很少。

从上述原则可以看出,书中名词包含拉丁学名、英文名、德文名、中文普通名、日文普通名、中文别名等项目中的部分或全部,并有解释。如:

〔沈香〕Aquilaria Agallocha,Roxb.(笔者在此处省略了日文)

---

① 杜亚泉.序[A].孔庆莱等.植物学大辞典[M].第2版.上海:商务印书馆,1918.

② 凡例[A].孔庆莱等.植物学大辞典[M].第2版.上海:商务印书馆,1918.

第二章 官方译名工作组织之外的工作

瑞香科，沈香属，产于东印度，常绿树。高数十尺。页批针形，互生。花白色，繖形花。此植物之木材，供薰香料，最为著名。名见名医别录。一作沉香，又名沈香水。苏颂曰：沈香青桂等香。出海南诸国及交广崖州。沈怀远南越志云……（p446，1918年6月再版）

2.2.1.2 《动物学大辞典》

该书由杜亚泉、杜就田、吴德亮、凌昌焕、许家庆等编纂。他们都是《植物学大辞典》的编纂者，在编《植物学大辞典》时，他们就已经积累了一些资料，打算编纂《动物学大辞典》。该辞典纂历时10余年，[1]1923年由商务印书馆出版，后来又被多次出版。该辞典收录动物名称、术语10350余条，西文索引12700条，日本假名索引6000余条。[2]

该书的编纂虽与《植物学大辞典》有关，但两书的体例相差很大，杜亚泉在序中解释道："盖植物辞典所收录之植物名称，以我国之固有名为主，附益以日本之汉名可适用于我国者，其范围尚隘。此稿所收采之动物名称，则以西洋之学名为主，其可附以固有名称者，仅一小部分，大部分则于同类之固有名称上，加以识别之语，大都译西文之原义者居多。夫如是，则所谓动物辞典者，固非就吾国固有之动物名词而加以解释，乃就西洋之动物学名，附以译名而解释之也。"[3]

书中词条主要由中文名、外文名及解释组成。如：

---

[1] 李煜瀛.序（一）[A].杜亚泉等.动物学大辞典[M].上海：商务印书馆,1923.
[2] 林玉山.中国辞书编纂史略[M].郑州：中州古籍出版社,1992.120.
[3] 杜亚泉.序（二）[A].杜亚泉等.动物学大辞典[M].上海：商务印书馆,1923.

〔红芋螺〕Conus panperculus Sowb.（笔者在此处省略了日文）

壳薄，为圆锥形。壳面橄榄色，中央有淡红纹一带而现多数褐色之点列。壳长一寸左右。多产于浙闽粤之沿海。（p2298）

2.2.1.3 《地质矿物学大辞典》

该书由杜其堡在前人基础上，从 1926 年起，用 4 年的时间编纂而成。1930 年 11 月由商务印书馆出版。该书内容包括地质学、结晶学、矿物学、岩石学、古生物学、地层学、地史学等，共有 8000 多个词条。① 书后附有英汉对照及德汉对照名词索引。该书后来曾被多次出版。

杜其堡在编纂该书的过程中，得到整个地质界专家学者的支持。其堂伯父杜亚泉处于商务印书馆领导岗位，予以大力支持、帮助。其叔父杜就田也对书中古生物学的某些条目进行修订，并题写了书名。农商部（后相继为农矿部、实业部）地质调查所所长翁文灏审阅了书稿，并嘱托赵亚曾、田奇儁、钱声骏三位青年学者对全书词条逐一校订。② 该书审阅人翁文灏后来参加了国立编译馆组织的矿物学名词的审查。

词条包括中文名、西文名（英文或德文）、释义等。如：

〔星角石〕Actinoceras Bronn 属鹦鹉螺科。亦名珠角石，壳直，产于奥陶纪至石炭纪之间。（p417,1930 年 11 月版）

2.2.1.4 《地学辞书》

在当时，"我国地学辞书，向无专册，研究地理者，殊鲜参考之

---

①② 潘云唐.杜氏三杰：我国科技术语工作的先驱[J].科技术语研究,2003,5(3):48.

善本,而以初学之研究原文者为尤苦"。① 王益崖便编纂了此书。编者参考地学书籍60余种,搜罗常见的名词,编成该书。1930年,由中华书局出版。该书共含名词1370余条。② 书后附汉文索引,含中文名、英文名两项。

除常见的地学名词外,与地学有关的矿物、岩石、天文学等名词,该书也罗列无遗。如果一个名词有数种译名,该书全部列出,例如 Topography 译为"地形、地相、地势"等。如果一个名词有数种原名,散见于各书,该书亦罗列无遗,例如"石灰穽"的原名为"Sinkhole,Swallow hole,Dolina,dolen,Socinlet 等"。③ 把各个原名和译名都罗列出来,是该书的一个显著特征。这样做,有助于读者理解和查阅。

该书体例为英文名、中文名、解释。如:

quadration 矩象 地球太阳两天体连结之直线,与地球太阴连接之直线,成直角时,是曰矩象。(p349)

据时人黄秉维介绍,该书"地学"该作"自然地理学"。④

2.2.1.5 《(新式)博物词典》

该书由当时的国立北京高等师范学校教员彭世芳、王烈、陈映璜编纂。1921年10月由中华书局印刷发行。彭世芳参加了1921年7月举行的科学名词审查会植物组的审查会议,陈映璜参加了1921年7月和1922年7月举行的科学名词审查会植物组的审查会议。

---

①②③ 编辑大意[A].王益崖.地学辞书[M].中华书局,1930.
④ 黄秉维.地学辞书评论[N].(天津)大公报,1935-04-19(史地周刊).

该书与《(新式)理化词典》(见下文)相辅而行,涵盖了当时中等教育的全部博物教材,包括动物、植物、矿物、人体生理学等科目。据作者说,"本书名词,皆为当时最通行者。"①书末附中西名词对照表。笔者估算该表约包含 3600 多条名词。

该书体例为:中文名、英文名、所属科目、解释。如:

〔神经〕Nervus〔生〕由神经纤维集合而成。所谓传导器是也。(p146)

2.2.1.6 《数学辞典》

鉴于当时"我国数学之书,除二三部稍涉高深者外,其余几尽为中学校教科书。而译名之奇离不符,所在多是。欲求一备辞典之体,为各科之宗,译名又精确,便于中西对照,足为中学校教员专门学校学生及中学生之参考检查者,则不可得",②倪德基、郦禄琦、雷琛等编校了该书。1925 年 11 月由中华书局初版。1948 年 7 月出版增订 8 版,增订者为陈润泉、卢鑫。书末附有英汉名词对照表,笔者估算增订八版中的英汉名词对照表约含名词 1500 条。

该书以日本长泽龟之助所著数学辞书为根据,并参考了其余多部中外书籍。该书内容,详于初等部分,而高等部分,除述及重要的外,其余不重要的暂付阙如。③

该书体例为:中文名、英文名、类别、解释。如:

〔表面积〕superficial area〔几〕即立体之面积。(p206,增订 8 版)

---

① 编辑大意[A].彭世芳等.博物词典[M].中华书局,1921.1~2.
②③ 编纂大意[A].倪德基等.数学辞典[M].增订 8 版.中华书局,1948.

2.2.1.7 《(新式)理化词典》

该书由当时的国立北京高等师范学校教员陈英才、符鼎升、杨立奎、陈映璜、彭世芳、王烈等编纂,1920年3月由中华书局发行,全部名词1600余条。① 书后附英汉名词对照表。该书后来曾被多次出版。

该书涵盖了当时中等教育的全部理化教材。该书所遵循的译法准则是:除沿用汉译旧名及日名中最普通的外,其余依编者意见或译音或译义。②

该书体例为:中文名、英文名、所属科目、解释,如:

〔求心力〕Centripetal force〔物〕质点圆运动时,常欲取其切线方向飞去。(p54,1940年5月第18版)

上述辞典出版(初版)时,官方尚未公布相应的译名,或者仅仅公布了很少的译名。它们提供了能作为官方译名补充的译名。但是,有些辞典在重印或再版时,官方已有更权威的相应译名公布,而这些辞典不作修改,因而产生了与官方相应译名不一致的现象。

2.2.2 提供的译名能和官方相应译名保持一致的辞典

下列辞典出版时,官方已经有相应的译名公布。这些辞典所用译名,与官方相应译名一致。值得指出的是,这些辞典都是医药方面的辞典。这些辞典能有意识地使用官方译名,原因可能是:一、当时(或早些年间)的官方译名工作组织公布的译名中,医学和药学名词比较完善、比较全面。二、这些辞典的编纂或审查人员,

---

①② 编辑大意[A].陈英才等.理化词典[M].第18版.中华书局,1940.

大多是当时（或早些年间）的官方译名工作组织公布的医学和药学名词的制定者或审查者。

2.2.2.1 《中华药典》

《中华药典》由当时的卫生部部长刘瑞恒任总编纂，卫生部医政司司长严智钟、卫生部技正孟目的等5人任编纂，中央大学医学院教授朱恒璧、中华民国医药学会会长叶秉衡等9人任审查员，中央卫生试验所所长陈方之、卫生保健司司长金宝善等6人任复审员，中央卫生试验所技正张修敏、南京市卫生试验所所长陈璞等8人任校对员。1930年，由内政部卫生署出版。据笔者估算，正文中所载药品近700种。书中药名，以1929年9月教育部召开的药学名词审查会议上通过的名词为准。① 书里附有中文索引和拉丁文索引。这些编纂者、审查员、校对员中，刘瑞恒、严智钟、孟目的、朱恒璧、张修敏均参加过科学名词审查会医学组的审查会议。严智钟、孟目的、张修敏等参加过1929年9月教育部召开的药学名词审查会议。刘瑞恒还参加了后来由国立编译馆组织的细菌、免疫学名词的审查。

该书中各药品的前面部分，均先列中文名，次列英式拉丁名及其缩写，再列德式拉丁名。如英式、德式拉丁名相同，则仅列一种。若有惯用的别名，则另载于附录的别名表中。化学药品，均取其化学系统名称为正名。各药品项下叙述如下内容：药品来源、标准含量、制法、性状、鉴别、检查法、含量测定或生理测验、贮藏法、制剂、

---

① 於达望. 药学名词编审校印之经过[J]. 药报，1934，(41)：89～94.

剂量,但无记载必要的则从略。①

2.2.2.2 《新药学大词典》

该书由程瀚章、庄畏仲花一年多时间编纂而成。② 由世界书局出版,1935年12月再版。初版时间不详。编者程瀚章曾参加过科学名词审查会医学组的审查会议。

全书内容包括内科学、外科学、儿科学、妇科学、产科学、眼科学、耳鼻咽喉科学、齿科学、皮肤花柳科学、精神病学、法医学、胎生学、解剖学、生理学、医化学、药理学、寄生虫学、细菌学、卫生学、治疗学等科类。共计搜罗医药常用名词7300余条。书中名词,附有拉丁、德国、英国、法国等名称,或全部记载,或只记载其中部分名称。有少数名词,还记载其他外国名称或学名。③ 如：

〔后出血〕(德)Nachblutung 某种疾患或损伤之部分,已加以相当之治疗或手术而止血,然经若干时间后又起出血者,曰后出血,在外科上非常重要。(p745,1935年12月再版)

教育部公布了大量由"两个审查会"审查通过的名词,内政部卫生署于1930年颁布了《中华药典》。《新药学大词典》中的译名,药名以《中华药典》为准,其余均采用"两个审查会"所定的名词。普通习用的名词,该书一概收入。④

2.2.3 提供的译名不能保证和官方相应译名保持一致的辞典

下列辞典出版时,官方已公布了相应译名,但下列辞典均未宣

---

① 凡例[A].刘瑞恒等.中华药典[M].内政部卫生署,1930.
② 程瀚章.序言[A].程瀚章等.新药学大词典[M].第2版.世界书局,1935.
③④ 凡例[A].程瀚章等.新药学大词典[M].第2版.世界书局,1935.

称遵照官方译名,而是按照自己的原则行事(比如取常见的译名),故不能保证和官方译名一致。

2.2.3.1 《自然科学辞典》

鉴于当时"术语翻译不一,名词深奥难晓,只有专家索解,难于普及一般",①各学科的术语又常常出现在别的学科,比如化学术语出现在物理学里面,加上当时综合性专科辞典少见,为了便于读者购买和查阅,郑贞文受华通书局的委托,着手主编这部包含多个科目的《自然科学辞典》。他网罗了各科专门人才,分别委以任务。物理名词由中央大学教授陆志鸿编纂,动物名词由浙江大学教授董聿茂编纂,植物名词由暨南大学教授王修编纂,由中央大学教授罗宗洛校订,矿物、化石、生理卫生名词由王修编纂,天文、地质名词由中央研究院陈遵妫编纂,由国立编译馆编审主任李贻燕校订。他本人除了任全书主编外,还编纂化学名词。1934 年 6 月该书由华通书局出版。该书适合高中程度,共含 8000 余条名词。② 在此之前,该书主编郑贞文在化学译名方面做过很多重要的工作。

该书体例为:中文名、所属科目、英文名、解释。如:

〔一氧化物〕(化)Monoxide 如一氧化碳、一氧化铜等,氧一原子与其他元素化合之物,称为一氧化物。(p1)

2.2.3.2 《(英汉德法对照)化学辞典》

时任国立中央大学教授的魏嵒寿鉴于当时学化学的人逐渐增多,很有必要编一部便于检索的化学辞典,便在国立中央大学助教金培松和孙鲁的帮助下,于 1932 年秋着手编纂该书,1933 年 5 月

---

①② 郑贞文.序[A].郑贞文等.自然科学辞典[M].华通书局,1934.

定稿。① 同年5月20日,该书由中山印书馆出版。该书卷末附有汉名检索、德英对照表及法英对照表。据时人陈可培统计,该书共包括化学名词2500条。陈可培还批评该书编者"似急图出书,不及采取(教育)部布修正名词"。②

该书体例为:英文名、中文名、解释。如:

Adsorption 吸着 气体或溶质集积于固体物质表面之现象。(p6)

2.2.3.3 《中华百科辞典》

当时能接受中等以上教育的人很少,当时也没有相应的辞书足以解释日常常见的名词,即使是那些中等学校的毕业生,由于学校教育注重课内系统知识的灌输,忽略社会的需要,对报章上习见的文字也不能完全了解。鉴于此,舒新城等一二十人编纂了《中华百科辞典》,将青年及一般社会人士应具备的知识,分门别类,用浅显文言作客观的说明。舒新城为主编。1930年该书由中华书局出版。初版收录名词万余条。③ 1931年5月重版时,略有增订。1935年1月出版增订3版,在原基础上,增加了2000余条初版时遗漏的名词及初版后出现的新词。④ 书后附有中西名词对照表。篇末附中西文名词对照索引。

鉴于当时译音分歧太大,该书所有外国名词的音译,采用了

---

① 魏嵒寿.序[A].魏嵒寿等.(英汉德法对照)化学辞典[M].中山印书馆,1933.
② 陈可培.评魏嵒寿主编英汉德法对照化学辞典[J].化学,1934,1(3):367~368.
③ 舒新城.凡例[A].舒新城等.中华百科辞典[M].增订3版.中华书局,1935.
④ 舒新城.增订普及本自序[A].舒新城等.中华百科辞典[M].增订3版.中华书局,1935.

《标准汉译中外人名地名表》的音和音标。那些译音与音标和上书不同但已经流行的名词,则另条标明即某条,其释义仍列于校正音后面,以逐渐统一译音。①

该书收集了物理、化学、植物、动物、矿物、生物学、心理学、天文学、数学、工业、商业、医学、图书馆学、军事、农业、家事、统计学、卫生等科目的通用名词。其收词原则为:一是以中等学校的各种科目为标准,一是以一般社会人士所需的基本知识为根据,尤其关注在教科书或专业训练中不易见到的常识。该书适合高中程度。该书从收集材料到 1930 年初版,将近 10 年。编辑时参考中外书报达 10 余万卷。②

该书体例大致为:中文名、英文名(有的词条无英文名)、所属科目、解释。如:

〔电解质〕Electrolyte〔化〕凡物质之溶液,能通以电流而分解之者,谓之电解质。(p957,增订 3 版)

2.2.3.4 《(题解中心)算术辞典》等

新亚书店在 1935 年和 1936 年,先后出版了由日本长泽龟之助原著、薛德炯和吴载耀编译的《(题解中心)算术辞典》、《(题解中心)代数学辞典》、《(题解中心)三角法辞典》、《(题解中心)几何辞典》、《(题解中心)续几何辞典》。这些辞典后来均多次出版。系列辞典附有英汉名词对照表,笔者估算《(题解中心)续几何辞典》(1941 年 3 月第 3 版)所附录的英汉名词对照表约有 750 条名词,《(题解中心)算术辞典》(1941 年 4 月第 2 版)所附录的英汉名词

---

①② 舒新城.凡例[A].舒新城等.中华百科辞典[M].增订 3 版.中华书局,1935.

对照表约有850条名词。

系列辞典偏重例题详解，所收词语多系节录美国大卫（Davis）氏的《算学辞典》中的中学程度部分。[①]

据编译者云，在编译该书时，"仅悬'信''达'二字为的，而忽于文字之工拙"。[②]

每部辞典都含有名词解释部分（书中称"名词之部"），体例为：中文名，英文名，解释。如：

〔边心角〕（英）Apothen。正多角形中，自其一边，至其外接圆中心之距离曰边心距。（p1231，《（题解中心）续几何辞典》，第3版）

2.2.3.5 《算学辞典》

该书由段育华、周元瑞编纂，商务印书馆1938年1月出版。书中收名词约7000条。[③] 书后所附的西文索引中，每个西名都带有中文译名。编纂者段育华参加过1923年7月举行的科学名词审查会算学组的审查会议。

薛德炯、吴载耀编译的《（题解中心）算术辞典》等系列辞典，偏重例题详解，所收词语多系节录美国大卫（Davis）氏《算学辞典》中的中学程度部分。该书则为适合高等程度读者的普通辞典，选用的名词以一般大学所习为限，与大卫氏编辑意旨相同，故尽量采录了大卫氏辞典中的条文。对于我国原有的算学名词，该书亦尽量

[①] 例言[A].段育华等.算学辞典[M].上海：商务印书馆,1938.

[②] 薛德炯等.编者言[A].薛德炯等.(题解中心)续几何辞典[M].第3版.新亚书店,1941.

[③] 林玉山.中国辞书编纂史略[M].郑州：中州古籍出版社,1992.136.

采入。对于同一西名的不同中文译名,凡通用的,该书均酌量采入。①

该书体例为:中文名、英文名、解释。如:

〔一元一次不等式〕(linear in equality with one unkown)凡不等式中仅含一元(一未知数),若解此不等式时,移项整理化简后而为 x 之一次有理整式 $ax+b>0$ 者,则称原式为一元一次不等式。(p1)

2.2.3.6 《辞源》

清末民初,产生了大量新词语,一般人不明所以。留洋归来的青年又不熟悉我国传统知识。因此,陆尔奎等人就想编一部辞书。开始编写时,才五六人,后来增加到 50 多人,"罗书十余万卷,历八年而始竣事",②从 1908 年(清光绪三十四年)开始编纂,到 1915 年以甲、乙、丙、丁戊五种版式出版。《辞源》出版以后,"十余年中,世界之演进,政局之变革,在科学上名物自有不少之新名辞发生。所受各界要求校正增补之函,不下数千通,有绝非将原书挖改一二语,勘误若干条所能餍望者。"③于是,1931 年出版《辞源续编》。正编注重古言,续编广收新名。1939 年出版了《辞源》的合订本。各种版本均由商务印书馆出版。《辞源》收单字 11204 个,复词 87790 个。④

百科条目是请有关熟悉该科目的编辑撰写、校订、审查的。⑤

---

① 例言[A]. 段育华等. 算学辞典[M]. 上海:商务印书馆,1938.
② 陆尔奎. 编纂缘起[A]. 陆尔奎等. 辞源[M]. 上海:商务印书馆,1915.
③ 方毅. 辞源续编说例[A]. 方毅等. 辞源续编[M]. 上海:商务印书馆,1931.
④ 林玉山. 中国辞书编纂史略[M]. 郑州:中州古籍出版社,1992.125.
⑤ 汪家熔. 辞源、辞海的开创性[J]. 辞书研究,2001,(4):130~140.

但各科收词不具有系统性,"各科术语及人地名等,或因切于实用,或因习于见闻,均视同故事成语,不涉专门范围。"①

该书体例为:中文名、英文名、解释。如:

〔化合量〕(combining weight)化学用语。亦称当量。乃元素物质之重量比例。(p 210,辞源续编·子)

需要指出的是,1915年出版的辞源正编应归到上述第一类辞典中。

2.2.3.7 《辞海》

1915年商务印书馆出版《辞源》后,中华书局为了同商务印书馆竞争,总经理陆费逵、编辑所所长范源濂、《中华大字典》主编之一徐元诰等人经过商量,决定另编一部同《辞源》类似的辞书,定名为《辞海》,②意在篇幅超过《辞源》。③

从1915年启动,《辞海》先后经4位主编——徐元诰、舒新城、沈颐、张相,主要的设计者和组织者是舒新城。署名编者近60位,历时21年。1936年起,以多种版式出版。《辞海》收单字13955个,语词21724条,百科条目50124条。④附有西文索引。

《辞海》百科条目的编写是由编辑分类包干的,编写完后,又经专家审查:

"《辞海》的编纂方法,是按词目的性质,各个编辑分类包干。……百科部分则一个人要分许多部门条目的修订编写工作。例

---

① 方毅.辞源续编说例[A].方毅等.辞源续编[M].上海:商务印书馆,1931.
② 林玉山.中国辞书编纂史略[M].郑州:中州古籍出版社,1992.151~152.
③ 汪家熔.辞源、辞海的开创性[J].辞书研究,2001,(4):130~140.
④ 林玉山.中国辞书编纂史略[M].郑州:中州古籍出版社,1992.153.

如:陈润泉包干数理化以及天文、气象等自然科学的条目;徐嗣同包干政治、经济、法律等社会科学条目以及日本的历史地理、人名地名的条目……也有少数部分的条目,请编辑所内其他部门的人员帮助修订或审阅的,例如:音乐条目是请教科书部朱稣典先生编写……"①

虽有分工,终属太粗,所以最后分类词语,请黎锦熙、彭世芳、徐凌霄、周宪文、武堉干、王祖廉、金兆梓、陆费执等人审阅,从而保证了质量。②

《辞海》的百科条目"学科间极不平衡,佛经条目收了几千条,而其他许多学科只有百余条或数十条"。③

建国后,《辞源》、《辞海》均作了修订。《辞源》修订成阅读古籍的工具书,《辞海》修订成偏重于百科型的工具书。④

该书体例为:中文名、外文名、解释。如:

〔一氧化碳〕(carbon monoxide CO)化学名词。一名氧化碳。无色无臭味之毒气也。(p4,1946年合订本)

若从基础学科、工程技术、百科辞典来对上述辞典进行大致分类,各类辞典数量分别是:基础学科16种,工程技术0种,百科辞典4种。这说明以提供释义为主的辞典集中在基础学科和百科领域。

总的说来,这些辞典(包括重印和再版)有一大特点:绝大部分

---

① 周颂棣.老辞海是怎样编成的[A].回忆中华书局·上[C].中华书局,153.转引自汪家熔.辞源、辞海的开创性[J].辞书研究,2001,(4):130~140.
② 汪家熔.辞源、辞海的开创性[J].辞书研究,2001,(4):130~140.
③ 巢峰.与时俱进,改革创新——《辞海》的四次修订[J].出版科学,2002,(3):17.
④ 汪家熔.辞源、辞海的开创性[J].辞书研究,2001,(4):130~140.

第二章 官方译名工作组织之外的工作

没有注意和官方相应译名保持一致。这从文后附录的译名表中也可以看出来。难怪当时的读者抱怨查出的中文译名,甲辞书和乙辞书不同。①

造成这种现象的主要原因有:一是辞典主要是提供释义,所以辞典编纂者没有追求与官方译名保持一致;二是官方没有要求辞典编纂者必须使用官方译名。

建国后,在名词审定工作获得巨大进展的基础上,1987年,国务院于国函(1987)142号文中批示:"全国自然科学名词审定委员会是经国务院批准成立的,审定、公布各学科名词是该委员会的职权范围,经其审定的自然科学名词具有权威性和约束力,全国各科研、教学、生产、经营、新闻出版等单位应遵照使用。"1990年,国家科委(现国家科学技术部)、国家教委(现国家教育部)、中国科学院、国家新闻出版署联合发文〔(90)科发字0698号〕,要求各编辑出版单位出版的有关书刊、文献、资料,使用公布的名词。特别是各种工具书,应把是否使用已公布的规范词,作为衡量该书质量的标准之一。② 中国辞书学会也从首届中国辞书奖评选活动开始,把科技类辞书的名词是否符合全国科学技术名词审定委员会公布的名词,作为评奖的一项重要标准。③ 这些规定和措施的相继出台,辞典中术语名称与官方术语名称不统一的问题才有望得到解决。

---

① 芮逸夫.我对统一译名的意见[N].时事新报·学灯,1920-04-26(第四张第一版).

② 名委办公室.科委、教委、科学院、新闻出版署联合发文要求使用名委公布的名词[J].科技术语研究,1990,(1):69.

③ 刘青.简述科技术语规范化的基本环节[J].科技术语研究,2001,(1):39.

第三章 关于科技译名统一问题的讨论

民国时期,官方译名工作组织所组织的理论研究很少。但由于当时科技译名纷乱歧出,很多人就译名统一问题进行了讨论,这构成了当时理论研究的主体。参与讨论的文章广泛分布于报刊杂志上,集中表现为三个部分:(1)章士钊引发的讨论;(2)《时事新报》发起的讨论;(3)《科学》、《中华医学杂志》、《工程》等杂志上的讨论。讨论的内容集中表现为三点:(1)科学名词翻译方法;(2)译名标准;(3)译名统一实践工作要点。

本章从科学名词翻译方法(含如何对待日译科技名词)、译名标准、译名统一实践工作要点三个角度系统探讨上述三个部分的讨论。需要指出的是,其中少数人参与讨论,可能主观上不是针对科技译名统一问题,但从客观上讲,他们的讨论均与科技译名统一问题有关,故一并介绍。

三个部分的讨论都涉及了科学名词翻译方法、译名标准、译名统一实践工作要点,但各具特色。章士钊引发的讨论主要是由人文社会方面的学者、教育家起主要作用,主要讨论了各种翻译方法的优缺点,《时事新报》发起的讨论是由科学名词编译者引领的,主要讨论了音译(译音)法、意译(译义)法适用对象以及译名统一实践工作要点、《科学》、《工程》、《中华医学杂志》等杂志上的讨论主要是由自然科学和工程技术方面的专家参与的，主要讨论了具体学科名词的翻译和统一问题及译名标准、译法准则等。

当时的理论研究取得的成果是显而易见的，很多成果对今天的科技译名统一实践工作依然有指导作用。

1 翻译方法问题

译名统一工作者确定和选择译名时，离不开具体翻译方法的选用。那么，各种翻译方法（包括零译法即使用固有名词和已译名词、意译、音译、造字等）的优点是什么？缺点是什么？各种翻译方法的适用对象是什么？在选择翻译方法时应坚持什么样的原则？民国时期不少人对诸如此类的问题进行了讨论。

本节试图对章士钊引发的讨论、《时事新报》发起的讨论和《科学》、《工程》、《中华医学杂志》等杂志上的讨论在科学名词翻译方法方面的讨论情形和讨论成果进行阐述。

1.1 章士钊引发的讨论

章士钊(1881—1973)是我国近代史上一位经历极为复杂的政治家和大学者。1907年夏，赴英国留学。学习政治、经济学、逻辑学。辛亥革命后回国担任同盟会机关报《民立报》的主笔。1912年9月另创《独立周报》。1914年在东京创办《甲寅》。章士钊在翻译理论方面的主要贡献，是在18世纪初就学术名词的翻译问题发表了详尽的见解。①

1910年,章士钊以"民质"为笔名,在梁启超主编的《国风报》29期上,发表《论翻译名义等》②一文,"讨论意译、音译之得失"。他认为:

(1) 意译得出的名词(以意译名)常常不能吻合原意。如 Logic(逻辑),意译为"名学",或意译为"论理学",都与原意不合。要在国文中寻找一两个与原文意义的范围完全一致的词,是不可能的。

(2) 意译最明显的弊害是:无论选字如何精当,其所翻译的,不是原名,而是原名的定义。日本译逻辑为"论理学",这三个字就为逻辑下了一个定义,严复译为"名学",也为逻辑下了一个定义。要使这些译名公之于世,势必再下定义,使人都知道其为何物。那么,这定义,是由前次定义扩充?还是寻找新字新词来解释它?如果选择前者,则将使术语与定义重复;如果选择后者,则将使前次定义变得无意义。而且,如果前次定义恰当,想要避免重复是不可能的。此外,意译得出的名词容易令人望文而生歧义。再则,学术是不断进步的,定义也该因此而不断进步。如果我们强行根据自己一时所知的定义来定名,就会为后来下新定义设置无穷的障碍。若因陋就简,就会阻碍学术的进步;想要翻陈出新,而又会为原定义所缚。这样,势必造成互相矛盾的含义。

(3) 即使给出了与原术语意义吻合的译名,此译名也不一定

---

① 陈福康.中国译学理论史稿[M].第2版.上海:上海外语教育出版社,2000.173.

② 民质.论翻译名义等[A].章士钊全集[M].上海:文汇出版社,2000.448~454.

为合适的译名,因为原术语不一定正确。

(4) 在认为意译必要,而又找不到非常吻合原意的译名的情况下,就只能找一个义近的译名;在意译极困难,而又认为不必要的情况下,就应该使用其他翻译方法。

(5) 意译有以下四种显著的弊端:一是斗字,如严复译 Neuter、Gender(中性、无性)为"罔两",虽然巧妙,但不值得借鉴。二是附会,如严复译 Syllogism(三段论)为"连珠"。三是选字不正,如严复译 Fallacy 为"瞽词"。四是制名不简洁,如严复译 Convertion 为"替换词头",还不如日本人译作"换位"。

(6) 我国文字,与西方文字迥然不同,所以不能直接采用他们的文字。音义法就可以弥补这种不足。意译法的弊端,音译法都没有,这就是音译法的好处。除了有人会觉得生硬不好读之外,音译法再无其他弊端。但习惯之后,人们就不会以读音译词为苦,如现在没有人会以读"涅槃"、"般若"等音译词为苦。若意译法难行,不得不采用音译法时,就应该采用音译法。

章士钊没有分清术语的字面义和概念义。他在这里主要是强调意译之弊和音译之利,表明他的倾向是重音译轻意译。

这引起了很多人的讨论。1912 年 4 月 26 日,《民立报》发表了 T.K.T. 君的来稿《论译名》[①]。该文赞同章氏的音译主张,同时认为"音译之字,不可兼义","人名、地名尤不可类于中人中地"。作者反对章氏在译著中称"英人戴雪"及吴稚晖把莎士比亚、克洛泡特金译作"叶斯璧"、"柯伯坚"等的做法。文后章氏附记表示赞

---

① T.K.T.君.论译名[N].民立报,1912-04-26.

同。同月 28、29 日,吴稚晖在该刊发表对此辩驳的文章①。吴氏不反对使用音译法,但不主张把音译法当作通法,他强调:"唯挟此通例,以求永适,恐执笔者为之踌躇。所以译音一术,止可认为便法而已,非通法也。对视他国,如太平 Taiping、磕头 Kotow 之类,偶见则似新鲜,若充满于字书,人而病其喧夺矣。倘译专门之书,而译声音,不加原字,满纸钩舟格磔,复何成为译本?且全书包千百之名词,倘离原文,苟茫然无影响,可求之义,从何记忆?"

客观地说,吴氏这些主张是很有道理的,纠正了章氏的偏颇。针对 T. K. T. 君的批评,吴氏在文中指出把外国人名、地名译成类似于中国的人名、地名,是为了便于阅读和记忆。

同年 5 月 17 日,该报又发表张礼轩的来稿《论译名》②,张氏也不赞成章氏音译主张,认为"译音只可适用于地名人名,及新发明之物名,因无意义之可求也。其他有意义之名词,仍以译义为宜。一则,因观念之联络,易于记忆;二则,因字面之推求,便于了解。了解者,不过明其大意"。同时,他指出,或因各人取字不同,或因各省读音不同,西文一个名词,可音译为多个中文名词,再加上音译名词无意义可求,读者就会感到非常的不便。

面对这些讨论,章氏再次撰写专文《论译名》③,发表于同日该报上,修正了自己的观点:"翻译名义之当从音译,抑从意译,此必视制语时之情况为衡,非可为概括之词也。记者之主张音译,断非遇名词而辄如此译之。"

---

① 吴稚晖. 论译名答 T. K. T. 君[N]. 民立报,1912-04-28~29.
② 张礼轩. 论译名[N]. 民立报,1912-05-17.
③ 章士钊. 论译名[N]. 民立报,1912-05-17.

在这里,章氏认识到科学名词翻译方法的选择要"视制语时之情况为衡",而不是偏向音译了,这是一大进步。在文章中,章氏又一次重申了意译之弊(意译名称即定义;意译名词会让人误解;意译名词会造成多个译名)和音译之利(音译除音之外无争论点,意译争论点更多)。

张氏对章氏的"意译之弊、音译之利"的理论依然有异议,7月6日又在该报发表《论翻译名义》①一文,继续与章氏辩驳,他认为:意译的名词,不过表示其大意,不必追求与定义完全吻合;因为意译的名词可能造成误解而放弃意译的方法,是舍本逐末的做法;音译会造成吴稚晖所说的满纸钩舟格磔。

同年9月,章氏离开《民立报》而自创《独立周报》。他在此刊物上继续进行科学名词翻译的讨论。

1912年,《独立周报》第1期发表了李禄骥的《论译名》②。李禄骥也提出了译名方法,大致为:(1) 采取习惯名称;(2) 音译。同时他提出音译时要遵从三点:一、"迳译原文。译名必须依原文,译德名当肖德音,译意名当肖意音。欧美各国,于他国名词,多依罗马原文,中国旧译 John 为约翰,亦本此意。"二、"沿用国语。我国以北京语为国语,则译名当以国语之音为准,如以粤人译粤音,闽人译闽音,势必千百其名。纠正斯弊,必令通国均习国语。"三、"推求新名。泰西人名,分歧杂出,未可一一收之于字典,如有让于此,其名曰 Menter,因 Menfucius 为孟子,则当译 Men 为孟,又因 Pe-

---

① 张礼轩.论翻译名义[N].民立报,1912-07-06.
② 李禄骥.论译名[J].独立周报,1912,(1).

ter 为彼得,则译 ter 为得,故 Menter 当译为孟得矣。"

在同一期还发表了张景芬的《论译名》[①],张景芬反对章氏"译名词取音而不取义",他指出,音译名词也有多种弊端:意译名词反映的意义虽然不全,但音译名词连不全的意义也反映不出;音译名词佶屈聱牙,可能不利于学生学习;由于各地方言不一,译音没有一定的规则,同一名词,译名分歧百出。所以,他认为:"今日译音,……,不如姑从译义。其不能尽善者改之,由学部或学会规定之。既定则不变。义之未尽于译名者,加以注释,颁之学人,以便各各遵从,庶不致名词分歧。输入常识,亦易于普及也。"

章氏承认音译义译都有弊端,强调应视具体情况进行选择,他在张景芬文后的附记中写道:"记者之主张音译,本非一成不变之说,特以意译确有弊。而其弊又适可以音译矫之,故从而为之辞耳。然尽有一名,意音两译,厥弊维均者,于此吾将无择。若音译之弊浮于意译,亦唯有舍音取义耳。盖音意两译各有偏至之理而无独至之理,善译者当权其利害之轻重以为取舍之预备。储一成见以待之焉,不可也。记者固主张音译而非无论何处求以此道施之。"

章氏这些观点,和 5 月 17 日发表的《论译名》一文中的观点是一致的。

《独立周报》第 2 期发表了冯叔栾的《论译名》[②]和耿毅之的《论译名》[③]。这两人提出造新字,弥补了上述讨论的不足。冯叔栾认

---

① 张景芬.论译名[J].独立周报,1912,(1).
② 冯叔栾.论译名[J].独立周报,1912,(2):32~33.
③ 耿毅.论译名[J].独立周报,1912,(2):33.

为:"审其义而造为新字,以名之,既有意义可寻又不至于望文生义之误解。"耿毅之在文中提出的造字法为:取与原名词同音的冷僻字,加以与名词性质相近的偏旁,仍读其音,如将"logic"译为"悝愣"。冯叔栾一文还体现出译名需系统化的思想,这在当时是非常可贵的。

《独立周报》第4期发表了庄年的《论统一名词当先组织学社(致独立周报记者)》[1],他认为:普通名词可以意译的,宜以译义为原则;专门名词不妨沿袭我国偏旁造字法,一律创制新字。

今人陈福康对章士钊引发的讨论作了较详细的阐述,但只提及李禄骥、冯叔栾、耿毅之的名字,没有介绍他们的观点,而庄年的名字和观点均未提及。笔者以为,这几个人的观点是不能省略的,因为后三人提到了其他人未讨论的翻译方法——造字法。一场声势浩大的关于名词翻译方法的讨论中,没有人讨论造字法是不可思议的。而李禄骥的观点是特别值得介绍的。解放后,我国对于外国科学家名字的翻译,采取了"名从主人"的原则,即他是哪国人,就依据哪国语言的读音翻译他的名字。而李禄骥较早在他的文中提出"译德名当肖德音,译意名当肖意音"的原则。

1914年2月15日,天津《庸言》发表胡以鲁的万言长文《论译名》。[2]

胡以鲁在清末曾留学日本,在日本大学法科毕业后,又入东京

---

[1] 庄年.论统一名词当先组织学社(致独立周报记者)[J].独立周报,1912,(4):36~37.

[2] 胡以鲁.论译名[A].《翻译通讯》编辑部.翻译研究论文集(1894—1948)[C].北京:外语教学与研究出版社,1984.21~32.

帝国大学文科。毕业后归国,任浙江高等学校教务长、北京法政专门学校主任教员等。1914年任司法部秘书、参事。同年9月,入北京大学教授语言学,又曾任北京民国大学预科学长和北京师范学校兼任教员等。总之,他主要是一个教育家。①

在上述《论译名》一文中,胡以鲁认为称"音译"不通,应称为"借用语"。汉语发展中,这类借用语不发达,他认为原因之一是我国数千年来"自成大社会",原因之二是汉语有自身的特点——"词富形简,分合自如"。

他指出音译名词有诸多弊端:"佶屈聱牙,则了解难!词品不易辗转,则措辞句度难!外语之接触不仅一国,则取择难!同音字多,土音方异,则标音难!凡此诸难事,解之殆无术也。"他认为音译名词并不能保重学术。他还认为从爱国的角度出发,也不应该宣扬音译法。

他认为术语的翻译应以意译为原则,他分为三十例来解说。

前二十例又可分为三类:(1)关于固有名词,第一至第四例及第八例;(2)关于日译名词,第五至第七例、第十九例;(3)关于意译法,第九至第二十例。这二十例为:

一、吾国故有其名,虽具体而微,仍以固有者为译名。本体自微而著,名词之概念,亦自能由屈而伸也。……

二、吾国故有其名,虽概念少变,仍以故有者为译。概念由人,且有适应性,原义无妨其陋,形态更可不拘也。……

---

① 陈福康.中国译学理论史稿[M].第2版.上海:上海外语教育出版社,2000. 182.

第三章 关于科技译名统一问题的讨论

三、吾国故有其名,虽废弃不用,复其故有。人有崇古之感情,修废易于造作也。……

四、但故有之名,新陈代谢既成者,则用新语。言语固有生死现象,死朽语效用自不及现行语也。……

五、吾国未尝著其名,日本人曾假汉字以为译,而其义于中文可通者从之。学术,天下公器。汉字,又为吾国固有。在义可通,尽不妨假手于人也。……

六、日人译名,虽于义未尽允洽,而改善为难者,则但求国语之义可通者因就之。名词固难求全,同一挂漏,不如仍旧也。……

七、日人译名,误用吾故有者,则名实混淆,误会必多,及宜改作。……

八、故有之名,国人误用为译者,亦宜削去更定。误用者虽必废弃语,第文物修明之后复见用,则又淆惑矣!是宜改作者。第近似相假借者,则言语所应有,自不必因外名之异,我亦繁立名目耳!……

九、彼方一词而众义,在我不相习。易于淆惑者,随其词之用义分别译之。……

十、彼方一词,而此无相当之词(即最初四条所举皆不存也)者,则并集数字以译之。汉土学术不精,术语自必匮乏,非必后世龂偷之故也。故事事必兴废以附会,不唯势有所难,为用亦必不给。况国语发展有多节之倾向,科学句度以一词为术语,亦蹇跛不便乎!……

十一、取主名之新义,(如心理等词,改善为难者)非万不得已,毋取陈腐以韬晦。……

十二、取易晓之译名,毋取暧昧旧名相淆乱。……

十三、宜为世道人心计,取其精义而斟酌之于国情。勿舍本齐末,小学大遗以滋弊。……

十四、一字而诸国语并存者,大抵各有其历史事实及国情,更宜斟酌之,分别以为译。……

十五、既取译义,不得用日人之假借语(日人所谓宛字也)。既非借用,又不成义,非驴非马,徒足以混淆国语也。……

十六、既取意译,不必复取其音。音义相同之外语,殆必不可得。则两可者,其弊必两失也。……

十七、一字往往有名字动字两用者。译义宁偏重于名字,所以尊严名词概念也。用为动字,则或取其他动字以为助。……

十八、名词作状词用者,日译常赘的字,原于英语之"的"(ty)或"的夫"(tive)语尾,兼取音义也。国语乃之字音转,通俗用为名代者,羼杂不驯,似不如相机斟酌也。……

十九、日语名词,有其国语前系,或日译而不合吾国语法者,义虽可通,不宜袭用,防淆乱也。……

二十、器械之属,故有其名者,循而摭之。故无其名者,自我译之。名固不能以求全。浅陋、迷信、排外、媚外等义不可有。……

他又指出音译为以下十例:

一、人名以称号著,自以音为重。虽有因缘,不取意译。……

二、地名取音与人名同。可缘附者不妨缘附……可略无妨从略……国名洲名之习用者,不妨但取首音……音声学应有之损益,无妨从惯习而损益之……其所异于人名者,则可译无妨译义……第渺茫之义,及国家之名一成不可译。……

三、官号各国异制，多难比拟。不如借用其名以核其实。……

四、鸟兽草木之名，此土所有者，自宜循《尔雅》、《本草》诸书，撷其旧名。此土所无，而有义可译者，仍不妨取义。……无义可译，则沿用拉丁旧名。然亦宜如葡萄，苜蓿，取一二音以为之，俾同化于国语也。……

五、金石化学之名亦然。……

六、理学上之名最难迻译。向有其名，……仍旧贯。确有其义，……从意译。专名无关于实义者，不妨因故有之陋，……无损于其实也。似专名而义含于其名者则宜慎重。……

七、机械之属，有义可译者，如上第二十条所云。无可译者，则仿后三四条作新名。……

八、玄学上多义之名不可译……。

九、宗教上神秘之名不可译。……

十、史乘上一民族一时特有之名不可译。……

他指出上述三十例基于下列原则：

一是"故有其名者，举而措之"；二是"故无其名者，骈集数字以成之"；三是"无缘相拟，然后仿五不翻之例，假外语之一二音作之"。

陈福康在其《中国译学理论史稿》中高度评价了胡以鲁的这篇文章。他指出："这篇论文在当时所有讨论译名问题的文章中非同凡响，以至章士钊也承认文中不少地方'尤为愚所深契'。"[①]

---

① 陈福康.中国译学理论史稿[M].第2版.上海：上海外语教育出版社，2000.190.

1914年,章士钊在东京创办《甲寅》。他在5月10日出版的《甲寅》创刊号上以"秋桐"为笔名发表专文《译名》[①],反对胡氏认为"音译"之名不当立、凡译皆从其义、袭音非译的观点,阐述了"音译"亦翻译之一种。同时指出自己重音译与胡以鲁重意译并不是绝对矛盾的,两人的观点有相通之处。再次指出"意译名词之最感困苦者,则名为译名,实则为其名作界说",这样就会使得关于意译名词的争论不断,为此,他设计出一个"新案":"厘名与义而二之。名为吾所固有者不论;吾无之,即径取欧文之音而译之。"这实际上又回到了他当初的观点,甚至有过之而无不及,因为他当初还没有完全排除意译法,此时,他却认为除了固有名词外,一律音译。从当时的科学名词翻译实践看,这是一种倒退。他在"注释"中阐明译者应沿用他人已定之名,不要强立新名,这倒是非常可取。

1914年11月10日《甲寅》第4期上,发表了容挺公的《致甲寅记者论译名》[②]一文。容氏认为,对读者而言,音译名词的弊端是:"羌无意趣之学语,自非专门学者无由通其义;直觉既不望文生义,联想亦难观念类化。"容氏不同意章氏的翻译方法——"厘名与义而二之。名为吾所固有者不论,吾无之,即径取欧文之音而译之。"所以,容氏又"自拟译例":

"凡欧文具体名辞,其指物为吾有者,则直移其名名之,可毋俟论;其为中土所无者,则从音;无其物而有其属者,则音译而附属名;至若抽象名辞,则以义为主。遇有势难兼收并蓄,则求所谓最

---

① 秋桐.译名[J].甲寅,1912,1(1):13.
② 容挺公.致甲寅记者论译名[A].《翻译通讯》编辑部.翻译研究论文集(1894—1948)[C].北京:外语教学与研究出版社,1984.33~35.

大部分之最大含义。若都不可得,苟原名为义多方,在此为甲义则甲之,在彼为乙义则乙之。仍恐不周,则附原字或音译以备考。非万不获已,必不愿音译。"

章氏在容氏文后,附有附记①,表示同意容氏大部分观点,同时指出容氏文中有误会他的地方和他不欲苟同的地方,并再次说明他所主张的音译是,"特谓比较而善之方,非以为绝宜无对之制。且施行此法,亦视其词是否相许,尤非任遇何名辄强为之","至音译有弊,诚如足下所云。愚虽右之,未敢忽视","足下所拟译例,就意译一方,用意极为周到,愚请谨志,相与同遵。唯足下遇意译十分困难时,因忆及鄙说,无不几微可论之价,则亦书林之幸也"。章氏这样的观点是公允的。

1919年11月15日《新中国》杂志第1卷第7期上,朱自清发表了《译名》②一文。他把历来名词翻译方法概括为五种:

(1) 音义分译。即一半译音,一半译义,如"帝释"、"忏悔"。

(2) 音义兼译。拿中国的字切外国字的音,同时所切的音,要能将原名的意义表示出来。如"图腾"、"么匿"等。

(3) 造译。① 造新字;② 造新义,给冷僻的字一个新义,如化学元素名称"锑"。

(4) 音译。如"逻辑"。

(5) 意译。如"端词"。

---

① 章士钊.答容挺公论译名[A].《翻译通讯》编辑部.翻译研究论文集(1894—1948)[C].北京:外语教学与研究出版社,1984.36～38.

② 朱自清.译名[A].《翻译通讯》编辑部.翻译研究论文集(1894—1948)[C].北京:外语教学与研究出版社,1984.39～58.

他对这五种方法逐一作了分析。认为,"音义分译"既不像音,又不像义,当摒而不用。"音义兼译"则极难施行,"如用这法,势必至求切音,义就难通;求合义,音就难肖","真是吃力不讨好"。元素译名时,用"造译"的方法确实有用,但"造译"使人音义茫然。音译的优点是不滥(所谓不滥,章士钊语为"逻辑非谓……所有定义悉于此二字收之,乃谓以斯字名斯学,诸所有定义乃不至蹈夫迷惑抵牾之弊也")和持久(所谓持久,章士钊语为"一名既立,无论学之领域,扩充至于何地,皆可永守勿更"),但弊大于利,他认为音译的弊端是方言不同,用字无准,缀音累赘,而最大的弊端是令人莫名其妙,或令人因"望文生义"而"谬以千里"。他认为下列两种非用音译不可:"所重在音的"和"意义暧昧的"名词,前者比如大部分人名地名,后者比如"以太"之类的名词。

他认为意译法"是译名的正法",意译而成的词,人家看了、听了,既不致茫然不解,也不致误会。他认为,即使意译会造成定名混于作界或不能反映原名全部含义,并不妨碍意译方法的使用。他指出:含义较多,既不滥又不晦涩的词,适合用意译法。朱氏参照别人的观点,融入自己的看法,所提出的观点是较为合理的。

1935 年,杨镇华的《翻译研究》一书出版,书中专门写了《名的翻译》一章①。作者先列举了梁启超、容挺公、胡以鲁的观点,然后提出了自己的观点。但所论平平,是以往观点的大综合。

---

① 杨镇华. 翻译研究[A].《翻译通讯》编辑部. 翻译研究论文集(1894—1948)[C]. 北京:外语教学与研究出版社,1984.304~312.

纵观这场讨论,章士钊、容挺公、胡以鲁、朱其清等发挥了重要作用,特别是章士钊,不但引领了这场讨论,在讨论中,还在自己主笔的《民立报》和创办的《独立周报》、《甲寅》上发表反对者的文章。在讨论期间,他不断纠正自己的偏颇。

这场讨论的主要成绩,就是广泛认识到了音译法、意译法的优缺点,主要是:意译法的长处是译名容易领会,缺点是译名含义不确切或牵强附会。音译法的长处是译名不易引起读者望文生义,不易引起读者误解、歪曲原名意义。音译法的缺点是译名不容易记忆,不易读。

1.2 《时事新报》发起的讨论

《时事新报》发起的讨论,是由具体的译名引起的。曹仲渊于1920年2月14日在《时事新报》上撰文[①],指出王崇植翻译的关于无线电话的文章中有些方面如名词的翻译,值得商榷。他认为Medium应译作"媒介"或"媒层",不应译作"媒介物",Ether应译作"以太",不应译作"伊脱",Antenna应译作"天线",不应译作"电翼"、"辐射线"或"架空电缆",Diaphragm应译作"音版",不应译作"鼓膜":

"前星期王君崇植译了篇无线电话的文章,……。译文中名词的译法,也有些商榷的地方。Medium或作'媒介',或作'媒层','物'字可省。Ether或作'以太',商务印书馆出版的《辞源》作'以

---

① 曹仲渊.对于"无线电话"的讨论[N].时事新报·学灯,1920-02-14(第四张第一版).

脱',日本作'活力',北京邓子安电气工程师译作'亦则',我的意思还是照用'以太'二字。译文中说:'这伊脱的东西供不应求'……Antenna 译法很多,'天线'、'电翼'、'辐射线'都是,日本译作'架空电缆',我想还是用'天线'二字好。……Diaphragm 或作'音版'或作'鼓膜',我想还是用'音版'好。"

此前,由于电学方面的科技译名的混乱,曹仲渊编制了一本译名小册子,有的是沿用旧名,有的是创制新名。他准备将这些译名发表,并和大家讨论。

同月 23 日,王崇植在该报发表文章[①]。在文中,他对曹仲渊编译电学名词表示佩服,并希望早点发表出来给大家看看。但他不同意曹仲渊提出的几个译名:

"他所发展的几个名词,我有些不同意,例如 Diaphragm 译作音版,我说不如鼓膜好。这个东西本来是个极薄的东西,振荡之就会发声,同鼓一样,译作鼓膜,很亲切,并且音版两个字,又是生冷得很。"

在文中,王崇植还就科学名词翻译方法提出看法。他认为:"科学名词的译法,应分两种:不可译的和可译的。"像 Ohm、Ampere、Volt 等科学家的名字,被他划入不可译的一类。他觉得这一类即使译成了中文也没有什么意思,不懂原文的人也同样不能了解,"安培"的读音同 Ampere 的读音相差甚远。所以他认为:"还是用原文的好,可以免掉许多无意义的译法和方言上的错误。"当时有许多人主张用注音字母来译,他表示反对:"难道注音字母一

---

① 王崇植.科学名词译法的讨论[N].时事新报·学灯,1920-02-23(第四张第一版).

个人可以拼出来,二十六个英文字母他倒不能读吗?"他还认为:"我们用了原文,也可同世界上有逐渐接近的希望。"至于第二类,他认为,日本译得合理的,我们可以沿用。

同年3月12日、13日,曹仲渊在该报发表文章回应[①]。次年2月15日,他又在该报发表文章重申了自己的看法,并总结了这一年来的讨论[②]。

他反对王崇植把科学名词分为可译的和不可译的,他认为科学名词应该全部译出。王崇植主张科学家的名字不译,直接用原文,可以免掉许多无意义的译法和方言上的错误,曹仲渊反驳道:"(1)音译的名词本来没有意义可言;(2)方言上的错误可以用'国音'来补救它、统一它。"在这方面,曹仲渊的观点较王崇植的观点更可取。因为如果科学家的名字不译,夹杂在汉字中,很是不伦不类。所以,最好是用标准音来音译科学家的名字。

在文中,曹仲渊还指出,翻译的方法有音译和意译。他认为:有意义可译的名词,就该意译。意译的字,不能兼顾声音。专门的名词该音译。音译的字不能兼顾意义。音译的方法有简译、全译两种。他说的简译是指只译出部分音节,全译是指译出所有的音节。如将Daniells Cell译为"戴氏电池",就是简译。他也不是一刀切,而是兼顾了特殊情况,他指出:有意义可译的,虽专门名词,也该意译。应该意译的名词,虽然译了音,但已经通用的,不妨仍

[①] 曹仲渊.电磁学名辞译法的商榷[N].时事新报·学灯,1920-03-12~13(第四张第一版).

[②] 曹仲渊.译名统一的旧话重提[N].时事新报·学灯,1921-02-15(第四张第一版).

旧,如"引擎"(Engine)。

他还指出,学识和货物不同,若一概抵制了,就是学术界的自杀。日本意译的名词,适当的尽管承用。在当时抵制日货运动这一背景下,他强调把学识和货物分开,并沿用合理的日本意译名词,这是难能可贵的。

曹仲渊和王崇植关于译名问题的争论引起了《时事新报》的注意,1920年4月12日,该报登出发起译名讨论的启事,呼吁大家参加讨论:"……译名的这个问题,我们大家应当切实地讨论一下……","……译名的讨论是当今一件有价值且极其重要的事体"。[①]

译名讨论发起后,多人参与了讨论。

同年4月16日,徐祖心在该报撰文指出[②],名词可分为三种:(1)普通名词;(2)抽象名词;(3)专门名词。

他认为第一种名词即普通名词,该用意译法,这样便于大家的理解,也就有助于普通教育:

"对于第一种的译法,大概当译其义为较妥。译音殊繁而失其精义。况且译文首贵普遍,需要于平民教育上着想。倘然但译音,不过吾们少数受教育者,能够了解,大多数看起来,简直是莫明其妙,那岂不是既繁又不讨好么?例如'Philosophy'当然译为'哲学','Ethnology'当然译为'人种学'……"

至于第二种名词即抽象名词,他认为除非万不得已,否则也该

---

① 白华.讨论译名底提倡[N].时事新报·学灯,1920-04-12(第四张第一版).
② 徐祖心.译名刍议[N].时事新报·学灯,1920-04-16(第四张第一版).

用意译法，以利于教育，切不可为了追求译名的统一而用音译法：

"对于第二种抽象的名词，非至不得已时，也以译义为妥，例如'Realism'可译作'唯实主义'……至于名词统一与否，那是另外一个问题。吾们绝不可因为统一的缘故就把它译音，麻烦不切，对于经济学上讲不过去，又对于普通教育也生重重的障碍。请问你译了一部哲学等书写了译音专门的专门名词，除了几位受教育者，谁能够悟解呢？难道你这本书，为了几个人译的么？况且要统一名词另外可以想法，尽可不必削足纳履。"

他认为第三种名词即专门名词，该用音译法，以免让译名失去真正的含义。

"对于第三种名词，总以译音为好。例如'Blcherism'日本人译为'过激党'，把它本来精神面目，不知丢到哪里去了。尽人译他为'广义或多数派'，它的庐山真面目，似乎类同。唯照愚意以为不如'鲍儿喜来氏主义'为较妥，免得顺意杜撰，失它的真面目，这是不可以前一种名词可比的，诸君要明白。"

他认为还有一类特别的名词，其性质类似第二种即抽象名词，如果强要译义，未免不确切又不自然，所以译音好些。他把这类名词当作第三种即专门名词对待，即要用音译法。

"例如哲学上讲凡物各有特性，好比桌子是硬的（Hardners），灯光是明的（Berighters），它的颜色是红的（Red）。这许多特性必定要经人用五官四肢去接触，才为存在，所以吾们叫这种特性为'Sense-datum'，多数为'Sense-date'，请问这个英文名称如何能够恰巧凑合？即使可以翻也一定是不自然勉强得很的，吾们对于这种地方尽可用译音法来翻译。"

最后,他总结道:翻译术语,除了不得已及专门名词外,当用意译法。

同月17日,闻天在该报发表文章①,指出当时译书界有三个弊端:(1)闭门造车;(2)故意与别人译法不同;(3)盲目地服从"学者偶像"所译。他认为这三个弊端,"弄得一个名词甚至于有十几个译名,弄得社会上的人无所适从"。所以,他呼吁大家讨论译名:"最要紧的就是译名的统一。因为要统一,所以就不能不讨论。"

关于名词翻译方法,他在文中认为:可以意译,也可以音译,必要时也可以创造新字。这个词是意译,那个词不必一定要意译,可以音译,也可另造新字。

虽然闻天痛陈了当时的译书界弊端,但在名词翻译方法上,他所主张的做法太随意,不可取。

同月19日,徐仁镕在该报发表文章②。他主张,除了人名地名这种万不得已的需音译外,其余一概应当意译。他反对创新字,认为创造许多生僻字眼,会使读者不易明白。徐仁镕的观点太绝对了,为了译名统一,有些非人名地名的词,即使是译音,也以沿用为好。如"引擎"(Engine)虽为译音,但早已通用。此外,创造新字固然会引起诸多不便,但一个新字都不允许创造,恐怕也不是很合适。如化学元素译名,大部分为新造字。如果不新造字,在化学知识的表述上,会更为复杂。

---

① 闻天.译名问题[N].时事新报·学灯.1920-04-17(第四张第一版).
② 徐仁镕.译名问题的意见[N].时事新报·学灯,1920-04-19(第四张第一版).

同月 20 日,王栋在该报发表文章①。他认为,专有名词应该音译,如 blacksea 不该译为"黑海"。抽象名词(含普通名词和物质名词)当绝对的译义,断然不可译音。如 Physiology 应译为"生理学",不可译为"菱席六其"。他同时认为,化学上的元素名称是例外,有的造字,有的译义。王栋的观点,太绝对了些,以致引起了别人的批评。

同日,万良濬也在该报发表文章②,首先,他对《时事新报》发起译名讨论,深表赞同:"前天本报提出一个译名问题来讨论,这个问题看来好像不甚重要,其实对于现在文化运动上有极大的关系,西洋学说正在输入的时候,假使没有相当的译名,那真理必定不能明白显上,所以这个问题的讨论,真是刻不容缓的了。"

然后,他对上文中徐祖心的观点表示异议。徐祖心认为普通名词以意译为好,他则认为普通名词不能一概意译,因为有许多很难译的词,"譬如 Logic 一字,有人译为论理学或名学,其实于原字的意义,并不切合,所以不如译音为逻辑","比方 Ethice 一字,从前的人拿他译作伦理学,就有许多人拿中国的伦理附会上去,和小学堂的修身一样看待,你想这岂不是失了原字的真义吗?"他提出的翻译方法是:译名的第一要素,就是拿西洋字原来的意义要显得明白;倘若没有相当的中国字可以意译,就应当用音译,切不可牵强凑合来意译,以致失去原名的真精神。他还反对外国人名地名一概不译的观点,主张全部译成中文。

---

① 王栋.我的"译名讨论"[N].时事新报·学灯,1920-04-20(第四张第一版).
② 万良濬.对于译名问题的我见[N].时事新报·学灯,1920-04-20(第四张第一版).

随着时间的推移,讨论越来越深入。同月 26 日芮逸夫在该报发表文章①,反对王栋主张专门名词一律音译、抽象名词一律意译的观点。他认为名词的翻译应该根据如下原则:

(1) 有确切意义可译的译义。普通名词和抽象名词,当然是译义。如 zoology 译作"动物学"。专门名词有确切意义的,也可译义。如 Cape of Good Hope 译作"好望角"或"喜望角"、"白海"。"黑海"已经习惯了,不能改译音。(2) 有意义而无适当的中名可译的,亦当就最切近原意的中名译义。例如 Ethics 译作"伦理学"。(3) 无意义可译的译音。这一类专指专门名词(化学名词,已有化学名词审查会拟定,不在此例)。例如 Londen 译作"伦敦"。(4) 沿用已久的译名,无论译义译音,均不变更。例如 Atlantic 译作"大西洋"。

芮逸夫还就 Ethice 的译名"伦理学"发表了和万良濬观点相左的意见。万良濬认为 Ethics 译作"伦理学",就有许多人拿中国的伦常附会上去,和小学堂里的许多修身一样看待,失了原意。芮逸夫以为这不必担心,"中文译西文,哪个词切合原意,如'物理',晋书中就有该词"。

在音译、意译法的运用方面,芮逸夫的观点是十分可取的。

1921 年 2 月 15 日,曹仲渊在该报发表文章,重申自己的观点,并对到他发稿时的讨论作了总结。至此,讨论接近尾声,以后虽然还有少数人参与讨论,但已经影响不大。

---

① 芮逸夫.我对统一译名的意见[N].时事新报·学灯,1920-04-26(第四张第一版).

由于有编译名词的实践经验,曹仲渊作为这场讨论的引领者和总结者,在这场讨论中发挥了重要作用。除了科学名词翻译方法之外,他还谈到如何统一科技译名(见后文),他的观点几乎完全正确。

在翻译方法方面,这场讨论主要是认识到音译法、意译法的适用对象,简单说就是:有确切意义可译的译义,无意义可译的译音,习用已久,无论译义、译音,都沿用。

1.3 《科学》、《中华医学杂志》、《工程》等杂志上的讨论

1.3.1 《科学》上的讨论

《科学》杂志鉴于统一科技译名工作相当艰巨,"科学名词非一朝一夕所可成,尤非一人一馆所能定",[①]所以,便从《科学》1916年第2卷第7期起发起了名词论坛,并公举周铭、胡刚复、顾维精、张准、赵元任5人负责此事。该名词论坛几乎一直存在,直到科学社停止活动。

其实,《科学》在发起名词论坛之前,就开始了译名讨论。1915年,任鸿隽在第1卷第2期上,发表《化学元素命名说》[②]一文。作者首先把元素英文名命名之法归结为以下八种:由物理性质得名;由化学性质得名;由平常物质得名;由发现之地得名;以人名命名;以星名命名;由化学家以特别情形命名;以平常之名命名。然后把我国化学元素命名法(即翻译方法——笔者注)归结为以下三类:

---

① 名词讨论缘起[J].科学,1916,2(7):823.
② 任鸿隽.化学元素命名说[J].科学,1915,1(2):157~166.

取物理性质命名；取化学性质命名；根据元素或符号之音而造新字。作者还改订了几个化学元素译名，如 Fluorine 旧作"弗"，他改订为"氟"，他认为这样做，是因为"氟"可以"与'氦''氪'等字相比类"。Yttrium 旧作"钇"他改订为"釔"，"以合 Y 字之音，且示其与镱(Ytterium)有同产之关系焉"。作者在此文中提出了 83 个元素译名，供中国科学社暂时使用。

1920 年，在第 5 卷第 4 期上，任鸿隽又发表《无机化学命名商榷》[①]一文。作者在文中进一步阐述了我国化学元素翻译方法，他指出：我国旧用元素译名之法，不外三类：(1) 旧有之物，沿用本名。如金、银。(2) 因其特性而予以名。如 H 为轻，O 为养。(3) 因其符号之音而造新字，如 Na 为钠。作者还指出三类方法各有缺点。(1) 法缺点是：若不仔细考证，就会造成名实不符。如砒为 As 之化合物，不可以名元素 As。(2) 法缺点是：作为元素名称的字（轻、养）易与不作为元素名称的字（轻、养）相混。(3) 法缺点是：由于我国同音字多，方音略异，难免产生一音数字之弊。他这些见解是很正确的。任鸿隽在文中所说的三类方法也就是：使用固有名称、译义、造字（还有译音的成分）。

鉴于当时化学译名分歧严重，如 As 的译名有"砷"和"砒"、Si 的译名有"硅"和"矽"，在此文中，作者还呼吁人们统一译名，不要固执己见。

1920 年，梁国常在《科学》第 5 卷第 10 期上发表《有机化学命

---

① 任鸿隽.无机化学命名商榷[J].科学,1920,5(4):347～352.

名刍议》①一文。作者把历来翻译科学名词的方法归纳为三种:译音、译义、造字。他认为译音产生的译名不能望文生义且不便记忆,译义产生的译名便于表达意义却很难找到适当的字,"唯有新造字,注重于科学之意义,兼顾于说文之解释,明了简当,法至善也"。当时大多数人都不认为造字是最好的翻译方法,梁国常对此批评道:

"而人每以为造字新奇,难于遵用,常避而不作。不知造一字者,所以表一种知识也,如此知识灌输普及,则此字自能通行。且古今来之字,皆随历代进化而递增,并非同出于一时。由是观之,又有何新奇之足避哉?"

当时有机化学译名造字派和不造字派争论颇为激烈。虞和钦、张修敏等主张不造新字。我们现在称"CH_4"为"甲烷","烷"是新造字。虞和钦称"CH_4"为"一炭矫质",张修敏称"CH_4"为"壹炭轻"。② 此文作者梁国常则主张造新字,他称"CH_4"为"㲿"(读为充一)。他指出:"考我国译名之进步,每常经过译音、译义、造字三者之阶级。现无机化学译名,凡有不适用古字之处,均造新字以代之,故已进于造字之境矣。而有机化学译名,尚滥觞于译音译义之间。盖有机化学名辞,至称繁颐,更非造字,难得有成。"

虽然造字法在无机化学和有机化学里运用得比较成功,但作者对译音法、译义法的贬抑及对造字法的褒扬,是有失公允的。

1923年,翁文灏在第8卷第9期上发表《地质时代译名考》③

---

① 梁国常.有机化学命名刍议[J].科学,1920,5(10):998~1006.
② 郑贞文.有机化学命名之讨论[J].学艺,1920,2(6):1~15.
③ 翁文灏.地质时代译名考[J].科学,1923,8(9):903~909.

一文。作者考察了当时关于地质时代的译名,发现异乱纷呈,他列表如下:

书名	译著人	Cambrian	Ordovician	Silurian	Carboniferous	Permian	Jurassic
物理原始	马君武	康布利亚	——	西鲁利亚	煤炭纪	——	嶢峛
地质学	麦美德	堪便	阿德危先	西路连	煤盛期	培耳米	注拉司
中国地形变迁小史	李仲揆	寒武	奥陶	志留	葭蓬	二叠	侏罗
科学大纲	胡先骕	甘布利亚	鄂多维先	西鲁利亚	石炭	白耳米亚	二叠
历史教科书	傅运森	坎布里安	——	锡鲁里安	石炭	二叠	侏罗

通过调查,他发现日本关于地质时代的译名是较为统一的。为什么中日两国会有如此大的分别?他认为原因就在于日本译者著者能注意和前人保持一致,而我国译者著者则各译各的:

"在彼能始终一贯,在我则分歧错出,至今未艾者,窃思其故,盖由于吾国译者,多率尔操觚,于旧译及并时著述,不暇参考,而彼邦译者,则大抵师承相同,传授有自,系统既一,分歧自少也。"

因此,为了统一译名,他提出科学名词的翻译要"从先、从众":

"以愚所见,新名之创,当慎之于始。既已创立,既已通行,而中途改易,则继我而作者,后之视今,又岂异于今之视昔。转辗纷更,将无已时。与其出奇制胜,致统一之难期,不如因利仍便,庶称谓之一贯。"

他还认为可以沿用关于地质时代的日本意译名词,他指出:

"就习用之普遍言,则日译名词,既用汉文,即可仍用,……日本造名之初,亦尝详考汉文。凡中文所通行者,亦多仍用。以故矿物种类,十九皆是华名。科学无国界,同文易交通,我又何必故示偏隘乎。"

不过,他还认为地质时代日本音译名词也可用,这就不太妥当了。但他的出发点是好的。

他特地指出,李仲揆(即李四光)所创译名"葭蓬"(Carboniferous),虽然音义兼备,较有理由。但由于已经有了相应的译名,故应该沿用旧译名,而不该创制新译名。

翁文灏的文章为李仲揆所注意,1924 年,后者在第 9 卷第 3 期上发表《几个普通地层学名词之商榷》①一文。他赞成翁文灏提出的科学名词翻译要"从先、从众"的观点,同时他也提出了自己的看法,他指出:译名有修改的必要,从先、从众为通法,修改为特例。

"翁文灏先生于《地质时代译名考》一文中,高悬二义:曰定名当以从先从众为准绳,于混杂之中求秩序,用意至善也。夫创造与翻译迥非一事。大约为学者所公认。创造尊先,通古今中外无异辞。至若翻译,先后每不易考。况西学东渐,译名以千百计。急不暇择,流弊滋生。纵译者之先后可考,从者之众寡可定,而名实歧异过远,致引人入误解之途者有之,似未可一概论也。译名间有修改之必要,职是故耳。翁先生所树之法,可为常规。兹所论及者,直不过应变之道。二者相辅而行,其庶几乎。"

翁文灏认为可以沿用关于地质时代的日本意译名词,李仲揆则提出,沿用日本意译地质时代名词时,也有变通的必要:

"日本学者初译西名,对于音译者固无所谓,而对于意译者,亦颇费苦心。今重从先之义,将彼国已通用者悉行采取,在原则上诚

---

① 李仲揆.几个普通地层学名词之商榷[J].科学,1924,9(3):326~332.

属合理,而在事实上似不能不偶为变通。盖彼国昔日定名,亦犯急不暇择之弊。于是名实不符者有之;因直译而犯原名之病者有之。且近年来日本学者至少有一部分颇思改革。如'安山岩'近则改称为'富士岩'。然则步其后程者将何以适从。此所以于尽量吸收之时,尚觉有变通之必要也。"

相对而言,李仲揆的态度比翁文灏的态度更可取。对于那些一开始就表现得不合理的日译科技名词,我们最好不用。此外,随着科技的发展,人们对概念认识的深化,有些以往认为正确的日译科技名词,也变得不妥帖了,对这部分日译科技名词,也不用为好。

在此文中,李仲揆认为重要的翻译方法有两个:标记法(译音法)和会意法(译义法)。

针对翁文灏的看法,李仲揆在文中认为 Carboniferous 应译为"葭蓬纪",而不应译为"石炭纪",原因之一是世界上产石炭的时期,不限于石炭纪。他指明使用"葭蓬纪"的理由有二:"一则求与原音相符,一则以示当时植物繁盛之象。"

1926 年,秉志在第 11 卷第 10 期上发表《中文之双名制》[①]一文,作者认为所有生物的属名及种名要以中文原有字为宜,不可另造新字:

"中国旧名,施用于生物有甚形妥当,而其意亦较雅者,如狮、虎、狐、犬等字。今需施行双名制,则每一生物必有一属名及一种名,而于此等之生物,将为各制一学名,与原有之狮、虎、狐、犬等名,迥然不同乎? 然此亦易于解决者,按狮,虎等之拉丁文,属名为

---

① 秉志.中文之双名制[J].科学,1926,11(10):1346~1350.

Felis,狮之学名为 Felis les,虎为 Felis tigris。中文之双名制或译音或译义或填选一字以定为属名,俾足以代表其全属,固无所不可。兹将 Felis les 译为斐狮,Felis tigris 译为斐虎,按'斐'为中文原有之字,系姓也,今以之代 Felis,乃译其音,而狮与虎字可以为种名。……。所有生物之属名及种名,皆可本此法以定之,而要以用中文原有之字为宜,不可另造新字,使中国文字中添许多无谓之字,如博医会之故事,殊无所取也。大抵中国文字与德文及古英文相似,可以连二三或多字成一名词,此于制造名词最为便利者也。"

当时有人说属名种名,可完全采用西文,即采用各国通用的拉丁文,以求一律,不必再创中名。秉志驳斥了这种看法:

"此乃无国家精神者之言也。门、纲、目、科等,皆有中名,属种二者,岂可缺乎?科学倘能在中国发达,中国之人宜用中文之名词。为中国人士计,为中国文化计,岂可舍本国之文字,而纯用他国之古文乎?中国科学家尽可博通欧洲文字,要不宜于科学上舍本国文字而不用也。"

在当时我国科技落后的情况下,秉志这种观点是很准确的,因为若不这样,科学就不能讲中国话,这又将导致科学不能本土化。

1931 年,张鹏飞在第 15 卷第 12 期上发表《吾对于学术名词进一言》[1]一文。作者认为,通常科学名词翻译方法有三:音义并译、译音和译义。很遗憾作者没有展开论述。

1933 年,翁为在第 17 卷第 6 期上发表《译事臆语》[2]一文,作

---

[1] 张鹏飞.吾对于学术名词进一言[J].科学,1931,15(12):2070~2072.
[2] 翁为.译事臆语[J].科学,1933,17(6):869~874.

者首先指出科技译名分歧,会阻碍科学传播,不可等闲视之:

"迩来科学文字,散著于各杂志者,日见其多,然而科学名词,未能完全统一。同是一物,出诸甲口谓之马,出诸乙口谓之牛。读者眩惑,作者徒劳。是诚灌输科学之一大障也,乌可以等闲视之。"

接着,作者指出审订科学名词,是当务之急,需要大家齐心协力,才能成功:

"夫以科学之日新月异,层出不穷,审订名词,岂非一二人之心力,所能集事?然而合作端赖分工,不有涓滴,何来江河,事体虽大,顾有待于各个人之努力也。且在今日,不为科学文字则已,苟或为之,则一抻纸,一执笔,辄感名词之缺乏,而不得不先致力于此。坐是而望洋兴叹,裹足不前者,接踵比肩。是故审订名词,实为当务之急,凡我同人,允宜共肩巨任,各尽其力,庶有豸乎。"

最后,作者强调,审订名词时,要重视前人译名,即"前人所订,宜广采纳,普通名词,已属用惯,非极粗陋,不宜轻弃"。他认为,若要新译,则有译义译音二法,即"有义可绅,有字可达,即为译义;本国无字,无词可拟,不妨译音;即或有义,宣达不易,从音为便"。他还提出译义的途径有多条:"或溯字源,或师六法,或比众文,取其最适。"

1934年,杨惟义在第18卷第12期上发表《昆虫译名之意见》[①]一文,作者认为昆虫学名的翻译及其译名的统一是项迫切任务,因为这样做有利于学术的推广,也有利于农事:

---

① 杨惟义.昆虫译名之意见[J].科学,1934,18(12):1618~1619.

"昆虫学名,有译成中文之必要,不然只有少数学者,能够阅读之。一般人士,在所不识,何能推广?且昆虫之与农事,关系深切。吾国农民,大多目不识丁。若无中名,设遇某地发生某虫,招农人而告之曰,此虫之学名为 A、B、C,则农人必瞠然视之,百听而不能解,对于治虫之进行,更多不便。所以作者常觉昆虫学名,急宜译成中文,更应急谋中文名词之统一,以便此学之推行,实为切要之图。"

同时,他指出:昆虫学名的翻译及其译名的统一是项艰难的任务,因为无论是使用中国固有名词,还是译音、译义,均有困难:

"译名殊多困难,考学名之成,或来自希腊,或来自拉丁,或用地名,或记特征,或含典故,自非通晓各文及外国掌故者,不易从事。译音感太长,译义常难确。且中国固有名词,及各地土名,理应采取,绝不能数典忘祖,舍近求远。但此等名词及土名,散见各书,或散布各地,搜罗应用,殊非旦夕之功。查吾国虫旁之字,仅有千余,古名亦不敷用,然则当如何而后可以解决此等困难,以从事于译名乎?"

为了解决此等困难,作者提出昆虫学名的翻译及其译名的统一在翻译方法方面,应坚持如下原则:(1)竭力采用中国固有名词。如有多数古名,则择其最先或最确切通行者而用之。(2)如无固有名词,则采用土名。若有多数土名,则择其最确切或最通行者而用之。(3)若无古名及土名,则可译义。(4)如遇地名、人名,或其他原意难以查悉的学名,尽可仅译其音,而加以虫字旁。如遇原名太长,则可仅译其首字一二音,不必全译,以免笨拙。从文中可看出,作者在(3)中提出的译义,实际上既指译义,又含造字。

1940年,陈世骧在第24卷第3期上发表《昆虫之中文命名问题》[①]一文,作者首先指出,昆虫名称的翻译和统一,是项迫切的任务。但以何种法则来翻译和统一昆虫名称,需要专家的探讨:

"我国昆虫名称,向不统一。旧有文字,因科学进步,已不敷用。新名词之创立,又以无标准法则,足资依据,颇多分歧。故年来国内昆虫学愈发达,新名词滋生愈多,其分歧紊乱亦愈甚。更以斯学范围广漠,类别繁多,国产种之依分类方法考定拉丁学名者,已近二万(事实上不止此倍数),而国内习用名称,以及古籍所载,能应用于昆虫学上者,为数既少,大都又复含义广泛。如蜂、蝶、蚊、蝇等名,皆包含许多不同种类,非一属一种或一科之专名。故我国昆虫无确当名称者,实占极大多数。是则新名之增加,以及旧名之应加新释,自为当前之急务。唯此类中文名词之鉴定,与西文学名相对照,应与何项法则为依据,俾明系统,并促进分歧现象之统一,则有待于斯学者之探讨。"

在文中,作者认为昆虫名词的翻译和统一,在翻译方法上,有应用固有名称和增设新名词两种:

"1. 应用固有名称:昆虫中文名词之鉴定,自以取用旧有名称,以与西文相对照为原则。例如:蚊=Culex……。

2. 增设新名词:旧有文字,既不敷用,则不得不增设新名词以济其穷。"

作者指出:增设新名词又可分为于固有名称上加识别语和创造新字两种,新字不宜创造太多:

---

① 陈世骧.昆虫之中文命名问题[J].科学,1940,24(3):182~186.

第三章 关于科技译名统一问题的讨论

"新名词之增设,可分下列二道:

甲、于固有名称上加识别语:

如属本无名称,可于近属之专名或所隶科目之专名上加识别语以名之。此等识别语之根据,或基于该类昆虫之形态、色彩、习性、分布等特征,如:Paussus 大角蚓属……

乙、创造新字:

从旧有名称,加识别语以滋生新名词,亦有时而穷。盖我国文字,于学术上应用不足甚巨。而若干类别之昆虫,既无名称,又以构造迥别,无血统较近之属名可作根据以滋生新名。是则不得不创设新字,以资应用。新字之创造,或根据于西文术语,如 Protura 可称虵,或由中文改造,如甲虫之改蚰,或视该类之各项特征而拟定,如 Embiaria 可称蟓,Collembola 可称蟦等。唯此等新字之创造,应以目或科以上之类别之模式属名为限,若各科或各属均创新字,则新字太多,反增紊乱矣。"

当时很多研究者都指出,翻译科学名词时,应该先看中国是否有相应的名词,或是否已经有了相应的译名,若有,则应用。当然,不能一味地服从前人,要考虑到已有译名本身的科学性,该改正的就该改正,正如张鹏飞所言:"学术至广,名词至多,学术之进步无疆,名繁衍不已。所以名词绝非一次所能制定,其制定者,亦未必能一成不变。"[①]

在《科学》名词论坛上,有过是服从已有译名还是改订译名的

---

① 张鹏飞.吾对于学术名词进一言[J].科学,1931,15(12):2070~2072.

讨论。比如前面说到的翁文灏和李仲揆。翁文灏提出，科学名词的翻译，要"从先、从众"①。李仲揆则认为：译名有修改的必要，从先、从众为通例，修改为特例②。

此外，钱崇澍、吴元涤等则为具体的植物学译名要不要改订进行了讨论。

1917年，钱崇澍、邹应萱在第3卷第3期上发表文章③，商榷了几个植物学译名。作者认为"雌蕊"（英文作 pistil，植物构造学谓之 macrosporophyll）应改译为"大蕊"、"雄蕊"（英文作 stamen，植物构造学谓之 microsporophyll）应改译为"小蕊"。他们认为原译名易导致误解："雌蕊"、"雄蕊"两译名的产生，与误以雌蕊（大蕊）雄蕊（小蕊）为雌雄生殖器官有关。但蕊系属于孢子体的器官，孢子体无雌雄的分别，不得谓之为雌为雄。"雌蕊"、"雄蕊"易导致初学者的误解。

同年，吴元涤在第3卷第8期上撰文④表示反对，他认为，雌蕊、雄蕊确可认为是高等植物的生殖器官，"雌蕊"、"雄蕊"两译名习用已久，细绎其意，并无谬误，似不必拘泥于语源，窜改为大蕊、小蕊，以事纷更。而且植物学上与两译名相关联的名词甚多，如果尽行改变，则难免会产生支离破碎的弊端。

同一期上也有钱崇澍、邹树文的辩驳文章⑤，他们坚持改订。

---

① 翁文灏.地质时代译名考[J].科学,1923,8(9):903～909.
② 李仲揆.几个普通地层学名词之商榷[J].科学,1924,9(3):326～332.
③ 钱崇澍,邹应萱.植物名词商榷[J].科学,1917,3(3):387.
④ 吴元涤.植物名词商榷[J].科学,1917,3(8):875～877.
⑤ 钱崇澍,邹树文.植物名词商榷[J].科学,1917,3(8):877～879.

他们承认如果不是必要或为了避免发生混淆,科技译名不应另易新名。不过,他们认为我国科学尚在萌芽时代,各种名词虽有旧译,然推行未广,为时又浅,严密考订,正是时候。

在具体科学名词的翻译上,是沿用旧名,还是改用新名,确实是难以贸然决定的。沿用旧名能够保证科技知识传承的稳定性,但并不是每个旧名都是妥当的,遇到这种情况时,就得考虑改用新名了。从原则上讲,应坚持沿用旧名,但旧名实在不妥当时,就得改用新名。

1.3.2 《中华医学杂志》上的讨论

1915年,中华医学会成立,俞凤宾医师是负责人之一。1916年,俞凤宾在中华医学会发行的《中华医学杂志》第2卷第3期上发表《医学名词意见书(二)》[①]一文,他在文中指出,翻译医学名词时,如果已有通行的名词,就用它。若无,就骈集数字成一新名,或引用中医旧有名词中意不晦暗,文不冷僻的名词。如果这样还不行,就造新字。要造的新字,应属少数。所造的新字要以合乎六书为原则,且要简明:

"苟一事一物而已有名词矣,其名词已曾风行矣,则虽未尽合今义,仍可沿用。盖译者于此欲存旧有之名词,不得不俯就之也。唯其事其物向无名词,则当造新名词以表之。且其事其物为中国所无,而新名词又不足以表之者,则更当造新字以济之。此必然之事也。

……故无其名者,当骈集数字以成之。荀子所谓累而成文者,

---

① 俞凤宾.医学名词意见书(二)[J].中华医学杂志,1916,2(3):16~19.

名之丽也。且中医旧有名词,亦复不少。义未晦暗,文非冷僻者尽可引用。苟可以数字缀合,自成名词者,仍以不造新字为上策。故应造之字,仍属少数。凡名词之不能翻译者,宜列一表,注明意义而后商榷其应造新字与否。苟欲造之,务求合乎六书之旨,则窒滞之弊,庶可免焉。"

当时对于医学名词,有两种态度:一是排斥日本名词,一是排斥博医会名词。俞凤宾批判了这两种态度。

他认为不应全盘否定日本名词:

"排斥日本名词者,须知胡子以鲁之译例(……)有言曰:'吾国未尝著其名,日本人曾假汉字以为译,而其义于中文可通者从之。学术,天下公器。汉字,又为吾国固有。在义可通,尽不妨假手于人也。'又曰:'日人译名,虽于义未尽允洽,而改善为难者,则但求国语之义可通者因就之。名词固难求全,同一挂漏,不如仍旧也。'大抵文字互借之国,不仅中日已也。英语、拉丁文、希腊文、法语等,居七之五。波斯语中,阿拉伯语居多数。日文中,汉文亦居其半。故日本意译之名词,凡由文学博士创制者,按之吾国文义,其大谬不然者盖鲜,以其尝研究吾国文学故也。职是之由,日本名词未可一概吐弃。唯引用时宜严其甄别,以定去取而已。"

同时,他认为博医会名词中,能用的也不在少数:

排斥博医会译名者,须知斯会乃欧美教会中旅华医生之团体,因宗教之信仰,而来牺牲其学力思想于吾国,纯粹慈善性质,以济人利物为宗旨。经营译物,垂二十年。已刊之书,计三十种,类皆通行于教会附属之各医学校中。至此外销行与否,未曾调查。察其名词,鲜用日译,而多杜撰新字。其亦防淆乱而免诘屈聱牙之音译乎。顾其间晦涩之字，虽宜删除，而可用者尚不少。如有淹博之士讨论抉择，则西方学者，亦必乐为损益也。今受博医会书籍之教育者，无省无之人数已不为少。一旦尽易其名词，吾人宁不为彼辈设身处地乎。

在文中，他还语重心长地告诉大家："凡在译林，宜悉心甄择。若排人尊己，无理论之可据，而不以将来学术为前提，直谓之庸人自扰可也。"

1921年，科学名词审查会物理学组中一位代表提出一份关于审定名词时应依据的原则的意见书，刊登于《中华医学杂志》上[①]。这位代表提出的译法准则是：采用通行的名词；除人名地名外不用音译；不造新字。他认为音译对科学独立和译名统一不利：

"世界同文既尚未可期，一国文字，方法上固应求改良，（如注音字母，或极而至于废汉字，皆方法也。）实质上则应求独立。人名地名，为我所无，音译是也。（物名已有间，非我所固有者，用音译尚可。）科学研究物质物性。性与质世界所同也。人可取其固有之字以名之，我亦何独不可。科学独立，此其起点，未可忽也。且英、法、德各有其音，取其一则学自其他者或起争端，将何所适从乎。"

他之所以反对造新字，是因为造字较难，且造字易产生混淆：

"新字则创造较难，且依汉字惯例只有一音，于言语仍多混淆也。"

1.3.3 《工程》上的讨论

《工程》杂志是当时中国工程学会的会刊。1927年，孔祥鹅在

---

① 审定科学名词准则意见书[J].中华医学杂志，1921，7(3)：181．

《工程》第3卷第1期上发表《商榷电机工程译名问题》[①]一文,他因为电机工程中文译名不够用,便写了这篇文章:

"电机工程的书,在中国还是寥若晨星,不是社会不需要这一类书,原是编译的人太少了。作者和几位朋友,几次动议,要编几种通俗的,社会需要的电机工程书。无奈一动笔便感觉是一个极大的困难,就是没有相当的中文名辞,可以代表外国文的名称,因此也便几次中辍了。最近作者试译了几个电工名词,并且指出几条译名原理,愿为国内外学者,商榷商榷。"

在文中,作者提出了翻译工程名词时应遵循的译法准则和译名标准。在译法准则方面,他指出:(1)最好用音义兼译法,即使稍微在发音上有些勉强,也不妨事。如Radio在中国一般人译为"无线电",但"锐电"要好些,"锐"字音合于"Ra","电"字译义,也带些译音。(2)在不能用音义兼译法时,只好译音或译义。(3)外国地名,凡是有译义的可能,不必用音译法,如Green Hill,可译作"青山"或"绿丘",不必译作"格麟喜尔"。

上述观点,有些与实际工作不吻合,如作者所说的最好用音义兼译法,理想色彩甚浓,因为汉字是表意文字,与表音的西方文字迥然不同,翻译名词时既要兼顾音又要兼顾义是很难做到的。而且作者主张Radio译为"锐电",并未被后人接受。

继孔祥鹅之后,1929年,赵祖康在《工程》第3卷第1期上发表《道路工程学名词译订法之研究》[②]一文,他在文中提出翻译道

---

① 孔祥鹅.商榷电机工程译名问题[J].工程,1927,3(1):40.
② 赵祖康.道路工程学名词译订法之研究[J].工程,1929,4(2):223.

路工程名词时应遵循二十一律。和上文一样,此文也论述了工程名词的译法准则、译名标准。

在译法准则方面,他主张:(1) 译名已有若干时,以最通行而不悖于学理为原则,并参以其他原则,选择最适者,否则另造新名。如将"水泥"选作 Cement 的译名,而不使用"洋灰"等译名,将 Expansion Joint 译作"伸缩节",而舍弃"涨缩节"、"伸缩接合"、"伸缩缝"等旧译名。(2) 原名如为固有名词,或从固有名词演化来的名词,以音译为通则,以意译为特例。如将 Macadam Road 译作"马克达路", Telford Foundation 译作"泰尔福路基", Portland Cement 译作"人造水泥"。(3) 原名含义太多、难以意译的名词,或者含义新颖、无法进行适当的意译的名词,用音译法。如将 Bitulithic 译作"别土利昔克"。(4) 不合理的原名,译为合理的译名。如 Dust Layer 应当译作"止灰铺"。(5) 有些译名虽不太妥帖,但沿用已久,难以更改,所以保留它们。

在讨论科技译名统一问题上,像赵祖康这样较为详细、深入、全面地论述翻译方法、译名标准的文章,当时很少见。民国晚期,由国立中央大学和淮河水利工程总局合设的混凝土研究室所编的《混凝土名词》(编纂时间不早于 1946 年),就参照了赵祖康的这篇文章。赵祖康从事过工程名词的编译工作,有一定的实践经验,他编译的《道路工程名词》发表于《工程》同一期。

《科学》、《中华医学杂志》、《工程》等杂志在科学名词翻译方法方面的讨论,主要讨论了译法准则(即选择翻译方法时应坚持的原则),概括起来,这些文章提出的译法准则大致是:第一步,沿用固有名词或已有译名,如固有名词或已有译名实在不妥或两者俱无,则新译;第二步,译义;第三步,译音;第四步,造字。

1933年,鲁德馨在《中西医药》上发表《中国医学文字之事业》一文,提出如下译法准则:(1)采用中国固有的相应名词。例如Malaria一词在西名原意为"不良气",Dysentery一词,西名原意为"肠困难或不良",因在中国有"疟"及"痢"两个固有名词,与其所指事物相当确切,故分别译为"疟疾"及"痢疾"。(2)采用已通行的名词。如"动脉"、"静脉"等名词,虽不是很满意,但因通行,不宜改变。(3)在我国无相应的固有名词而又无通行的现成名词时,译原名的意义。(4)遇前三路俱走不通时,则译音。如"鸦片"、"吗啡"、"海洛英"等。(5)新造字。此法多见于化学名词中,有极严密的原则。如"钾"、"钠"、"氢"、"氧"、"烷"、"烃"、"烯"、"苯"、"酚"等。[①]

这些准则,是鲁德馨根据自己参与名词审查的经历,对1933年以前"两个审查会"、国立编译馆在医学、药学及与医学、药学有关的化学方面的名词审查所遵循的准则的总结。

"两个审查会"和国立编译馆均没有公布明确一致的译法准则。根据译名书的凡例、例言等,以及鲁德馨的上述经验总结来看,"两个审查会"和国立编译馆组织名词审查所遵循的译法准则大致是:(1)采用已公布的名词;(2)采用固有的名词或已通行的名词;(3)如无已公布的名词,又无相应的固有名和通行的现成名,则采取意译;(4)如(3)行不通,则采取音译;(5)造新字,使用时有严密的原

---

① 鲁德馨.中国医学文字之事业[J].中西医药,1933,2(6):377~380.

则。这与理论(讨论)界得出的译法准则相似。但"两个审查会"和国立编译馆并无多少理论上的说明。它们遵循这些译法准则的原因,大致可从当时关于科学名词翻译方法的讨论中找到。

清末也讨论过科学名词的翻译方法,如高凤谦、严复、傅兰雅、梁启超等,以傅、梁二人提出的观点更为成熟。

傅兰雅指出,中国人最喜欢的翻译方法是译义,其次是造形声字,再次是译音。因为意译术语能望文生义,便于学习和阅读,音译术语不能提供了解术语意义的线索,且难读、难写、难记。[①]

梁启超在《论译书》一文中则为不同类型的名词设置了相应的翻译方法,他指出:对于官制,"有义可译则译义,义不可译乃译音";对于人名地名,则用译音法;对于名物,则"必以造新字为第一义"。实际上,梁启超已指出不同翻译方法适应不同类型的名词。

清末的译名统一实践工作也遵循了一定的译法准则。傅兰雅在江南制造局译书时,和同事制定了科学名词翻译准则,该准则指出:翻译时沿用固有之名或已有的译名,若无,则新译,方法有造字、意译、音译。

博医会名词委员会所依据的译法准则是:(1)采用已有的中文名;(2)意译;(3)使用《康熙字典》中的生僻字;(4)音译;(5)造新字。[②]

---

① Fryer J. Scientific Terminology, Present Discrepancies and Means of Securing Uniformity[A]. *Records of the General Conference of the Protestant Missionaries of China*[C]. Shanghai: Presbyterian Mission Press, 1890. 534.

② Philip B. Cousland. Introduction[A]. *English-Chinese Lexicon of Medical Terms*[M]. Shanghai: Medical Missionary Association of China, 1908.

总的说来,和清末已有成就相比,民国时期在科学名词翻译方法方面的讨论取得的成就是:增加了名词译法种类(如增加了音义兼译法),广泛认识到了意译法、音译法的优缺点和适用对象、译法准则等,还进行了是沿用旧名还是改译新名的讨论。在意译法、音译法的优缺点和适用对象以及如何对待固有名词和已有译名等方面,有了更为全面、准确的认识,得出了更为完善的译法准则。关于意译法、音译法的优缺点,认识到:意译法的优点是译名容易领会,缺点是译名含义不确切或牵强附会;音译法的优点是译名不易引起读者望文生义,不致引起读者误解、歪曲原名意义,缺点是译名不容易记忆,不易读。关于这两种翻译方法的适用对象,认识到:有确切意义可译的译义,无意义可译的译音,习用已久,无论译义、译音,一般都沿用。得出的译法准则为:第一步,沿用固有名词或已有译名,如固有名词或已有译名实在不妥或两者俱无,则新译;第二步,译义;第三步,译音;第四步,造字。

民国时期在科学名词翻译方法方面的讨论中得出的上述成果,在今天依然有借鉴意义。民国时期官方译名工作组织遵循过的译法准则,和上述讨论得出的译法准则基本吻合,但这些组织没有提供多少理论上的说明,更为全面的理论上的说明可大致从上述讨论中找到。

2 对待日译科技名词问题

甲午战争后,中国翻译了大量日本书籍。据谭汝谦主编的《中国译日本书综合目录》统计,1896—1911 年 15 年间,日文中译本总计达988种,自然科学和应用科学占172种。① 日文中译本在中国占据优势,这种优势一直持续到五四前后。朱自清1919年在《新中国》第1卷第7期上发表《译名》一文,文中说:"中国译出的书,从西文直接翻译的很少,从日本翻译或重译的却多得很。"②

中日两国同属汉字文化圈,有同文之便,很多日译名词(即日本翻译西方书籍时确定的译名)因此直接进入中国。近代有多人就如何对待日译名词问题发表了意见。

本节对当时关于日译科技名词的讨论进行系统阐述,以使读者有一个全面的认识。如何对待日译名词问题,可以归入前文中的如何对待已译名词问题,属于名词翻译方法范畴,但由于是外人所译,故本书单列一节进行讨论。

冯天瑜在其专著《新语探源——中西日文化互动与近代汉字术语生成》③中把清末和民国时期国人对日译名词的态度,分为三种:传输和迎受(如梁启超)、抗拒与质疑(如张之洞)、理性分析(如胡以鲁、朱自清等)。他说的抗拒与质疑是指全盘反对。如果把日译名词分为三类:日译通用名词、日译人文社会科学名词、日译科技名词(指自然科学和工程技术方面的专业术语),我们就可以发现,他这种观点并不完全适用于日译科技名词。据笔者分析,如果

---

① 转引自邹振环.晚清西书中译及其对中国文化的影响(续)[J].出版史研究,1995,(3):15.

② 《翻译通讯》编辑部.翻译研究论文集(1894—1948)[C].北京:外语教学与研究出版社,1984.55.

③ 冯天瑜.新语探源——中西日文化互动与近代汉字术语生成[M].北京:中华书局,2004.504~523.

撇开日译通用名词和人文社会科学名词,单就日译科技名词而言,国人有传输和迎受的,有理性分析的,而很少有全盘反对(即抗拒与质疑)的。

仔细分析,可以看出当时抗拒与质疑日译名词(或曰新名词)的人,其出发点不完全一致:

有人把新名词"冒险、下等社会、人类平等、冷血动物、手段平和、运动官场、家庭革命、戏曲改良、音乐改良、适于卫生、婚姻自由"等和"革命党"("新党")联系起来的,从而反对这些名词。①

有人指责新名词如"抵力、压力、守旧、维新、合群、自由、平等"等将导致国民精神的堕落,从而反对这些新名词。②

清末政府也从"文以载道,文以载政"的角度出发,反对日译通用名词。1903年,政府颁布由张之洞、张百熙等拟定的《奏定学务章程》。该章程的《学务纲要》指出:"古人云:文以载道。今日时势,更兼有文以载政之用。"接着,发出禁告:"凡通用名词,自不宜抄袭掺杂日本各种名词,……如团体、国魂、膨胀、舞台、代表……牺牲、社会、影响、机关、组织、冲突、运动……报告、困难、配当、观念。"③

也有些晚清士人从民族主义情结出发,反对新名词。

具体分析,上面这些例子几乎都是政治用语或社会用语,难得找到一个纯粹的科技名词。"抵力"、"压力"、"冷血动物"等原是科技名词,但在所举的例子中,已经泛化成社会用语。

---

①② 冯天瑜.新语探源——中西日文化互动与近代汉字术语生成[M].北京:中华书局,2004.514.

③ 教育总述[A].第一次中国教育年鉴(甲编)[M].12.

第三章 关于科技译名统一问题的讨论

留日学生彭文祖对日译名词泛滥于中国痛心疾首,作《盲人瞎马之新名词》,1915 年在日本出版,1931 年又在中国出增订本。该书列举了一批他所反对的日译名词[①],但具体分析,也难得找到一个纯粹的科技名词。

清末政府虽然反对使用日译通用名词,但不反对使用日译科技名词。1903 年,其颁布的由张之洞、张百熙等拟定的《学务纲要》指出:"除化学家制造家,及一切专门之学,考有新物新法,因创为新字,自应从其本字外,凡通用名词,自不宜抄袭掺杂日本各种名词。"[②]这说明,对待日译科技名词,不反对派处于绝对的上风。

可见,对于日译科技名词,几乎没有谁全盘反对。由于中国古代科技知识与近现代西方科技知识相差甚远,前者几乎没有为后者进入中国准备现成的术语。若把科技名词和人文社会科学名词相比较,中国更缺少的是前者。此外,政治用语和社会用语容易导致政治思想和社会风气的改变,而科技名词则不然。所以,科技名词被反对的可能性不大。

虽然大家对日译科技名词,几乎都不全盘反对,但讨论者对于如何接受方面,经历了一个逐渐深入的认识过程。

1905 年,王国维在《教育世界》第 96 期上,发表《论新学语之输入》一文。在文中,他较为笼统地指出应该使用日译名词:

"讲一学、治一艺,则非增新语不可。而日本之学者既先我而

---

① 冯天瑜. 新语探源——中西日文化互动与近代汉字术语生成[M]. 北京:中华书局,2004.447~448.

② 教育总述[A]. 第一次中国教育年鉴(甲编)[M].12.

定之矣,则沿而用,何不可之有?故非甚不妥者,吾人固无以创造为也。"①

进入民国后,讨论者大多更明确地认识到,对日译科技名词的吸收不是全盘的,而是有选择性的,应该区别对待。

1914年,胡以鲁在《庸言》第26、第27期合刊上发表万言长文《论译名》。在文中,他把对待日译名词的态度分为三类:(1)日本有汉名,且其义可通,而我国无相应的译名,在这种情况下,我们就使用它;(2)日译名词在意义方面不一定很妥帖,但很难改善,在这种情况下,我们仍然使用它;(3)日译名词,有些是误用汉文的,在这种情况下,我们就另用新名;(4)有些日译名词不是汉文,也有些日译名词虽是汉文,但不符合汉语语法,在这种情况下,我们就不要沿用它:

"吾国未尝著其名,日本人曾假汉字以为译,而其义于中文可通者从之。学术,天下公器。汉字,又为吾国固有。在义可通,尽不妨假手于人也。""日人译名,虽于义未尽允洽,而改善为难者,则但求国语之义可通者因就之。名词固难求全,同一挂漏,不如仍旧也。""日人译名,误用吾故有者,则名实混淆,误会必多,及宜改作。""日语名词,有其国语前系,或日译而不合吾国语法者,义虽可通,不宜袭用,防淆乱也。"②

1919年,朱自清在《新中国》杂志1919年第1卷第7期上发表

---

① 转引自陈福康.中国译学理论史稿[M].第2版.上海:上海外语教育出版社,2000.151.

② 《翻译通讯》编辑部.翻译研究论文集(1894—1948)[C].北京:外语教学与研究出版社,1984.25~29.

《译名》一文。在文中,他也指出我们应该借用那些义可通的日译名词,对于那些义不可通的日译名词,以少借为佳:

"借用日语,中日文字本是相近,现在交通又便利,照言语的自然趋势看来,借用一层是不能免的。但是我以为这种借用,应该多借那些义可相通的。那些义不可相通的,借了过来,也难通行,例如他们的假借字(日本叫宛字)。这些还不如我们自找的好,所以以少借为佳。"①

1920年,鉴于译名歧乱纷呈,《时事新报》发起译名讨论。瑞书以《翻译日本名词的商榷》一文,参与讨论。他把日译名词分为六类:(1) 用汉文意思制成的名词,我们大家都可懂得;(2) 虽不是用汉文意思制成的名词,但在中国已经用惯了,写出来我们大家可以懂得;(3) 日本的名词,虽是就用汉文意思制成的,但在我国,也有相当的名词;(4) 日本的名词,确不是按汉文意思制成的,写出来人家也一定不懂;(5) 日本专有的物名,在我国既没有这种相当的物件,因此没有相当的汉字可以翻译的;(6) 日本专有的物名,虽可译成汉文,但绝不能够译似日文的简单明白。② 他认为(1)(2)绝对可借用,(3)(4)绝对不可借用,(5)(6)介于可借用和不可借用之间。

瑞书分析得很细致,把(1)(2)定为绝对可借用,(3)(4)定为绝对不可借用,是较为准确的,但把(5)(6)定为介于可借用和不可借

---

① 《翻译通讯》编辑部.翻译研究论文集(1894—1948)[C].北京:外语教学与研究出版社,1984.56.

② 瑞书.翻译日本名词的商榷[N].时事新报·学灯,1920-05-06(第四张第一版).

用之间,则难以操作,不妥。

1920年,在《时事新报》上进行的那场讨论中,王崇植和曹仲渊均对如何对待日译名词发表了看法。前者认为日本译得合理的名词,我们可以沿用①;后者认为日本意译的名词,适当的尽管承用②。但他们没有展开论述。

相对而言,翁文灏的态度比上述人更宽泛些。上述人很少有主张使用日本音译词的,但翁文灏认为日译名词中的意译、音译词均可取。

他于1923年在《科学》上发表《地质时代译名考》③一文。他考察了我国当时关于地质时代的译名,发现异乱纷呈。通过调查,他发现日本关于地质时代的译名是较为统一的。为什么中日两国会有如此大的分别?他发现原因就在于日本译者著者能注意和前人保持一致,而我国译者著者则各译各的。因此,他告诫大家,为了统一译名,翻译科学名词要"从先、从众"。

在文中,他还提出可以沿用关于地质时代的日译汉文名词:

"就习用之普遍言,则日译名词,既用汉文,即可仍用,…… 日本造名之初,亦尝详考汉文。凡中文所通行者,亦多仍用。以故矿物种类,十九皆是华名。科学无国界,同文易交通,我又何必故示偏隘乎。"④

对用汉文表示的日本意译名词而言,这是很准确的。不过,他

---

① 王崇植.科学名词译法的讨论[N].时事新报·学灯,1920-02-23(第四张第一版).
② 曹仲渊.电磁学名辞译法的商榷(续前)[N].时事新报·学灯,1920-03-13(第四张第一版).
③ 翁文灏.地质时代译名考[J].科学,1923,8(9):907.
④ 翁文灏.地质时代译名考[J].科学,1923,8(9):908.

还认为用汉文表示的日本音译名词也可用:

"沿用日名困难之点,唯在音译诸名。例如寒武志留,于彼国则恰如西音,在吾国则有同悬造。别译新名者,率多以此为说。愚则谓从地诸名,原无深意,但便称呼,或用英地,或用日音,等是外物,何分彼此。若谓译音准确,可以返寻原文,则凡在知者,即称寒武亦能寻索。若非素修,虽康布幹波,未易通也。"①

翁文灏采取了较为宽泛的态度,仅仅是出于统一科技译名的目的。他认为采用了包括音译名词在内的日译科技名词,而不新造名词,有利于我国科技译名的统一。虽然他那关于吸收日译音译词的观点值得商榷,但出发点是好的。

翁文灏的文章为李仲揆(即李四光)所注意。1924 年,李仲揆在《科学》上发表《几个普通地层学名词之商榷》一文。作者赞成翁文灏提出的科学名词翻译要"从先、从众"的观点,同时他也提出了自己的看法,认为译名有修改的必要,从先、从众为通法,修改为特例。

翁文灏认为可以沿用关于地质时代的日译名词,李仲揆则提出,沿用日本意译地质时代名词时,也有变通的必要:

"日本学者初译西名,对于音译者固无所谓,而对于意译者,亦颇费苦心。今重从先之义,将彼国已通用者悉行采取,在原则上诚属合理,而在事实上似不能不偶为变通。盖彼国昔日定名,亦犯急不暇择之弊。于是名实不符者有之,因直译而犯原名之病者有之。且近年来日本学者至少有一部分颇思改革。如'安山岩'近则改称

---

① 翁文灏.地质时代译名考[J].科学,1923,8(9):908.

为'富士岩'。然则步其后程者将何以适从。此所以于尽量吸收之时,尚觉有变通之必要也。"①

前文说到,相对而言,李仲揆的态度比翁文灏的态度更可取。对于那些一开始就表现得不合理的日译科技名词,我们最好不用。此外,随着科技的发展,人们对概念认识的深化,有些以往认为正确的日译科技名词,也变得不妥帖了,对这部分日译科技名词,也不用为好。

由上可以看出,对于日译科技名词,民国时期的讨论者持应选择性吸收的态度。

民国时期,我国从事科技译名统一工作的官方组织,也是持应选择性吸收的态度。现将清末学部审定科编纂的《物理学语汇》(以下简称"学部译名")与民国时期的科学名词审查会、国立编译馆所定的几个物理学译名及日译名词作一比较,如下表。

英文原名	学部译名①	日译名词②	科学名词审查会③所定译名	国立编译馆④所定译名	今名⑤
Amplitude	摆幅	振幅	振幅	幅,振幅	振幅
Expansion	涨大	膨胀	膨胀,汽胀,扩张,展开	膨胀	膨胀
Vibration	摆动	振动	振动,摆动	振动	振动
Thermometer	寒暑表	寒暖计	温度计(寒暑表)	温度计	温度计

资料来源:
①②(清)学部审定科,《物理学语汇》,商务印书馆,1908
③曹惠群,《理化名词汇编》,科学名词审查会,1938
④国立编译馆编订,教育部公布,《物理学名词》,商务印书馆,1934
⑤《(全国自然科学名词审定委员会公布)物理学名词》,北京:科学出版社,1997

---

① 李仲揆.几个普通地层学名词之商榷[J].科学,1924,9(3):327.

从上表可知,科学名词审查会和国立编译馆选择了日译名词"振幅"、"振动"、"膨胀",而没有选用日译名词"寒暖计"。众所周知,温度计是用来测量温度的,而不是用来测寒暖,故日译名词"寒暖计"没被选用。而日译名词"振幅"、"振动"、"膨胀"均较清末学部所定准确,故被选用。

一般而言,中国人对合适的日译科技名词持认同的态度。合适的日译科技名词之所以能够博得中国人的认同,主要有以下原因:

(1) 当时中国迫切需要先进的科技知识。日本翻译了西方先进的科技知识,而日译科技名词则表述了当时先进的科技知识。

(2) 很多日译科技名词符合汉语言特征,可直接进入我国语言。

(3) 日译科技名词较为规范和统一。

早在1905年,王国维就在《论新学语之输入》一文指出日本重视科技译名的规范和统一工作:"日人之定名,亦非苟焉而已。经专门数十家之考究,数十年之改正,以有今日也。"

1920年,曹仲渊再次指出日本重视科技译名的规范和统一工作:"日本维新比我们早些。他肯虚心模仿西洋的文明。最初设了一个博士会,会里都是各科专门的学问家,而且消息极快。欧美新发现的学说同机械,我们差不多都要向他讨寻,跟他翻译。我不是说一切西洋的学问都是经过这博士会的,是说他们全国通用的名词,大半是从这博士会审定出来的。"[①]由于日本重视学术名词的

---

① 曹仲渊.电磁学名辞译法的商榷[N].时事新报·学灯,1920-03-12(第四张第一版).

规范和统一工作,日译科技名词较为规范和统一。

冯天瑜在《新语探源——中西日文化互动与近代汉字术语生成》一书中写道:"清民之际语文世界的深沉巨流是,日本新名词不以人们意志为转移地渗入汉语词汇系统,并逐渐归化为其有机组成部分。……造成这种态势的原因,首先在于:借鉴日本研习西学的实绩与经验,是甲午之役以后中国的一种社会需求,而日本'新汉语'正是日本消化西学的语文产物。中国既然需要进口日本消化了的西学,也就不可避免地需要进口日本新名词,……其次,中日两国同属汉字文化圈,语文互动多有便利。……日本'新汉语'的词形导源于汉字文化,从词形推演词义的理路,也取法于汉字文化,因而易于被中国人理解和接受。"[1]

冯先生所言极是。在此基础上,笔者补充一点,即日本对学术名词的规范和统一的重视。正是由于日本重视学术名词的规范和统一,才产生了一批统一、规范、优质的学术名词。如果日本不重视学术名词的规范和统一,他们的学术名词就会歧乱纷呈。试想,在这种情况下,我们还会进口他们的学术名词吗?即使想进口,也不知道进口哪一个好啊!

今天,很多人从思想文化史的角度对术语的形成进行研究。笔者以为,术语的规范和统一工作也会对术语的形成产生一定的影响,故研究术语的形成不可忽略术语的规范和统一工作。

由于日本对学术名词规范和统一的重视,日本学术名词较为

---

[1] 冯天瑜.新语探源——中西日文化互动与近代汉字术语生成[M].北京:中华书局,2004.523~524.

规范、准确,在日本和中国均经受了一定时间的考验,易被著译者认可。选用这些名词作为标准译名,客观上有利于民国时期中国科技译名的统一。

3 译名标准问题

科技译名有一定的标准。比如,科技概念是互相联系的,所以,科技译名应该系统化。科技知识不易为普通人或外行所懂,所以,科技译名应该简单、明了、单义。语言是文化的载体,文化通过语言传播时,它必然要服从于语言的某些特点。在用汉语翻译西方科技时,科技译名也就必然要符合汉语造字构词规律。如果科技译名达不到上述标准,就会给科技在中国的传播带来障碍,甚至令传播难以进行。

译名统一工作者确定和选择的译名,应该达到一定的译名标准,才能算作好的译名,才能得到大多数人的认可,才能通行。

那么,译名究竟该达到什么样标准?民国时期不少人为译名标准进行了讨论。讨论是怎样进行的?讨论取得了哪些成果?和清末的成果相比,有什么不同,不同的原因是什么?官方译名工作组织的实践工作依据哪些标准?本节试图阐明这些内容。

为了行文方便,本书先界定几个科技译名标准的内容:

(1) 准确:含义准确,符合原名的科学概念。

(2) 简单:文字简单,易读、易写、易记。

(3) 明了:意义明了,易懂。

(4) 符合汉语特征:符合汉语造字构词规律。

(5) 系统化(一)：同一系列概念的名词译名，应体现逻辑相关性。

(6) 系统化(二)：派生名词、复合名词的译名应与基础名词的译名对应。

(7) 单义(一)：意义相同的外文名词，译为同一个中文名。

(8) 单义(二)：一个外文名词若有几个不同义项，分别译为几个不同的中文名。

(9) 单义(三)：意义不同的外文名词，不译为同一个中文名。

需要指出的是，这些标准并非泾渭分明，有些存在交叉之处。

清末和民国时期，均有人讨论译名标准。有的讨论一般译名的标准，有的讨论单科译名的标准。就单科译名标准发表的看法，对一般译名也是适用的，故可当做是就一般译名标准提出的看法。

清末，懂较多科技知识的国人不多，有科技书籍翻译经验的更是少见。所以，几乎没有国人专门就译名标准发表观点，我们只能从少数人如马建忠、严复等的片言只语中寻求答案，或作合理的推测。马建忠(1845—1900)，字眉叔。江苏丹徒人。幼好学，谙经史，长于西学。1870年赴法留学兼任驻法使馆翻译。后多次赴印度、朝鲜、日本等国协办外交事务。由于认识到翻译西学的重要性，1894年撰写《拟设翻译书院议》一文，呼吁设立翻译书院。他设想请多位长于古文的人充当翻译书院里的汉文教习，并让这些人商定术语译名。他认为术语译名"必取雅驯"：

"拟请长于古文词者四五人，专为润色已译之书，并充汉文教习，改削论说，暇时商定所译名目。必取雅驯，不戾于今而有征于古者。一一编录，即可为同文字典底本。又拟雇用书手五六名，以备抄录。"①

翻译大师严复提出翻译时要做到"信、达、雅",我们可以理解为"准确、明了、典雅",想必术语的翻译也应包含在内。也有今人把"达"理解为"达旨(达意)"。②

清末来华的外国传教士们为了便于传教,也向国人传授科学知识。他们有较丰富的科技翻译经验。他们对译名标准的关注甚于国人。1877年,狄考文撰文认为,译名要简单、明了、系统化(一)、系统化(二)。他指出:(1)译名必须简单、明了。译名不必包含字面所表示的所有意义,也不必体现与它所指称的物体有关的所有描述。译名的内容更多地取决于它所表示的定义,而不是词源学上的成分的意义。译名应抓住它所指称物体的显著方面。译名的含义通过广泛的定义来实现。又长又复杂的译名不但用起来不方便,而且缺乏尊严,也不利于统一。(2)同学科译名必须具有一致性,如"分数"、"倍数"、"乘数"、"根数"等都使用了"数"这个字,译名间体现了相似性。③

来华外国人中翻译科技书籍最为著名的傅兰雅,实在是中国科技译名统一事业的大功臣,在译名统一工作实践和理论方面,均有建树。1890年,傅兰雅在第二次新教全国大会上作了题为《科技术语:当前的歧义与寻求统一的方法》的报告,他在报告中认为,

---

① 马建忠.拟设翻译书院议[A].《翻译通讯》编辑部.翻译研究论文集(1894—1948)[C].北京:外语教学与研究出版社,1984.1~5.

② 刘重德.序[A].杨自俭.译学新探[C].青岛:青岛出版社,2002.6~8.

③ C. W. Mateer. School Books for China[J]. *The Chinese Recorder*, 1877, (8):427~432.

译名要简单、明了、符合汉语特征、系统化(一)、系统化(二)。他指出偏旁(Radicals)是汉语的显著特征,新术语不应该小看偏旁的广泛作用。有很多公认不再使用的汉字,它们只存在于字典中,表示非常模糊的意义,翻译术语时,应该使用一些这样的汉字。术语译名用字越少越好,译名越长,就越累赘越笨拙,译名简化是永恒的趋势,比如"火轮船"被简化成了"轮船"。同类术语译名必须具有相似性,译名必须表明术语间的联系,因此制定一个译名时,不应该把它当作孤立的单元,而应该当作集体中的一员,必须仔细考虑它所形成的系列或类型,使得各译名间的联系或关系能够被识别。[①]

同年,惠特尼也指出:应该把准确、简单、明了、文雅,作为翻译医学名词的标准,同时应考虑汉语习惯和特征。[②]

1895年,莫莱(A. Morley)强调译名要注意单义性,他指出,时人在试图建立一套中文术语命名法时,几乎没有考虑精确性和简洁性,他认为翻译疾病名称时,《康熙字典》里有很多字可用,但使用时必须遵守两原则:(1)一个汉字对应一类疾病。(2)除了表示病名外,这个汉字没有其他意思,无论是技术方面还是俗语方面。[③] 莫莱强调的单义性,主要是指上面所说的单义(三)。

---

① Fryer J. Scientific Terminology, Present Discrepancies and Means of Securing Uniformity[A]. *Records of the General Conference of the Protestant Missionaries of China*[C]. Shanghai: Presbyterian Mission Press, 1890. 531~549.

② Wheitney HT. Medical Terms[J]. *The China Medical Missionary Journal* (CMMJ), 1890, 4(1): 5~13. 转引自张大庆. 早期医学名词统一工作:博医会的努力和影响[J]. 中华医史杂志, 1994, 24(1): 16.

③ A. Morley. A Contribution on Medical Nomenclature[J]. *The China Medical Missionary Journal* (CMMJ), 1895, 9(3): 141~147.

第三章 关于科技译名统一问题的讨论

综合起来,清末认为译名应该(方括号内为被支持的次数):准确[2]、简单[3]、明了[4]、典雅(或文雅)[3]、系统化(一)[2]、系统化(二)[2]、单义(三)[1]、符合汉语特征和习惯[2]。

进入民国后,科技翻译规模加大,译名混乱程度加深。讨论译名标准问题的人多起来。许多职业学者和职业科学家加入到这个行列里来,很多人还有编译译名或审查译名的经历。

1915 年,中华医学会成立,俞凤宾医师是负责人之一。同年,俞凤宾在中华医学会发行的《中华医学杂志》第 1 期上发表《医学名词意见书》[①]一文,呼吁用国语讲授西方医学。他认为医学名词的翻译要以严复的"信、达、雅"作为译名标准。他还为此标准作了解释:"不背原意曰信,使人易晓曰达,脱去尘俗曰雅。"他列举了几个西名的日本音译名词、中国古字和通用名词。

西　　名	Diphtheria	cholera	typhoid	plague	malaria
日本音译名词	实扶的里	虎列剌	肠窒扶斯	百思笃	麻拉里亚
中国古字	疹		瘵		
通用名词	喉风	霍乱	伤寒	鼠疫	疟疾

经过对比,俞凤宾认为:日本音译词不雅,中国古字不达,两者均不足取。而通用名词为最适当:"音译之名词,失其雅而不适于用,中国之古字,失其达而无足取材,通用名词,应为至当。"

俞凤宾后来曾多次参加医学名词审查会议。

1920 年,商务印书馆编译所理化部主任郑贞文在《学艺》上发表《化学定名说略》一文,认为化学定名要"严、简、有系统",他解释

---

① 俞凤宾.医学名词意见书[J].中华医学杂志,1915,1(1):11~15.

如下:

"使一事一物各得一名,一名仅表一事一物,不生疑义者,严为之也。使短略之文字符号能表繁杂之内容,不至牵强者,简为之也。使横足以表其性质,纵足以表其族类者,则有系统为之也。"[①]

他说的"严、简、有系统"即为单义(一)、单义(二)、单义(三)、简单、准确、系统化(一)。

郑贞文后来参与了国立编译馆的化学译名统一工作,为统一我国化学译名作出了很大的贡献。

民国早期,我国科学名词的审查事宜由科学名词审查会负责。1921年,科学名词审查会物理学组的一位代表,在《中华医学杂志》上发表《审定科学名词准则意见书》一文,作者提出了以下的译名标准:(1)明了。宜多译为两字或两字以上的词,少用单字。若用单字就会造成较多的同音异义词,这样容易引起混淆。比如医学名词审查会审查通过的元素译名是一个字(如"氢"),应在所有的元素译名之后加上一个"质"(如"氢"变为"氢质"),变成两个字。(2)不论雅俗。名词重在应用,不应对其有雅俗成见。如严复为追求雅驯,译 Neuter(中性、无性)为"罔两",这不足取。(3)准确。译名应与原名意义吻合。(4)单义(一)。若两个西名同表一物,译成一个中名。如将 Frequency 与 Periodicity 定为同一个中名,就是这个道理。(5)单义(二)。若一个西名表示两物,译成两个中名。如 Armature 表示两物,应译为两个中名。(6)单义(三)。不要用公名译专名。如既然已经将 Rate 和 Ratio 译为"率",就不

---

① 郑贞文.化学定名说略[J].学艺,1920,1(4):41.

该再把 Frequency 译为"率"。若一个名词已经有了特定意义,不要因为义近或音似而用它来命名新物,从而又造出一个新义来,这样易导致张冠李戴之弊。如既然把科学家名称译为"库伦",就不该再把电量单位也译为"库伦"。①

由于有着审查名词的切身经历,从总体而言,这位代表提出的观点是很正确的,且较为全面。但他说应将元素译名由一个字变为两个字(如"氢"变为"氢质"),就很不妥了。首先,将元素名称译为一个字的做法,当时已经得到了大家的认可。其次,在实际使用中,使用一个字的元素译名,比使用两个字的元素译名要方便得多。

"两个审查会"没有公布明确一致的译名标准,从一些译名书的凡例看,"两个审查会"有时也遵循一定的译名标准,如 1920 年 7 月召开的第一次物理名词审查会所遵循的译名标准是:准确、简单、系统化、单义(二)②,1923 年 7 月召开的第一次算学名词审查会所遵循的译名标准是:准确、明了、系统化。③ 这些标准均落后于讨论中已有的合理认识。

1923 年,翁文灏在《科学》上发表《地质时代译名考》④一文。作者考察了当时几部书(包括李仲揆的著作)中关于地质时代的译名,发现异乱纷呈,因此,为了统一译名,他提出科学名词的翻译要

---

① 审定科学名词准则意见书[J].中华医学杂志,1921,7(3):181～183.
② 凡例[A].科学名词审查会物理学名词审查组第一次审查本:力学及物性名词[M].出版者、出版年不详.
③ 例言[A].科学名词审查会算学名词审查组第一次审查本:数学、代数学、解析学名词[M].出版者、出版年不详.
④ 翁文灏.地质时代译名考[J].科学,1923,8(9):903～909.

"从先、从众"。他特地指出,李仲揆所创译名"葭蓬"(Carboniferous),虽然音义兼备,较有理由。但由于已经有了相应的译名,故应该沿用旧译名,而不该创制新译名。

翁文灏的文章为李仲揆(即李四光)所注意。1924年,李仲揆在《科学》上发表《几个普通地层学名词之商榷》[①]一文。作者赞成翁文灏提出的科学名词翻译要"从先、从众"的观点,同时他也提出了自己的看法,他认为译名有修改的必要,从先、从众为通法,修改为特例。在此文中,李仲揆还就译名标准发表了看法,他认为译名要简单和准确,他指出:若使用标记法(音译法),则音与原音相近,用字笔画要少。若使用会意法(意译法),则取意要准,以免读者望文生义而误解。

在文中,他认为Carboniferous应译为"葭蓬纪",而不应译为"石炭纪",原因之一是世界上产石炭的时期,不限于石炭纪。他指明使用"葭蓬纪"的理由有二:"一则求与原音相符,一则以示当时植物繁盛之象。"

1927年,孔祥鹅在《工程》上发表《商榷电机工程译名问题》[②]一文,在此文中,孔祥鹅认为译名要简单、明了、系统化(一)、系统化(二)、文雅。他指出:译学名,要使它容易领会,可以从字面上推解它的意义。译人名地名,要使它容易发音、记忆和书写。译学名不可只照一个词单译,要照顾到它和其他学名的关系,使各个译名,于文字间表示它们的连贯。译名用字要雅,含有粗俗的字眼,

---

① 李仲揆.几个普通地层学名词之商榷[J].科学,1924,9(3):326~332.
② 孔祥鹅.商榷电机工程译名问题[J].工程,1927,3(1):40.

务宜避去。[①] 上述观点,除了"译名用字要雅"的观点与实际工作不吻合外,其余观点都是正确的。作者主张"含有粗俗的字眼,务宜避去"是对的,但并不该就此得出"译名用字要雅"的观点,毕竟,不粗俗不等于雅。在文中,孔祥鹅还提出外国人名地名,除已习见的外,均要译成中国式的人名地名。他这种观点是不太好操作的。

1929年,赵祖康在《工程》上发表《道路工程学名词译订法之研究》[②]一文。在译名标准方面,赵祖康主张译名应:(1)准确。译名以含义准确为要旨,务必与原名的含义相应。如将 Size 译作"大小",太空泛。我国有"尺度"一名,但"尺"太长,故将 Size 译作"寸法"。(2)简单、明了。应避免字画繁复、取义太古、晦涩难明的译名。含混、普通的译名也应避免。如将 Piston 译作"鞴鞲",虽然意义准确,但难通用,不如译作"唧子"。(3)系统化(一)。含意相关的原名,当译成词意相关的译名。如将 Secreen、Sieve、Mesh、Sereening 分别译作"眼筛"、"网筛"、"网眼"、"筛滓"。原名如为引申义,翻译时,应从其本义的译名中引申出该意义。如若将 Cell 译作"细胞",则要将 Celluar 译作"细胞状"。(4)系统化(二)。若一个原名由几个词构成,那么这个原名的译名由构成该原名的词的译名连接而成。如将 Wearing Coat 译作"腐蚀衣"。单个词的译名,和该词在与其他词连用时的译名保持一致,免致误会。如将 Highway 译作"道路",Highway Engineering 译作"道路工程"。不得既将前者译为"大道",又将后者译为"道路工程"。(5)单义

---

① 孔祥鹅.商榷电机工程译名问题[J].工程,1927,3(1):40.
② 赵祖康.道路工程学名词译订法之研究[J].工程,1929,4(2):223.

(一)。意义相同的几个原名,译成一个中名。如将 Blanket、Carpet 同译作"路氈",Footway、Sidewalk 同译作"边路"。(6) 单义(二)。一个原名含有多个义项,译成多个中名。如 Grade 可视具体情况译作"坡度"或"高度"。

前文已述及,在讨论科技译名统一问题上,像赵祖康这样较为详细、深入、全面地论述翻译方法、译名标准的文章,当时很少见。民国晚期,由国立中央大学和淮河水利工程总局合设的混凝土研究室所编的《混凝土名词》(编纂时间不早于 1946 年),就参照了赵祖康的这篇文章。赵祖康从事过工程名词的编译工作,有一定的实践经验,他编译的《道路工程名词》发表于《工程》同一期。

1929 年,美国麻省理工大学的陆贯一在《科学》上发表《译几个化学名词之商榷》一文。在文中,他强调译名应简单。他指出:译化学名词,当再注意两点:"(一)求笔画简单,以便笔述;(二)求音韵清晰,以便口讲。"①

陆贯一是个对科学名词翻译颇为热心的人,在此文中,他翻译了几个有机化学名词。如将 Toluene 译为"古"。由于科学名词审查会根据象形原则,将 Benzene 译为"困",他以此类推,将 Toluene 译为"古"。他认为"如此则非但寓结构于字形,且简略适于用"。不过,"古"这个译名虽然简单,但并没有流传下来。原因之一是 Toluene 为 Benzene 的衍生物,将它们分别译为"古"和"苯",没有考虑系统化原则。今译 Benzene 为"苯",译 Toluene 为"苯甲基",

---

① 陆贯一.译几个化学名词之商榷[J].科学,1929,14(4):592~598.

符合系统化原则。此文之后,他又撰写过《数目冠首字》[①]和《原质之新译名》[②],前文为西文数目冠首字创制了中文译名,后文创制了元素中文译名。他主要以符号加汉字的方式造新字,如将元素H译为"气"字头下面写一个"H",造的字很奇怪,不符合汉字构造特征,故均未被后人接受。由于他只强调译名要简单,而忽略了系统化、符合汉语特征等标准,导致他定的译名均未被人接受。这也说明了对译名标准认识得越全面,就对译名统一的实践工作越有利。

1929年,教育工作者艾伟发表《译学问题商榷》一文,该文是在征求意见的基础上写成的。关于译名标准,反馈意见认为:(1)简短易记。在可能范围之内,译名须简短,以便于记忆。(2)须正确并须明了。在同样情形之下,译名须恰合原文意义,同时须明了,以不致引起误会。[③] 我们可以把这两点归纳为:准确、简单、明了。

1931年,张鹏飞在《科学》上发表《吾对于学术名词进一言》[④]一文。在文中,他指出多组义同名异的数学译名,如:(1)"质数"与"素数";(2)"杂数"、"复数"与"复杂数";(3)"公约数"、"公因数"与"公生数";(4)"方程式"与"方程";(5)"方程组"与"联立方程式";(6)"两等边三角形"、"二等边三角形"与"等腰三角形";

---

① 陆贯一.数目冠首字[J].科学,1932,16(11):1703~1709.
② 陆贯一.原质之新译名[J].科学,1932,16(12):1858~1864.
③ 艾伟.译学问题商榷[A].《翻译通讯》编辑部.翻译研究论文集(1894—1948)[C].北京:外语教学与研究出版社,1984.175.
④ 张鹏飞.吾对于学术名词进一言[J].科学,1931,15(12):2070~2072.

(7)"内接圆"与"内切圆";(8)"柱"与"墙"。

接着,他提出应尽快制定学术名词(译名):"为学术之研究及进步计,制定学术名词,实为当务之急",他认为学术名词(译名)的标准是准确、简明、有系统。① 很遗憾,作者没有展开论述。

在文中,他还商榷了几个数学译名。如 Axiom,当时译为"公理",他认为应改译为"基理",这样可以使得定理不被轻视,还可表明基理(公理)与定理之间的关系:

"Axiom 或 Assumption 为几何之基础,今不译为基理而译为公理,并释为群众所公认,一若定理非群众所公认者,亦未免轻视一切定理而不明其间之关系。"

虽然他的改译有一定的道理,但由于"公理"早已通行(见文后附录11《数学译名表》),"基理"一名并没有被人们接受。不过,这并不妨碍他的译名标准"准确、简明、有系统"的科学性,因为在统一译名方面,沿用旧名与改订新名确实是不太容易把握的。

1932年,鉴于数学译名统一的重要性,黄步瀛在北大撰写了《英文数学名词中译之讨论》一文,发表于《科学》第16卷第8期。②

他认为译名应准确、简单、单义(三)。他指出:"窃以为名词之翻译,有三要则:曰短,曰声谐,曰义真。至于防止雷同,含义忌混,自为要则中之要则也。"

他还举了一个例子来详细说明:

"Preassigned number 一语,本由 pre,assign,ed,number 四部

---

① 张鹏飞.吾对于学术名词进一言[J].科学,1931,15(12):2070~2072.
② 黄步瀛.英文数学名词中译之讨论[J].科学,1932,16(8):1248~1254.

构成。考诸字典,pre 为预先之意,assign 为指定或派定等之意,ed 示'的',number 为数。就第一则名词要短而言,Preassigned number 一语,不得译作'预先指定的数目',或'预先派定的数目'。盖七字组成一词,固能表现原意,但书法不便之缺点,不可讳言。就声谐而论,则 Preassigned number 一词,不得译作(i)始指数(ii)始指定的数。盖(i)(ii)中之始字,固为预先之简,但始指均入纸韵,重叠上声二韵于一词之中,乃音韵学之所不许,且读之不能响朗,至于译为始派定的数,或始派定之数,亦属不佳。若就义真而言,该词不得译作开头派委的数。"

在此文中,他还拟订了 70 余条数学名词,并有少量解释,如:

"Implicit funcation:implicit 与 implicative 相同,均为包含、含蓄之意。因 funcation 已通称之曰函数,故(将 implicit 译为)包含以及含蓄之词均不能取,以其含涵同声,犯声不谐之原则。故窃译为'内在函数'。……

Explicit funcation:explicit 与 implicit 相反,故译之为'外在函数'。……"

但作者声明并非要译尽所有的数学名词,而是希望大家能致力于数学名词的统一:

"上译名词,当系数学名词之一小部分。且译出非当,诚无足轻重。然愚意不在尽译数学名词,而在说明英文数学名词中译之重要。苟因此高贤受感,起而共同努力将所有英文数学名词,遍加审译,俾数学译述,名词得能统一,则余志也。"

由于认识到"审订名词,实为当务之急,凡我同人,允宜共肩巨

任",翁为撰写了《译事臆语》①一文,1933年,发表于《科学》上。在文中,他强调译名要简单(如简短、易读):

"科学名词,最忌烦重。一涉烦重,称写两难。字止于二,最为上乘。设或不能,四五为度。一切冗字,概宜削除,简无可简,能事乃尽。声调平仄,亦宜讲求。平仄不和,入口不顺,纵极典雅,未臻完美。"

根据简单性等原则,在文中,他把法文 Point Figuratif 译为"倛点":

"Point Figuratif 为倛点,音夷,训尸,出仪礼,今言代表。尸字嫌其突兀,代表二字,又觉繁缛,倛字简而不悖于义,且不常用,不致雷同,此又古字之长处也。"

1935年,曾任大学院译名统一委员会委员的严济慈,为了批驳工商部门所制订的国际权度单位中文名称,撰写了《论公分公分公分》一文。在文中,他强调译名应单义(三),他指出,工商部门制定的权度单位"公分"一词三义,混淆费解,日常应用上困难丛生,科学教育上贻害深远。②

1940年,陈世骧在《科学》上,发表《昆虫之中文命名问题》③一文。作者首先指出,昆虫名称的翻译和统一,是项迫切的任务。但以何种法则来翻译和统一昆虫名称,需要专家的探讨。在文中,他认识到译名应符合汉语构词规律。他指出:昆虫之目、科、种名称应根据属名为原则,种别名称,即为一形容词附加于其所隶属名之

---

① 翁为.译事臆语[J].科学,1933,17(6):869~874.
② 严济慈.论公分公分公分[J].东方杂志,1935,32(3):80.
③ 陈世骧.昆虫之中文命名问题[J].科学,1940,24(3):182~186.

上。虽然他仅仅是论述昆虫译名,但这种观点可以推广至所有生物译名。

因为国际上的生物双名制对属名和种名的规定是:以属名在前,种名在后,属名系名词,种名系形容词。1926年,秉志认为,中文生物译名应按此规定,白松不说"白松",要说"松白"[①]。很显然,秉志的这种译法不符合汉语言构词规律。按照陈世骧的观点,白松依然说"白松"。较之秉志的观点,陈世骧的观点当然更可取。

1933年4月教育部召开的天文物理数学讨论会,也对译名标准进行了若干探讨。讨论具体细节不详,从议决案看,讨论会议定物理学名词译名标准为:(1)普通名词,以意义准确为标准。(2)名词用字,字数宜少;避免多用单字;避免同音字;发音应平易;笔画应简单,应采用通用之字。(3)两个不同之外国名词,所指相同者,用一个名词,同一外国名词,有数种意义者,分别规定之。[②] 这些译名标准可归纳为:准确、简单、明了、单义(一)、单义(二)。

虽然在"雅"和"符合汉语造字构词规律"这两点上,并无完全一致的看法,但综合起来看,民国时期关于译名标准的讨论,取得了一定的成绩,认识到译名应该(方括号内为被支持的次数):准确[9]、简单[10]、明了[6]、系统化(一)[4]、系统化(二)[3]、单义(一)[4]、单义(二)[4]、单义(三)[4]。这些成果对今天的实践工作依然有指导作用。2000年6月,我国颁布《全国科学技术名词

---

① 秉志.中文之双名制[J].科学,1926,11(10):1346~1350.
② 大会议决案[A].教育部天文数学物理讨论会专刊(特订本)[M].教育部,1933.124~127.

审定的原则及方法》,规定定名应"贯彻单义性的原则"、"定名要遵从科学性、系统性、简明性、国际性和约定俗成的原则"。[①]

民国时期关于译名标准的认识,和清末比起来,更为全面,在清末成果的基础上,增加了单义(一)、单义(二)。如上述的科学名词审查会物理学组的那位代表和赵祖康均有较为全面和较为透彻的研究。民国时期还修正了清末一些不太现实的认识。如清末多数讨论者追求雅,而民国时期除俞凤宾和孔祥鹅外,几乎没有谁主张典雅或文雅。甚至还有人明确反对追求典雅,如曹仲渊不主张追求典雅,他认为翻译科学名词时"设辞尤需有汉文的根底,用字有说文的考据。——是求不错,不是典雅"。[②] 上文中的翁为和科学名词审查会物理学组的那位代表也认为不应片面追求典雅或文雅。

清末马建忠、严复都强调译名要雅,体现了饱读经学的士大夫阶层的口味。民国时期大多数人不再强调译名要典雅或文雅,是因为科学要走向大众,科学语言必须通俗化。此外,当时书面语言正在发生从文言走向白话的变化,科学语言必然因此而受到相应影响。这说明术语译名标准除了和科学技术本身有关外,还和语言面貌等因素有关。

严复在翻译方面追求"信、达、雅"。他的译文精审,富于古文韵味,却因为不通俗而难以流传。他使用的很多译名,后来大都被

---

① 全国科学技术名词审定的原则及方法(2000年6月).全国科学技术名词审定委员会网页.

② 曹仲渊.电磁学名辞译法的商榷[N].时事新报·学灯,1920-03-12(第四张第一版).

简明通俗的译名所取代。如"天演"被"进化"所取代。商务印书馆在严译名著八种后附《中西译名表》,共收词482条,其中被学术界沿用的只有56条(包括严复沿用以前译名),所占比例不到12%。[①] 可见,科技译名很难和"雅"为伍的。

一个很有趣的现象是,在清末和民国时期关于译名标准的讨论中,有多位传教士提出译名要符合汉语特征,而国人却只有一人注意到这一点。原因可能是传教士们的汉语水平有限,使用汉语不能得心应手,故对这一点有切身感受。此外,他们意识到是在给中国人制订译名,要考虑译名是否为中国人所接受。

最能代表民国时期译名统一实践工作的,是国立编译馆所做的名词编审工作。根据各科译名书的凡例,综合而言,国立编译馆组织的名词审查,遵循了准确、简单、明了、单义(一)、单义(二)、系统化(一)、系统化(二)等译名标准(见附录7)。这说明民国时期译名统一实践工作所遵循的标准,与当时理论探讨得出的标准大致相同。

4 实践工作要点问题

人们对译名统一实践工作要点(即统一译名的实践工作的要点)的认识,对译名统一实践工作有着阻碍或促进的作用。在译名统一实践工作要点这一问题上,民国以前的认识成果是什么?民国时期参与讨论的人们是如何认识的?他们的讨论取得的成就是什么?本节试图阐明这些问题。

[①] 熊月之.西学东渐与晚清社会[M].上海:上海人民出版社,1994.701.

译名统一实践工作的核心是提供一套标准译名。译名的标准性要靠学术权威性和官方性来保证。所谓学术权威性是指标准译名是由学术界认可的。不管编译者是多么博学,单靠他个人的力量是难以保证他所编译的译名是权威的,译名的学术权威最终需要通过专家集体审查而获得。多次参加名词审查会议的俞凤宾指出:"凡一名词,经一人之思考,苦心孤诣而译成者,每不如一团体所商榷而共拟者,少数人所厘定者,每不如多数人所审定者之为愈。"① 多次参加名词审查会议的王完白也告诉时人:"欲定统一名词,非少数人所能为力,必集合学术团体,经共同之研究,始可推行无阻。"② 所谓官方性是指译名由官方制定、认可或公布。因而,统一译名的实践工作的要点是:(1) 专家集体审查译名;(2) 官方制定、认可或公布译名;(3) 推广标准译名。

对统一译名而言,这三点都是必不可少的。清末和民国时期,大家几乎都认识到最后一点的必要性(且大家提出的措施几乎都是刊行标准译名)。但对前面两点必要性的认识,大家却有差异。

4.1 清末的认识

4.1.1 国人认识到官方制定、认可或公布译名的必要性

清末,国人主要看到了官方制定、认可或公布译名的必要性,而忽视了专家集体审查译名的必要性。如1902年,清政府的管学

---

① 俞凤宾.推行医学名词之必要[J].中华医学杂志,1922,8(2):86.
② 王完白.科学名词审查会第六届年会纪要[J].中华医学杂志,1920,6(3):160.

大臣张百熙奏请于京师大学堂内设译书局,关于译名统一事宜,他说:"中国译书近三十年,如外洋地理名物之类,往往不能审为一定之音,书作一定之字。拟由京师译局定一凡例,列为定表,颁行各省。以后无论何处译出之书即用表中所定名称,以求划一,免淆耳目。"[1]1903年,严复[2]在《京师大学堂译书局章程》中提出:"法于开译一书时,分译之人另具一册。将一切专名按西国字母秩序开列,先行自拟译名,或沿用前人已译名目(国名、地名,凡外务部文书及《瀛环志略》所旧用者从之)。俟呈总译裁定后,列入《新学名义表》及《人地专名表》等书,备他日汇总,呈请奏准颁行,以期划一。"[3]他所提到的"总译",系领导人物,负责进退译员、分派任务、督率工作、删润文字等事宜。张百熙和严复当时都是官方人士,在译名统一方面,他们容易想到官方力量。

清末政府从事过少量统一译名的实践工作,收效甚微。上面所说的京师大学堂译书局,于光绪三十年(1904)七月停办,无任何贡献可言。[4]

同文馆于光绪二十七年(1901)十二月并入京师大学堂后,改为译学馆。光绪二十八年(1902)十一月颁布《奏定学堂章程》,内

---

[1] 张百熙.奏请设立译局与分局[A].黎难秋等.中国科学翻译史料[C].合肥:中国科学技术大学出版社,1996.99.

[2] 陈福康.中国译学理论史稿[M].第2版.上海:上海外语教育出版社,2000.143~144.

[3] 京师大学堂译书局章程[A].黎难秋等.中国科学翻译史料[C].合肥:中国科学技术大学出版社,1996.495.

[4] 王树槐.清末翻译名词的统一问题[J].(台北)近代史研究所集刊.1971,(1):66.

有译学专章,分设英、法、德、日、俄文五科,有如外国语文学系,馆中附设"文典编纂处",文典编纂处主要工作为编纂字典辞书。除教习有兼编文典之责外,另设有总纂一人,负责主持,分纂二人,负责编辑工作,翻译一人,协理外国文字。据说该机构仅将日本的《新法律词典》译成中文。①

1908年,学部审定科编纂了《物理学语汇》和《化学语汇》。

宣统元年(1909)五月初七,学部上奏派严复编定各学科中外名词对照表及各种词典,九月十六日又上奏设立编订名词馆,"派严复为该馆总纂,并添派分纂各员,分任其事,由该总纂督率分门编辑"。②当时的准补江苏六合县知县孙筠,因为"文章雅赡,邃于西学",而被调入编订名词馆充任分纂。③

据学部呈报的成绩折称:"编订名词馆,自上年奏设以来,算学一门,已编笔算及几何、代数三项;博物一门,已编生理及草木等项;理化、史学、地学、教育、法政各门,已编物理、化学、历史、舆地及心理、宪法等项。凡已编者,预计本年四月可成;未编者,仍当挨次续办。"④编订名词馆的工作进度,可谓快矣。但刊印的译名书(表)并不多见。

---

① 王树槐.清末翻译名词的统一问题[J].(台北)近代史研究所集刊.1971,(1):66.
② 本部奏章:奏本部开办编订名词馆并遴派总纂折[N].学部官报,1909,第29册第105期.
③ 附奏调准补江苏六合县知县孙筠充编订名词分纂片[N].学部官报,1909,第29册第105期.
④ 学部:奏陈第二年下届筹办预备立宪成绩折(宣统二年)[J].教育杂志,1910,(5).转引自陈学恂.中国近代教育史教学参考资料(上册)[M].北京:人民教育出版社,1986.760.

上述译名是由政府制定、公布的,没有经过专家集体审查,所以,清末政府的译名统一的实践工作是基于通过官方制定、公布来统一译名这一认识的。

4.1.2 来华传教士先认识到专家集体审查译名的必要性,后认识到官方制定、认可或公布译名的必要性

我国明清时期科技书籍的翻译始终沿袭西士口授、国人笔述的合作译书方法,译书最困难之处,在于确切表达科学概念和名词术语。由于参与译事的我国学者几乎都不懂外文且缺乏近代科技教育背景,来华西士在翻译工作中起了重要作用。[①]

来华传教士们在科技翻译方面有比较丰富的经验,他们对科技译名统一工作的关注和所做的科技译名统一工作,远远多于同时代的国人。在译名统一实践工作要点方面,起初,来华传教士们认识到了专家集体审查译名的必要性。他们在统一译名的实践中已经贯彻该项制度。如 1891 年 11 月,益智书会里负责专门术语译名统一工作的出版委员会制定了统一译名的工作章程。章程要求出版委员会的委员们分门别类汇集已有的中文译名,编成术语译名表。各表编好后,送各委员传阅审查,各委员标出各自认为合适的译名,最后返回原编表者,由他仔细检查和整理,发现不同意见时,由他请求委员会各位委员投票决定。各表完成后,交书会总编辑,由他按字母顺序,将各表汇集成一个总表,准备作为英汉科

---

① 王冰.我国早期物理学名词的翻译及演变[J].自然科学史研究,1995,14(3):215.

技词典出版。①

博医会里负责医学名词译名统一工作的名词委员会也实行专家集体审查制度。如1901年正式举行的首次名词审查会议上,名词委员们经过六周的讨论、商议,审定通过了解剖学、组织学、生理学、药剂学等名词。他们还将这些名词编印成册,送发博医会的各会员以及对此感兴趣的有关人士,希望他们提出修改意见。②

后来,传教士们也认识到了官方制定、认可或公布译名的必要性。1905年,由益智书会改名后的教育会,也考虑与中国政府、商务印书馆等合作进行译名统一工作。③ 1908年,博医会名词委员会在统一的医学各科名词的基础上,编辑出版了《英汉医学词典》和中文的《医学字典》,并提呈北京教育部,希望能够得到中国官方的认可。④ 但均未达到目的。

4.2 民国早期的认识

4.2.1 有些人只看到官方制定、认可或公布译名的必要性,有些人则只看到专家集体审查译名的必要性

在民国早期的讨论中,有些人依然只看到官方制定、认可或公

---

① Education notes[J]. *The Chinese Recorder*, 1892,(23):32～34.
② Work of the nomenclature committee[J]. *The China Medical Missionary Journal*, 1901,15(2):151～156.
③ 王树槐.清末翻译名词的统一问题[J].(台北)近代史研究所集刊,1971,(1):77.
④ 张大庆.早期医学名词统一工作:博医会的努力和影响[J].中华医史杂志,1994,24(1):17.

布译名的必要性,如寓仁、丁以布、林纾等。清政府曾设立名词编订机构(如译书局和编订名词馆),来编订名词。这样的机构随着清政府的灭亡而中止。进入民国后,寓仁[①]、丁以布[②]等认为政府应重新设立名词编订机构。1914年,林纾在为《中华大字典》写的序言中提议"由政府设局,制新名词,择其醇雅可与外国之名词通者,加以界说,以惠学者。则后来译律、译史、译工艺生植诸书,可以彼此不相龃龉,为益不更溥乎?"[③]林纾(1852—1924)提出这样的观点,与他的工作经历有关。他是光绪举人,曾任教京师大学堂,又在京师大学堂译书局任过译员。他用流畅生动的古文翻译了大量欧美小说。[④]

与此相反,有些人则只看到专家集体审查译名的必要性,如庄年、侯德榜、周铭、白华等。

1912年,庄年在《独立周报》上发表《论统一名词当先组织学社》[⑤]一文。在文中,他认为欧洲科学名词之所以统一,是因为有种种学社,如"英伦之化学学社(The Chemistry Society)、机器工科学社(The Institution of Civil Ingineering);苏格兰之地理学社(The Scotish Geographical Society)等"。所以他提出统一译名需要先组织学社,他提议:

---

① 寓仁.名词馆宜复设[J].教育周报,1915,(89).
② 丁以布.论修订名词之不可缓[J].独立周报,1912,(11):31.
③ 林纾.序言[A].中华大字典[M].中华书局,1914.
④ 冯天瑜.新语探源——中西日文化互动与近代汉字术语生成[M].北京:中华书局,2004.305.
⑤ 庄年.论统一名词当先组织学社(致独立周报记者)[J].独立周报,1912,(4):36~37.

"宜设立各种学社,附属于中央学部。搜集文人学士,分门别类,以专科素有心得之人,共相讨论,从事编译,审定名词,规定解说,刊成字典,为译名之标准。如或译名不备以及欠妥,则译界中人,得将理由通告专社。倘得赞同,则可更正之,增刊之。唯不得各逞意见,私造译名。"

1915年,侯德榜在《留美学生报》上发表《划一译名刍议》一文,他提议:

"须广设专门学会,学医者纠集同志设医学会,学化学者有化学学会,学物理者有物理学会,学数学者学天文者学各种工程者皆然。然后由各该会选定各该科学上所有名称,登诸各该种杂志,颁布全国。则著作编译者,庶有标准,不复至另定歧异名称矣。"[1]

为了加强译名的统一,1916年《科学》发起了名词论坛。周铭是论坛主事人之一,论坛开设之初,他撰写《划一科学名词办法管见》[2]一文,反对两种做法:不行动或强制统一,认为"划一名词之办法要端有二:立名务求精确,故必征求多数专家之见;选择需统筹全局,故必集成于少数通才之手"。从这两个"要端"出发,他认为统一名词应分三步进行:第一步为征集名词;第二步为通过《科学》杂志对征集的名词进行讨论,当者用之,不适者改之;第三步为征集全国科学家开大会公决或仍由报章宣布讨论。

白华当时可能是《时事新报》的编辑,1920年,他撰写发起译名讨论的启事,提醒从事译述的青年学者不要鲁莽从事,"且先来

---

[1] 侯德榜.划一译名刍议[J].留美学生报,1915,2(1,2):31~35.
[2] 周铭.划一科学名词办法管见[J].科学,1916,2(7):824~826.

将他所要译的重要名词,公请大家的讨论。讨论定了,一致通过了就是统一了,然后再放心用去。免得西洋一个名词,到了中国成了十几种名词,使读者茫不知所适从"。①

4.2.2 有些人既看到官方制定、认可或公布译名的必要性,也看到专家集体审查译名的必要性

民国早期,有些人清醒地认识到两方面都是必要的,如胡以鲁、沈慕曾、朱自清等。

1914年2月,胡以鲁发表《论译名》一文。他在文中提出,译名"宜由各科专家集为学会,讨论抉择,折中于国语国文之士;讨论抉择,复由政府审定而颁行之"。②

同年6月,中华工程师会会员沈慕曾在《中华工程师会会报》上发表《审定科学名词意见书》一文。他认为:"科学名词苟不及时审定,则翻译无定规,而阅读尤易误会。灌输文明之阻碍,诚莫过于此。……为今之计,本会宜立一审定科学名词委员会,或以理事部组织之,或由会长选派会员组织之。规划既定,似宜呈部立案,更以所译名词呈请教育部审择颁行,以期一致。"③

1919年,朱自清在《新中国》上发表《译名》一文,他比胡、沈两人谈得更全面些,他认为统一译名固然要靠译名本身的价值,同时也需要人为的力量,这种人为的力量约有四种——政府审定、学会

---

① 白华.讨论译名底提倡[N].时事新报·学灯,1920-04-12(第四张第一版).
② 胡以鲁.论译名[A].《翻译通讯》编辑部.翻译研究论文集(1894—1948)[C].北京:外语教学与研究出版社,1984.
③ 沈慕曾.说林:审定科学名词意见书[J].中华工程师会会报,1914,1(6):20~21.

审定、学者鼓吹的力量、多数意志的选择。他认为这四种力量并行不悖,不可少一种,更不可只有一种[①]。实际上,他说的四种力量可分为两类,第一种即为官方的力量,后三种力量可以归结为专家集体的力量。

4.2.3 有人反对通过专家集体审查译名或官方制定、认可或公布译名来统一译名

在民国早期,也有人反对通过专家集体审查译名或官方制定、认可或公布译名来统一译名。如容挺公、章士钊、侯德榜。

1914年,容挺公在《甲寅》上发表《致甲寅记者论译名》一文。他指出:"唯政府之力,亦不能过重视之。盖唯人名地名暨乎中小学教科书所采用之名辞,政府始能致力,稍进恐非所及!"[②]容氏认为政府能致力于统一较简单的译名,如人名地名与中小学教科书上的译名,对于统一较深奥的译名,则恐怕无能为力。容氏这种观点是偏颇的。

在文中,容氏还认为译名"自出世之日始,固已卷入于天演中,将来之适与不适,存与不存,人固无能为,今亦不能测","将由进化公理,司其取舍权衡"。这表明他认为统一译名只要约定俗成,不需要专家集体审查和官方的制定、认可或公布。容氏的这种观点是有失公允的。

---

① 朱自清.译名[A].《翻译通讯》编辑部.翻译研究论文集(1894—1948)[C].北京:外语教学与研究出版社,1984.39~58.
② 容挺公.致甲寅记者论译名[A].《翻译通讯》编辑部.翻译研究论文集(1894—1948)[C].北京:外语教学与研究出版社,1984.33~35.

在反对官方制定、认可或公布译名这一点上,章士钊的态度比容氏更坚决。容氏还在译名统一中为官方留下了一点点地盘,章氏却把官方清除得干干净净。1914年,在胡以鲁提出译名宜由学会讨论抉择,并由政府审定而颁行的观点之后,章士钊撰文指出:

"此浅近习语,法诚可通。若奥文深义,岂有强迫?愚吐弃'名学'而取'逻辑'者也,绝不能以政府所颁,号为斯物,而鄙著即盲以从之。且政府亦决无其力,强吾必从。"他认为:"唯置义不论,任取一无混于义之名名之,如科学家之名新元素者然,则只需学者同意于音译一点,科名以立,讼端以绝。道固莫善于此也。"①

1915年,侯德榜在《划一译名刍议》一文中,也很坚定地认为:"划一科学名称,乃科学家之事,与政治无涉。"②

今天,依然有人认为译名统一工作仅仅靠科学家自己就能够做好。这种观点过于理想化了。因为在知识爆炸年代,科技译名层出不穷,要让所有科技专家同意一个译名,非常不易。就算是所有科技专家同意了某个译名,也不能保证科技界之外的人遵照使用这个译名。这就难免产生译名混乱的情形。所以,在科技译名飞快增长的年代,必须由官方主导科技译名统一工作,并由官方采取一定的措施来保障规范译名被遵照使用。

4.3 1920年以后的认识

1920年以后,大多数人认识到科技名词审查组织的重要性,

---

① 秋桐.译名[J].甲寅,1912,1(1):13.
② 侯德榜.划一译名刍议[J].留美学生报,1915,2(1、2):31~35.

也有部分人认识到这种组织应具有官方性质。

把专家集体审查译名和官方制定、认可或公布译名连接起来的关键一步是成立官方授权的科学名词审查组织。官方授权的科学名词审查组织是官方译名工作组织,官方译名工作组织却不一定是官方授权的科学名词审查组织,比如,清末学部设立的编订名词馆,是官方译名工作组织,但其制订的译名并没有经过专家集体审查这道程序,故不是科学名词审查组织。

前文说到,1914年,中华工程师会会员沈慕曾在《中华工程师会会报》上发表《审定科学名词意见书》一文,他认为:中华工程师会"宜立一审定科学名词委员会,或以理事部组织之,或由会长选派会员组织之。规划既定,似宜呈部立案,更以所译名词呈请教育部审择颁行"。他提出"审定科学名词委员会"应得到官方的立案,"所译名词"应由教育部公布,表明他已经认识到官方授权的科学名词审查组织的重要性。这在当时是非常可贵的。虽然他主要针对工程译名,而不是各科译名。

1920年以后,很多讨论者针对各科译名,认识到了科学名词审查组织的重要性。

《时事新报》译名讨论的引领者曹仲渊指出译名的统一离不开政府组织科学名词审查会或译学馆。但科学名词审查会该如何组织,他并没有论述。随后,徐祖心、万良濬、芮逸夫弥补了这一不足。

1920年,徐祖心撰文指出:

"必须各科设一个机关,专论这件事(指统一译名——笔者注),比如研究哲学的,各种科学的,各集合了一个团体,把各种名词分别讨论,通过后即把它辑录下来,一俟完毕后即编成一本各科

第三章 关于科技译名统一问题的讨论

名词底字典。如是以后翻译,皆以此为准则,这样着手未有不能统一者。同时对于译音一面,也可造出一种新名词,以为准则。"①

同年,万良濬同意徐祖心的观点:

"徐君所说统一名词一层,我极表同情。西洋一个名词,无论普通名词或人名地名,一到中国来,就乱七八糟,变成几十个名词,你这样译,我那样译。令人看了,摸不着头脑,这是很不经济的。所以现在我国的学术团体,极应当设一个名词审查会,拿各种名词详细讨论一下,先从医学化学等入手,订出一种极恰当的名词,然后大家都可以照他们所订的来施用。"②

芮逸夫同意万良濬的意见,同时他指出,科学名词审查会须由教育部组织的专门学者组成:

"组织译名审查会。这一步万良濬君已经说过,不过这件事不是几个人的能力所能组织的。我以为非由教育部组织,即须由专门学者组织不可。因为不如此,不足以昭全国人的信用。"③

1931年,张鹏飞则进一步提出科学名词编审机关应常设,并就其工作机制提出了自己的看法:

"关于名词之编审等工作,此种机关,理宜常设。使学术界对于名词,得随时提出意见,加以讨论与整理。每隔三五年开大会一次,将各种名词加以厘定。除开会时遴选专家出席外,并于开会前

---

① 徐祖心.译名刍议[N].时事新报·学灯,1920-04-16(第四张第一版).
② 万良濬.对于译名问题的我见[N].时事新报·学灯,1920-04-20(第四张第一版).
③ 芮逸夫.我对统一译名的意见[N].时事新报·学灯,1920-04-26(第四张第一版).

广征学术界之意见。但名词一经订定后,则在下届厘定以前,当全国适用以期统一。否则由一二人专断,强群众以盲从,将来甲是而乙非,朝行而夕改,其凌乱谬误,未必较不制定时为胜。"①

这些人可大致归入两类。第一类为徐祖心、万良濬等,他们只认识到科学名词审查会的专家集体性质,而忽略了科学名词审查会的工作要取得大的成效,还需另外一个条件——官方性质。第二类是曹仲渊、芮逸夫、张鹏飞等,他们既认识到科学名词审查会的专家集体性质,也认识到科学名词审查会的官方性质。

从文中还可看出,万良濬、芮逸夫两人的观点明显落后于实践。早在1916年,医学名词审查会就成立了,1918年改名扩大为科学名词审查会。到了1920年,竟还提议成立科学名词审查会,显然是落伍了。这也说明当时的医学名词审查会和科学名词审查会影响不是很大。当然,也有不落后的人,他们不仅关注了当时的名词审查工作,还对工作进行了评价,如朱隐青等。

1920年,朱隐青撰文批评科学名词审查会代表面狭隘,认为不同专业的名词应由不同专业的团体审查,仅仅由江苏省教育会、博医会、中华民国医药会、中华医学会等医学团体为主组成的"科学名词审查会"审查所有的科学名词,是学术事业上的专制。②

1927年,张资珙也撰文指出科学名词审查会代表面狭隘:

"科学名词审查会之范围,殊有过狭之嫌。审查之名词,亦未免挂一漏万,且多有谬误之处。为今之计,为一劳永逸计,宜多邀

---

① 张鹏飞.吾对于学术名词进一言[J].科学,1931,15(12):2070~2072.
② 朱隐青.驳教育部划一科学名词之咨文[J].学艺,1920,1(4):117~118.

团体加入,罗致国内学者,各就其所专长,以学者之态度,互相讨论,取长补短,学术前途,庶有望焉。"①

秉志则对科学名词审查会持宽容的态度,认为:"科学名词审查会所译名词,虽不尽妥,然此为用中文制造科学名词之起首,要不可少此一举。"②

1932年后,由国立编译馆负责科技名词编订和审查工作。该馆这项工作做得较好,但也存在一些问题。1937年,阙疑生在《科学》上发表《统一科学名词之重要》③一文,对此作了全面的评价。他认为国立编译馆的工作富有成效,但存在下列问题:第一,各名词草案"大抵均重英文名词,而拉丁文及德、法、日文者,往往疏而不备";第二,"专家审查名词之办法,颇不一致,有先期集会逐词讨论者,有寄阅个别审查者";第三,"已经公布之审定各名词,是否为全国科学界一致采用,此至堪注意之问题"。

作者还提出了改进办法。关于名词草案的拟订,他认为:"需多搜各国固有文籍,详征博引,事前并可请审查员参加意见。务期英、德、法、日各种语言之名词,一概齐备,以便对照。"关于审查名词的办法,他指出:"一方面固希望被聘请之审查委员,负起责任,勿视此事为官样文章,挂名而不做事。一方面更希望编译馆尽最大努力,统一审查办法,改良审查组织。如能宽筹经费,最好能于寒暑假各方人事不甚忙碌时,择定一清静适宜地点(如庐山、青岛),赁就会场,用尽公私力量,集合各审查员于一堂,费十日半月

---

① 张资珙.科学在中国之过去与现在[A].沪大科学[C].1926.11.
② 秉志.中文之双名制[J].科学,1926,11(10):1346～1350.
③ 阙疑生.统一科学名词之重要[J].科学,1937,21(3):181～182.

光阴,专做此事,则较之仅凭数次之匆忙会议,而即决定通过者,其审慎粗疏,当不可同日而语。"关于已经公布的名词的使用问题,他指出:"各名词既由教育部命令正式公布,则必期诸必行。编译馆不妨先作调查,以觇全国工商学各界之是否一律采用。如未采用,可直接命令采用之。又编译馆现有审查全国教科书之特权,更可命令各书店以后编辑教科书或其他参考书时,须一律采用已经审定之各种名词。如此在短期之内,全国各级学校不难一律采用,而无复分歧不统一之弊矣。"

总之,在民国时期关于译名统一实践工作要点的讨论中,1920年以前,在专家集体审查译名和官方制定、认可或公布译名的必要性方面,有的人只看到前者,有的人只看到后者,有的人反对其中之一,有的人两者都反对,有的人两者都看到了,其中还有人看到了官方授权的科学名词审查组织的重要性。讨论者观点很不一致,必然阻碍译名统一实践工作的进行。1920年后,大多数人认识到科学名词审查组织的重要性,但只有部分人认识到这种组织应具有官方性质,还有人对当时官方科学名词审查组织的工作进行了评价。

民国时期对官方授权的科学名词审查组织重要性的认识以及对其工作的认识,跟清末相比,是一大进步。无疑,这种认识有利于当时及后世的译名统一实践工作。

结　语

科技译名统一工作是指为减少、消除科技术语中文译名混乱的现象,而给科技术语定出规范的中文译名,并推而广之的工作。

科技译名统一工作意义重大,因为科技译名的规范和统一有利于科技知识的传播和科学技术的发展。据黎难秋[①]粗略统计,清末传入的西方科学(含自然科学和社会科学)译著约为2100种,民国时期科学(含自然科学和社会科学)译著约为95500种。在这种背景下,若不统一科技译名,科技的传播和发展就会非常艰难。

科技译名统一工作,还为"汉语科学化"打下了良好的基础。由于中国传统文化与近现代科技相差甚远,前者并没有为后者准备多少术语。民国及以前,在用汉语著译近现代科技知识或阅读用汉语写作的近现代科技书籍时,很多人感到非常棘手。因此,一部分人认为汉语是落后的语言,不适合表述近现代科技知识。

中国近现代的科技译名统一工作,制定了一大批规范的汉语科技术语,为汉语规范表述近现代科技(或曰"汉语科学化")打下了良好的基础,使汉语融入了近现代世界科技文化大家庭,焕发出

---

① 黎难秋.民国时期中国科学翻译活动概况[J].中国科技翻译,1999,12(4):42.

新的生命力。

民国以前,已经有些组织和个人为统一科技译名而进行了实践工作。但是,成效不大,甚至可以说是失败的[①]。其根本原因是科技译名统一实践工作对人才要求很高,既要精通外语和西方科技,又要精通中国语言文化,而在当时,这样的人才极其匮乏。

进入民国后,统一科技译名的任务更加艰巨了。一方面要解决清末遗留下来的问题,另一方面,民国时期传入的西学著作更多,译名分歧现象更为严重。因此,科技译名的统一,在当时显得非常迫切,很多组织和个人为此做了大量工作,取得了重大成就。这一时期的科技译名统一工作,从两个层面展开:实践工作和理论研究。

官方科技译名统一工作组织(简称"官方译名工作组织")虽然在理论研究方面所做的工作不多,但其所做的实践工作却是当时实践工作的主体。这类组织相继为医学名词审查会和科学名词审查会("两个审查会")、大学院译名统一委员会、教育部编审处、国立编译馆等。

医学名词审查会成立于 1916 年,1918 年改名为科学名词审查会。"两个审查会"共召开名词审查大会 12 次。"两个审查会"取得了以下成就:(1) 开创了中国近现代科技译名统一工作的新阶段。"两个审查会"的成立表明官方和学术界开始联手统一科技译名。(2) 审查通过了一批名词,造就了一批名词审查员。(3) 形

---

① 王树槐.清末翻译名词的统一问题[J].(台北)近代史研究所集刊,1971,(1):72.

成了较为科学的名词审查程序。"两个审查会"也存在下列问题：(1) 译名工作组织不健全：经费无依靠、无专职名词起草员、由与会团体推荐的名词审查员代表性不广泛且经常缺席、无终审权。(2) 名词编订程序不完善。(3) 确定译名时协商不充分。

1928年成立大学院译名统一委员会，由其继承前科学名词审查会的职责。虽然在具体的科学名词审查方面，大学院译名统一委员会并无多大作为，但在组织建设和制度建设方面，它的功绩是巨大的。它第一次明确提出了关于名词审查经费来源、名词审查机构组成、名词审查职责分配、名词编译审查公布程序的官方纲领性文件，为我国官方译名工作组织的组织建设和制度建设作出了重要贡献。

同年，科技译名统一工作改由教育部编审处负责，其进行的工作不多。

1932年，国立编译馆成立，负责编订名词，并组织专家审查。国立编译馆为统一科技译名作出了重大贡献。在国立编译馆和专家的努力下，科技译名渐趋统一。国立编译馆的科技译名统一工作成就大于"两个审查会"，主要原因是：(1) "两个审查会"审查通过的名词、锻炼起来的名词审查人员为国立编译馆的科技译名统一工作打下了较好的基础。(2) 译名工作组织更权威。国立编译馆有专门的名词编订人员，名词审查委员由国立编译馆呈请教育部聘请，名词审查资金由国家提供，审查通过的名词直接由教育部公布。这些都是"两个审查会"所不能比拟的。(3) 名词编订程序更完善。(4) 确定译名时协商更充分。(5) 参与名词审查的全国性专科学会更多。(6) 名词推广措施加强。国立编译馆有审查教科书的权力,审查公布的名词通过部分教材审查工作,得到强制实行。

官方译名工作组织得以顺利开展工作,是与民间科技社团的参与分不开的。此外,官方译名工作组织之外,不少民间科技社团也独立做了很多工作。

中国科学社从1915年到1949年间做了大量的科技译名统一工作:第一阶段,独立工作(包括制定严密的科技译名统一工作章程、为《科学》杂志配备名词员、在《科学》上刊出《名词表》、发起科学名词论坛等);第二阶段,参与科学名词审查会的工作;第三阶段,参与大学院译名统一委员会和国立编译馆组织的工作。中国科学社的科技译名统一工作是民国时期我国科技译名统一工作的一个缩影。它取得较大的成就主要体现在:(1)物理名词和数学名词的编审;(2)理论研究方面。取得较大成就的主要原因分别是:(1)中国科学社集中了数学专家和物理专家;(2)《科学》杂志具有较大的影响力。

中国科学社的工作主要在自然科学基础学科方面,而中国工程学会则为统一工程技术译名进行了大量的工作。从1928年起,中国工程学会陆续公布了机械工程、道路工程、汽车工程、航空工程、无线电工程、染织工程、电机工程、化学工程、土木工程9部名词草案,弥补了官方译名统一工作的不足,为我国工程译名的统一作出了突出的贡献。它作出突出贡献的原因是:(1)中国工程学会集中了工程专家;(2)官方译名工作组织尚未进行工程译名的统一工作。

民间科技社团所做的实践工作是官方译名工作组织所做实践

工作的基础和补充。

在实践工作方面,除了官方译名工作组织和民间科技社团所做工作外,还有些个人、组织等编撰出版了译名书(以提供译名为主要目的,一般不释义),有利于当时的科技译名统一工作。

这些译名书有:《无机化学命名草案》、《普通英汉化学词汇》、《英汉化学新字典》、《物理学名词汇》、《统计与测验名词英汉对照表》、《汉译统计学名词》、《医学词典》、《生理学中外名词对照表》、《园艺学辞典》、《矿物岩石及地质名词辑要》、《新编华英工学字汇》、《华德英法铁路词典》、《公路辞汇》、《英华纺织染辞典》、《纤维工业辞典》、《机械工程名词》、《水利工程名词草案》、《英汉对照混凝土名词》、《英华、华英合解建筑辞典》、《百科名汇》20部。除了《生理学中外名词对照表》一书只是汇集了译名外,相对当时官方译名而言,其他译名书都提供了新译名,这些译名是官方译名的补充。

这些译名书都能够注意与官方译名保持一致。译名书的主要目的是提供译名,所以编纂者一般能做到与官方译名保持一致。

当时还有些个人、组织等编撰出版了辞典(虽提供了译名,但以释义为主要目的),对当时的科技译名统一工作产生了较大的影响。

这些辞典有《植物学大辞典》、《动物学大辞典》、《地质矿物学大辞典》、《地学辞书》、《(新式)博物词典》、《数学辞典》、《(新式)理化词典》、《中华药典》、《新药学大词典》、《自然科学辞典》、《(英汉德法对照)化学辞典》、《中华百科辞典》、《(题解中心)算术辞典》、《算学辞典》、《辞源》、《辞海》等。

总的说来,这些辞典(包括重印和再版)并没有注意和官方译名保持一致。造成这种现象的主要原因有:一是辞典主要是提供释义,所以辞典编纂者没有追求与官方译名保持一致;二是官方没有要求辞典编纂者必须使用官方译名。

由于提供了官方尚无的译名,上述前19部译名书和前7部辞典的编纂、出版,是官方译名工作组织所做实践工作的补充。

在理论研究方面,官方译名工作组织所组织的理论研究很少。由于当时科技译名纷乱歧出,很多人就译名统一问题进行了讨论,这构成了当时理论研究的主体。参与讨论的文章广泛分布于报刊杂志上,集中表现为三个部分:(1)章士钊引发的讨论;(2)《时事新报》发起的讨论;(3)《科学》、《工程》、《中华医学杂志》等杂志上的讨论。讨论的内容集中表现为三点:(1)科学名词翻译方法(包括如何对待日译科技名词);(2)译名标准;(3)译名统一实践工作要点。

这些讨论取得了较大的成就。和清末已有成就相比,在科学名词翻译方法方面取得的成就是:在意译法、音译法的优缺点和适用对象以及如何对待固有名词和已有译名等方面,有了更为全面、准确的认识,得出了更为完善的译法准则。讨论得出的结论在今天依然有借鉴意义。民国时期官方译名工作组织遵循过的译法准则,和上述讨论得出的译法准则基本吻合。

在如何对待日译科技名词方面取得的成就是:讨论者认识到应选择性吸收。民国时期官方译名工作组织,在实践工作中,也持选择性吸收的态度。他们的这种做法,有利于当时科技译名的统一。

在科技译名标准方面取得的成就是:认识到译名应该准确、简单、明了、系统化、单义。总的说来,和清末相应成就比,上述成就更深刻、全面、准确,对今天的实践工作依然有指导作用。这些标准与民国时期实践工作所遵循的标准大致相同。

在译名统一实践工作要点方面,成就则不那么明显。1920年以前,人们的认识很不一致,这必然阻碍译名统一实践工作的进行。但当时还是有人认识到了官方授权的科学名词审查组织的重要性。1920年以后,又有人对当时官方授权的科学名词审查组织的工作作出了若干评价。比起清末来,这是一大进步。无疑,这种认识有利于当时及后世的译名统一实践工作。

总之,本书可以得出以下结论:

1. 民国时期科技译名统一工作的概貌:

(1) 实践工作,以官方译名工作组织编订、审查名词为主,以民间科技社团、个人等编纂译名书和辞典为辅。官方译名工作组织往往是面向各科名词,提供的名词往往含有多个名称(英文名、法文名、德文名、日文名、旧译名、决定名等),且一般都得到官方的公布。而民间科技社团、个人等编纂的译名书和辞典,主要是面向单科名词,提供的名词往往只含两个名称(英文名称、中文名称),且未得到官方的公布。官方译名工作组织联结着学术界力量和官方力量,其工作是以学术界力量(特别是民间科技社团力量)为基础,以官方力量为保障的。

(2) 理论研究,主要是由报刊杂志上的相关讨论来完成的。集中表现为三个部分:章士钊引发的讨论,《时事新报》发起的讨论,《科学》、《中华医学杂志》、《工程》等杂志上的讨论。章士钊引发的讨论主要是由人文社会方面的学者、教育家起主要作用,主要讨论了各种翻译方法的优缺点。《时事新报》发起的讨论是由科学名词编译者引领的,主要讨论了译音法、译义法适用对象以及译名统一实践工作要点。《科学》、《工程》、《中华医学杂志》等杂志上的讨论主要是由自然科学和工程技术方面的专家参与的,主要讨论了具体学科名词的翻译和统一问题及译名标准、译法准则等。

2. 民国时期科技译名统一工作的历史意义:

(1) 在实践工作方面,找到了一条通向成功的道路。

由于科技译名统一工作的艰巨性和学术性,因而,译名统一实践工作的要点是:① 专家集体审查译名;② 官方制定、认可或公布译名;③ 推广标准译名。

清末的科技译名统一实践工作,没能把这几个要点有机结合起来,因而失败了。

民国时期的科技译名统一实践工作,把这几个要点有机结合起来了。到了民国后期,建立了较为完善的官方译名工作组织(国立编译馆及其组织的名词审查会),配备有专门译名统一工作者,官方为译名工作提供资金保障。有着较为完善的名词审查程序,即会前广泛征求专家意见,会上充分讨论,会后由官方公布。也有一定的推广措施,如通过审查教科书推广标准译名。

实践工作成果证明,这是一条通向成功的道路。1935年以后,"通常所用之科学名词遂渐得统一"(曾昭抡)。民国时期制定的大部分译名(或原则)沿用至今,如《中国通史》指出:"在三十年代,中国化学家以西方已有的命名体系为模式,创立了一套适用于中国的研究状况并能较好与西方相呼应的较为完善的化学命名体系,为中国尽快、尽好地引进西方新知识,发展自己的化学研究事业扫清了障碍。半个多世纪以来,它经受住了时间的检验。"[1]《中国科学翻译史》也指出:当时的译名统一工作"为解放后的新中国继续开展译名统一工作奠定了良好的基础","当时审定公布的许多科学译名一直沿用至今"[2]。从附录中的译名表也可以看出,大部分译名沿用至今。

新中国成立后的译名统一实践工作道路,是以民国时期开创的道路为基础,并进一步完善的。

(2) 在理论研究方面,进行了大量的理论探讨,提供了较为完善的译法准则和译名标准。

译法准则是:第一步,沿用固有名词或已有译名,如固有名词或已有译名实在不妥或两者俱无,新译;第二步,译义;第三步,译音;第四步,造字。译名标准是:准确、简单、明了、系统化、单义。

这些译法准则和译名标准,在今天依然有效。2000年6月,我国颁布《全国科学技术名词审定的原则及方法》,规定定名应"贯彻单义性的原则"、"定名要符合我国语言文字的特点和构词规律"、"定名要遵从科学性、系统性、简明性、国际性和约定俗成的原则"。[3]

---

[1] 白寿彝.中国通史(第12卷)[M].上海:上海人民出版社,1989.1715～1719.

[2] 黎难秋.科学译名统一与多语科学辞典[A].李亚舒,黎难秋.中国科学翻译史[M].长沙:湖南教育出版社,2000.473.

[3] 全国科学技术名词审定的原则及方法(2000年6月).全国科学技术名词审定委员会网页.

后 记

本书是在我的博士论文基础上修改而成的。本书的写作与出版,得益于众多师长、同学、同事、亲友的鼓励、支持和帮助。在此,我向他们表示衷心的感谢。

特别感谢恩师关增建先生。我在上海交通大学攻读科学史专业博士学位以前,没有接受过正规的科学史专业训练。在恩师的悉心指导下,我才得以顺利完成学业,写就本书。本书出版之际,恩师又于百忙之中慨允赐序,拙著因此平添光彩。

感谢上海交通大学江晓原、纪志刚、曹树基、邢兆良、孙毅霖、李啸虎、钮卫星等先生,中国科学院自然科学史研究所刘钝、王扬宗先生,清华大学刘兵先生,上海科技教育出版社卞毓麟先生,上海社会科学院周昌忠先生为本书的写作提供了许多宝贵的意见。

感谢清华大学戴吾三先生、上海社会科学院张剑先生惠赐资料,感谢中国科学院自然科学史研究所图书馆朱敬先生以及全国科学技术名词审定委员会潘书祥、刘青、樊静、王宝瑄、代晓明、魏星等先生在我读博期间赴京查找资料时给予了热忱的帮助。

感谢全国科学技术名词审定委员会副主任刘青先生、商务印书馆副总编周洪波先生为本书的出版提供大力支持,感谢他们为"中国术语学建设书系"的出版所做的大量工作。

感谢教育部语信司司长李宇明先生,中国社会科学院语言研究所董琨、李志江先生,黑龙江大学郑述谱、黄忠廉先生对我的鼓励。

感谢中国传媒大学于根元先生认真审阅本书书稿并提出宝贵意见。

感谢我硕士阶段的恩师——复旦大学的汪少华先生。我在南昌大学攻读硕士学位时,在他的指导下完成了科技术语方面的硕士论文,为从事科技术语方面的研究打下了一定的基础。感谢陈昌仪、余让尧、孙力平、刘纶鑫、李胜梅等先生在我硕士学习期间多所指教。

感谢商务印书馆编辑曲清琳、王金鑫老师为本书所做的细致而繁琐的编校工作。

感谢董煜宇、王延锋、杨泽忠、韩建民、袁媛、王玮、沈敏、吴燕、曹一、吴慧、马丁玲、姬永亮、孔庆典等师兄师弟师妹或提供资料或切磋交流。

感谢我的同事们在工作上和生活上对我的关心和帮助。

感谢我的妻子马莲,我们相互鼓励、共同探讨,双双完成了博士论文。还要感谢我妻子的导师华学诚先生及其夫人邹敏先生,他们在关照我妻子的同时,也给了我很多温暖。

还要感谢我的父母、兄弟以及我妻子的母亲和姐妹,他们在精神上和物质上给了我一如既往的支持。

由于本人学识有限,书中肯定存在诸多不足,敬请读者指正。

温 昌 斌
2010年7月于北京

参考文献

[1] 阿海龙.名词翻译与科学传播:以清末"力学"为例[A].邹嘉彦,游汝杰.语言接触论集[C].上海:上海教育出版社,2004.

[2] 艾伟.译学问题商榷[A].《翻译通讯》编辑部.翻译研究论文集(1894—1948)[C].北京:外语教学与研究出版社,1984.174~175.

[3] 白华.讨论译名底提倡[N].时事新报·学灯,1920-04-12(第四张第一版).

[4] 白寿彝.中国通史(第12卷)[M].上海:上海人民出版社,1989.1715~1719.

[5] 秉志.中文之双名制[J].科学,1926,11(10):1346~1350.

[6] 曹惠群.算学名词汇编[M].科学名词审查会,1938.

[7] 曹先擢,陈秉才.八千种中文辞书类编提要[M].北京:北京大学出版社,1992.

[8] 曹仲渊.电磁学名辞译法的商榷[N].时事新报·学灯,1920-03-12~13(第四张第一版).

[9] 曹仲渊.对于"无线电话"的讨论[N].时事新报·学灯,1920-02-14(第四张第一版).

[10] 曹仲渊.译名统一的旧话重提[N].时事新报·学灯,1921-02-15(第四张第一版).

[11] 巢峰.与时俱进,改革创新——《辞海》的四次修订[J].出版科学,2002,(3):17~20.

[12] 陈方之等.对于教育部审定医学名词第一卷质疑[J].学艺,1927,7(1):1.

[13] 陈福康.中国译学理论史稿[M].第2版.上海:上海外语教育出版

社,2000.
- [14] 陈可培.评魏嵒寿主编英汉德法对照化学辞典[J].化学,1934,1(3):367~368.
- [15] 陈世骧.昆虫之中文命名问题[J].科学,1940,24(3):182~186.
- [16] 陈英才等.理化词典[M].第18版.中华书局,1940.
- [17] 陈章.本会对于我国工程出版事业所负之责任[J].工程,1927,3(1):411.
- [18] 程瀚章等.新药学大词典[M].第2版.世界书局,1935.
- [19] 程永生.中国近现代译名研究述评[J].淮南工业学院学报(社会科学版),2002,(4):37~41.
- [20] 崇植.(评)《机械学》[J].工程,1925,1(3):221.
- [21] 戴吾三,叶金菊.刘仙洲与机械工程名词[A].第二届中日机械技术史学术会议论文集[C].46~49.
- [22] 岛尾永康.汉语科技词汇的中日交流与比较[A].杜石然.第三届国际中国科学史讨论会论文集[C].北京:科学出版社,1990.311~313.
- [23] 丁以布.论修订名词之不可缓[J].独立周报,1912,(11):31.
- [24] 董常.矿物岩石及地质名词辑要[M].农商部地质调查所,1923.
- [25] 董光璧.中国近现代科学技术史[M].长沙:湖南教育出版社,1997.
- [26] 杜亚泉等.动物学大辞典[M].上海:商务印书馆,1923.
- [27] 杜彦耿.英华、华英合解建筑辞典[M].上海市建筑协会,1936.
- [28] 段育华等.算学辞典[M].上海:商务印书馆,1938.
- [29] 段治文.中国现代科学文化的兴起:1919—1936[M].上海:上海人民出版社,2001.
- [30] 萼初.(评)《内炉发动机》[J].工程,1925,1(3):223.
- [31] 范守义.定名的历史沿革与名词术语翻译[J].上海科技翻译,2002,(2):1~8.
- [32] 范铁权.中国科学社与中国科学的近代化[J].天津社会科学,2003,(2):138~142.
- [33] 方毅等.辞源续编[M].上海:商务印书馆,1931.
- [34] 费正清.剑桥中华民国史[M].北京:中国社会科学出版社,1994.
- [35] 冯叔栾.论译名[J].独立周报,1912,(2):32~33.

[36] 冯天瑜.新语探源——中西日文化互动与近代汉字术语生成[M].北京:中华书局,2004.

[37] 冯志伟.现代术语学引论[M].北京:语文出版社,1997.

[38] 耿毅.论译名[J].独立周报,1912,(2):33.

[39] 龚益.汉语术语规范工作的历史沿革[N].中国社会科学院院报,2003-11-27(3).

[40] 关增建.计量史话[M].北京:中国大百科全书出版社,2000.

[41] 国立编译馆.(1932年11月教育部公布)化学命名原则(增订本)[M].重庆:正中书局,1945.

[42] 国立编译馆.(1933年4月教育部公布)天文学名词[M].上海:商务印书馆,1934.

[43] 国立编译馆.(1934年11月教育部公布)细菌学免疫学名词[M].上海:商务印书馆,1937.

[44] 国立编译馆.(1934年1月教育部公布)物理学名词[M].上海:商务印书馆,1934.

[45] 国立编译馆.(1934年3月教育部公布)矿物学名词[M].上海:商务印书馆,1936.

[46] 国立编译馆.(1935年10月教育部公布)发生学名词[M].上海:正中书局,1937.

[47] 国立编译馆.(1935年10月教育部公布)数学名词[M].重庆:正中书局,1945.

[48] 国立编译馆.(1935年12月教育部公布)精神病理学名词[M].上海:商务印书馆,1940.

[49] 国立编译馆.(1937年3月教育部公布)比较解剖学名词[M].上海:正中书局,1948.

[50] 国立编译馆.(1937年3月教育部公布)电机工程名词(普通部)[M].上海:商务印书馆,1939.

[51] 国立编译馆.(1937年3月教育部公布)普通心理学名词[M].上海:商务印书馆,1939.

[52] 国立编译馆.(1937年3月教育部公布)气象学名词[M].上海:商务印书馆,1939.

[53] 国立编译馆.(1941年11月教育部公布)电机工程名词(电力部)[M]. 重庆:正中书局,1945.
[54] 国立编译馆.(1941年11月教育部公布)机械工程名词(普通部)[M]. 上海:正中书局,1946.
[55] 国立编译馆.(1941年7月教育部公布)统计学名词[M].上海:正中书局,1944.
[56] 国立编译馆.(1942年11月教育部公布)化学工程名词[M].上海:正中书局,1946.
[57] 国立编译馆.(1943年7月教育部公布)人体解剖学名词[M].上海:正中书局,1947.
[58] 国立编译馆.(1944年11月教育部公布)病理学名词(第一册)[M].上海:正中书局,1948.
[59] 国立编译馆.(1944年2月教育部公布)电机工程名词(电化部)[M].重庆:正中书局,1945.
[60] 国立编译馆.(1945年1月教育部公布)电机工程名词(电讯部)[M].重庆:正中书局,1945.
[61] 国立编译馆.本馆编译工作之近况[J].国立编译馆馆刊,1935(1):4~6.
[62] 国立编译馆.国立编译馆呈文[J].国立编译馆馆刊,1935,(7):1~2.
[63] 国立编译馆.国立编译馆公函[J].国立编译馆馆刊,1935,(2):3.
[64] 国立编译馆.国立编译馆一览[M].国立编译馆,1934.30.
[65] 国立编译馆.名词[J].国立编译馆馆刊,1939,(29):4.
[66] 国立编译馆.名词[J].国立编译馆馆刊,1939,(36、37):3.
[67] 国立编译馆.名词工作近况[J].国立编译馆馆刊,1935,(5):3~4.
[68] 国立编译馆.名词工作近讯[J].国立编译馆馆刊,1935,(3):6.
[69] 国立编译馆.名词工作近讯[J].国立编译馆馆刊,1935,(8):4~5.
[70] 国立编译馆.名词工作近讯[J].国立编译馆馆刊,1936,(9):2~4.
[71] 国立编译馆.名词工作近讯[J].国立编译馆馆刊,1937,(26):6.
[72] 国立编译馆.三学会与本馆合作[J].国立编译馆馆刊,1935,(1):6~7.
[73] 国立编译馆.中国数学会数学名词审查会议纪要[J].国立编译馆馆刊,1935,(6):6~7.
[74] 合信.博物新编(一集)[M].上海:墨海书馆,1855.

[75] 何涓.化学元素名称汉译史研究述评[J].自然科学史研究,2004,23(2): 155~167.
[76] 何涓.清末民初化学教科书中元素译名的演变[J].自然科学史研究, 2005,24(2):165~177.
[77] 何鲁.算学名词商榷书[J].科学,1920,5(3):240~243.
[78] 何志平等.中国科学技术团体[M].上海:上海科学普及出版社,1990.
[79] 侯德榜.划一译名刍议[J].留美学生报,1915,2(1,2):31~35.
[80] 胡以鲁.论译名[A].《翻译通讯》编辑部.翻译研究论文集(1894—1948)[C].北京:外语教学与研究出版社,1984.21~32.
[81] 黄秉维.地学辞书评论[N].(天津)大公报,1935-04-19(史地周刊栏).
[82] 黄步瀛.英文数学名词中译之讨论[J].科学,1932,16(8):1248~1254.
[83] 黄希阁,姜长英.纤维工业辞典[M].第2版.上海:中国纺织染工程研究所,1947.
[84] 黄振定.中西科技交流及其翻译的创造性[J].中国翻译,2003,(2).
[85] 黄忠廉,李亚舒.科学翻译学[M].北京:中国对外翻译公司,2004.
[86] 混凝土研究室.英汉对照混凝土名词[M].混凝土研究室,出版年不详.
[87] 江泽涵.我国数学名词的早期工作[J].数学通报,1980,(12):23~24.
[88] 蒋乃镛.英华纺织染辞典[M].第2版.中国纺织学会,1947.
[89] 科学社.权度新名商榷[J].科学,1915,1(2):124~126.
[90] 孔庆莱等.植物学大辞典[M].第2版.上海:商务印书馆,1918.
[91] 孔祥鹅.商榷电机工程译名问题[J].工程,1927,3(1):40.
[92] 黎难秋.民国时期科学译名审订概述[J].中国科技翻译,1998,(2):37~38.
[93] 黎难秋.民国时期中国科学翻译活动概况[J].中国科技翻译,1999,12(4):42~49.
[94] 李禄骥.论译名[J].独立周报,1912,(1).
[95] 李漠炽.公路辞汇[M].交通部公路总管理处,1940.
[96] 李亚舒,黎难秋.中国科学翻译史[M].长沙:湖南教育出版社,2000.
[97] 李亚舒等.科技翻译论著集萃[C].北京:中国科学技术出版社,1994.
[98] 李亚舒等.科技翻译论著新萃[C].北京:气象出版社,2000.
[99] 李仲揆.几个普通地层学名词之商榷[J].科学,1924,9(3):326~332.

[100] 梁国常.有机化学命名刍议[J].科学,1920,5(10):998~1006.
[101] 梁宗巨.世界数学通史(上卷)[M].沈阳:辽宁教育出版社,1996.3~4.
[102] 林纾.序言[A].中华大字典[M].中华书局,1914.
[103] 林玉山.中国辞书编纂史略[M].郑州:中州古籍出版社,1992.120.
[104] 刘兵.克丽奥眼中的科学——科学编史学初论[M].济南:山东教育出版社,1996.
[105] 刘钝,王扬宗.中国科学与科学革命[M].沈阳:辽宁教育出版社,2002.
[106] 刘华.中国工程学会的创建、发展及其历史地位的研究[D].清华大学硕士论文,2002.
[107] 刘青.简述科技术语规范化的基本环节[J].科技术语研究,2001,(1):36~39.
[108] 刘瑞恒等.中华药典[M].内政部卫生署,1930.
[109] 刘仙洲.机械工程名词[M].上海:商务印书馆,1936.
[110] 刘重德.序[A].杨自俭.译学新探[C].青岛:青岛出版社,2002.6~8.
[111] 隆多(G. Rondeau).术语学概论[M].刘键,刘刚译.北京:科学出版社,1985.
[112] 鲁德馨.拉英德汉对照医学名词汇编[M].科学名词审查会,1931.
[113] 鲁德馨.中国医学文字之事业[J].中西医药,1933,2(6):377~380.
[114] 陆尔奎.辞源[M].上海:商务印书馆,1915.
[115] 陆贯一.数目冠首字[J].科学,1932,16(11):1703~1709.
[116] 陆贯一.译几个化学名词之商榷[J].科学,1929,14(4):592~598.
[117] 陆贯一.原质之新译名[J].科学,1932,16(12):1858~1864.
[118] 罗家伦.中国若要有科学,科学应当先说中国话[J].图书评论,1932,1(3):1~5.
[119] 马建忠.拟设翻译书院议[A].《翻译通讯》编辑部.翻译研究论文集(1894—1948)[C].北京:外语教学与研究出版社,1984.1~5.
[120] 冒荣.科学的播火者——中国科学社述评[M].南京:南京大学出版社,2000.
[121] 民质.论翻译名义等[A].章士钊全集[M].上海:文汇出版社,2000.448~454.
[122] 名委办公室.科委、教委、科学院、新闻出版署联合发文要求使用名委

公布的名词[J].科技术语研究,1990,(1):69.
[123] 倪德基等.数学辞典[M].增订8版.中华书局,1948.
[124] 潘书祥.汉语科技术语的规范和统一[J].科技术语研究,1998,(1):8~13.
[125] 潘云唐.杜氏三杰:我国科技术语工作的先驱[J].科技术语研究,2003,5(3):47~48.
[126] 彭世芳等.博物词典[M].中华书局,1921.1~2.
[127] 钱昌祚.(评)《航空论》[J].工程,1925,1(3):221.
[128] 钱崇澍,邹树文.植物名词商榷[J].科学,1917,3(8):877~879.
[129] 钱崇澍,邹应萱.植物名词商榷[J].科学,1917,3(3):387.
[130] 钱临照.物理学名词审定的早期工作——怀念杨肇燫、陆学善[J].自然科学术语研究,1988,(1):4~5.
[131] 钱益民.郑贞文与我国化学名词统一工作[J].科技术语研究,2002,4(3):40~43.
[132] 秋桐.译名[J].甲寅,1912,1(1):13.
[133] 阙疑生.统一科学名词之重要[J].科学,1937,21(3):181~182.
[134] 任鸿隽.《科学》三十五的回顾[A].科学救国之梦:任鸿隽文存[M].上海:上海科技教育出版社,2002.716~720.
[135] 任鸿隽.化学元素命名说[J].科学,1915,1(2):157~166.
[136] 任鸿隽.无机化学命名商榷[J].科学,1920,5(4):347~352.
[137] 任鸿隽.中国科学社社史简述[A].科学救国之梦:任鸿隽文存[M].上海:上海科技教育出版社,2002.721~744.
[138] 容挺公.致甲寅记者论译名[A].《翻译通讯》编辑部.翻译研究论文集(1894—1948)[C].北京:外语教学与研究出版社,1984.33~35.
[139] 芮逸夫.我对统一译名的意见[N].时事新报·学灯,1920-04-26(第四张第一版).
[140] 瑞书.翻译日本名词的商榷[N].时事新报·学灯,1920-05-06(第四张第一版).
[141] 萨本栋.电磁学单位系统之沿革[J].东方杂志,1935,32(1):21~35.
[142] 萨本栋.物理学名词汇[M].北平:中华教育文化基金董事会编译委员会,1932.

[143] 沈恩孚.医学名词审查会第一次审查本序[J].教育公报(民国五年一期),1918,(1):3~4.
[144] 沈国威.译名"化学"的诞生[J].自然科学史研究,2000,19(1):55~71.
[145] 审订铁路名词会.华德英法铁路词典[M].铁路协会,1916.
[146] 史仲文,胡晓林.民国科技史(百卷本中国全史,第20卷)[M].北京:人民出版社,1994.
[147] 受培.(评)《实验电报学》[J].工程,1925,1(4):310.
[148] 舒新城等.中华百科辞典[M].增订3版.上海:中华书局,1935.
[149] 孙晓莉,匡永清.中国有机化学名词命名之沿革[J].化学教学,1994,(3):27~28.
[150] 孙祖烈.生理学中外名词对照表[M].第2版.上海医学书局,1930.
[151] 万良濬.对于译名问题的我见[N].时事新报·学灯,1920-04-20(第四张第一版).
[152] 汪家熔.辞源、辞海的开创性[J].辞书研究,2001,(4):130~140.
[153] 王冰.我国早期物理学名词的翻译及演变[J].自然科学史研究,1995,14(3):215~226.
[154] 王冰.中国早期物理学名词的审订和统一[J].中国科技史料,1997,16(3):253~262.
[155] 王崇植.科学名词译法的讨论[N].时事新报·学灯,1920-02-23(第四张第一版).
[156] 王栋.我的"译名讨论"[N].时事新报·学灯,1920-04-20(第四张第一版).
[157] 王恭睦.地质名词统一之经过[J].地质评论,1936,1(2):103~106.
[158] 王建军.中国近代教科书发展研究[M].广州:广东教育出版社,1996.
[159] 王树槐.清末翻译名词的统一问题[J].(台北)近代史研究所集刊,1971,(1):47~82.
[160] 王扬宗.清末益智书会统一科技术语工作述评[J].中国科技史料,1991,12(2):9~19.
[161] 王益崖.地学辞书[M].中华书局,1930.
[162] 王云五等.百科名汇[M].上海:商务印书馆,1931.
[163] 王仲武.汉译统计学名词[M].上海:商务印书馆,1930.

[164] 魏喦寿等.(英汉德法对照)化学辞典[M].中山印书馆,1933.
[165] 闻天.译名问题[N].时事新报·学灯,1920-04-17(第四张第一版).
[166] 翁为.译事臆语[J].科学,1933,17(6):869~874.
[167] 翁文灏.地质时代译名考[J].科学,1923,8(9):903~909.
[168] 翁文灏.回忆一些我国地质工作初期情况[J].中国科技史料,2001,(3):197~201.
[169] 吴承洛.中国度量衡史[M].上海:上海书店,1984.317~321.
[170] 吴凤鸣.我国地质学名词审定工作的历史与现状[J].自然科学术语研究,1989,(2):8~9.
[171] 吴凤鸣.我国自然科学名词术语研究的历史回顾和现状[J].自然科学术语研究,1985,(1):40~46.
[172] 吴国盛.科学的历程[M].第2版.北京:北京大学出版社,2002.
[173] 吴敬熙.中国近现代技术史[M].北京:科学出版社,2000.
[174] 吴元涤.植物名词商榷[J].科学,1917,3(8):875~877.
[175] 吴稚晖.论译名答 T.K.T.君[N].民立报,1912-04-28~29.
[176] 熊同龢.园艺学辞典[M].上海新农企业股份有限公司,1948.
[177] 熊月之.西学东渐与晚清社会[M].上海:上海人民出版社,1994.
[178] 徐佩璜.序[A].机械工程名词[M].上海:中国工程学会,1928.
[179] 徐仁镕.译名问题的意见[N].时事新报·学灯,1920-04-19(第四张第一版).
[180] 徐善祥,郑兰华.英汉化学新字典[M].上海:中国科学图书仪器公司,1944.
[181] 徐祖心.译名刍议[N].时事新报·学灯,1920-04-16(第四张第一版).
[182] 许康,黄伯尧.中国科学社与中国科学——以数学为例[J].自然辩证法研究,1996,(12):41~47.
[183] 薛德烱等.(题解中心)续几何辞典[M].第3版.新亚书店,1941.
[184] 杨长春.国立编译馆述略[J].出版史研究,1995,(3):198~202.
[185] 杨惟义.昆虫译名之意见[J].科学,1934,18(12):1618~1619.
[186] 杨镇华.翻译研究[A].《翻译通讯》编辑部.翻译研究论文集(1894—1948)[C].北京:外语教学与研究出版社,1984.304~312.
[187] 叶再生.中国近现代出版通史[M].北京:华文出版社,2002.

[188] 於达望.药学名词编审校印之经过[J].药报,1934,(41):89~94.
[189] 俞凤宾.推行医学名词之必要[J].中华医学杂志,1922,8(2):85~86.
[190] 俞凤宾.医学名词意见书(二)[J].中华医学杂志,1916,2(3),16~19.
[191] 俞凤宾.医学名词意见书[J].中华医学杂志,1915,1(1):11~15.
[192] 俞凤宾.医学名词意见书[J].中华医学杂志,1916,2(1):11~15.
[193] 寓仁.名词馆宜复设[J].教育周报,1915,(89).
[194] 恽福森.普通英汉化学词汇[M].第2版.上海:中国科学图书仪器公司,1947.
[195] 曾昭抡.二十年来中国化学之进展[A].刘咸.中国科学二十年[Z].周谷城.民国丛书[C].1(90).102~110.
[196] 曾昭抡.化学讨论会通过之化学译名案[J].科学,1932,16(11):1694~1702.
[197] 詹天佑.新编华英工学字汇[M].中华工程师学会,1915.
[198] 张百熙.奏请设立译局与分局[A].黎难秋等.中国科学翻译史料[C].合肥:中国科学技术大学出版社,1996.99~100.
[199] 张橙化.中国第一部标准词汇[J].中国科技史料,1993,(3).
[200] 张大庆.高似兰:医学名词翻译标准化的推动者[J].中国科技史料,2001,22(4):324~330.
[201] 张大庆.早期医学名词统一工作:博医会的努力和影响[J].中华医史杂志,1994,24(1):15~19.
[202] 张大庆.中国近代科学名词审查活动:1915—1927[J].自然辩证法通讯,1996,(5):47~52.
[203] 张澔.氧氢氮的翻译:1896—1944年[J].自然科学史研究,2002,21(2):123~134.
[204] 张澔.中文化学术语的统一:1912-1945年[J].中国科技史料,2003,(2):123~131.
[205] 张剑.民国科学社团与社会变迁:中国科学社科学社会学个案研究[D].华东师范大学博士论文,2002.
[206] 张景芬.论译名[J].独立周报,1912,(1).
[207] 张礼轩.论翻译名义[N].民立报,1912-07-06.
[208] 张礼轩.论译名[N].民立报,1912-05-17.

[209] 张鹏飞.吾对于学术名词进一言[J].科学,1931,15(12):2070~2072.
[210] 张其昀."科学"与"科学化"[J].科学的中国,1933,1(1):4~9.
[211] 张岂之,周祖达.译名论集[M].西安:西北大学出版社,1990.
[212] 张玉琴.医学术语审定工作的历史与现状[J].自然科学术语研究,1987,(2):38~40.
[213] 张资珙.科学在中国之过去与现在[A].沪大科学[C].1926.
[214] 章士钊.答容挺公论译名[A].《翻译通讯》编辑部.翻译研究论文集(1894—1948)[C].北京:外语教学与研究出版社,1984.36~38.
[215] 章士钊.论译名[N].民立报,1912-05-17.
[216] 赵匡华.中国化学史·近现代卷[M].南宁:广西教育出版社,2003.
[217] 赵祖康.道路工程学名词译订法之研究[J].工程,1929,4(2):223.
[218] 郑贞文.化学定名说略[J].学艺,1920,1(4):41~56.
[219] 郑贞文.无机化学命名草案[M].上海:商务印书馆,1920.
[220] 郑贞文.有机化学命名之讨论[J].学艺,1920,2(6):1~15.
[221] 郑贞文等.自然科学辞典[M].华通书局,1934.
[222] 中国科学社.本社对于改订度量衡标准制之意见[J].科学,1935,19(4):473~480.
[223] 中国科学院编译出版委员会名词室.天文学名词[M].北京:科学出版社,1959.
[224] 中华民国医药学会.化学命名草案[M].京华印书局,1916?.
[225] 钟少华.中国工程师学会[J].中国科技史料,1985,6(3):36~43.
[226] 周铭.划一科学名词办法管见[J].科学,1916,2(7):824~826.
[227] 周琦.中国工程学会会史[J].工程,1925,1(1):61.
[228] 周振鹤.《东西洋考每月统记传》在创制汉语新词方面的作用[J].(香港)词库建设通讯,(15).转自冯天瑜.新语探源——中西日文化互动与近代汉字术语生成[M].北京:中华书局,2004.263.
[229] 朱建平.中医药名词术语规范化的历史[J].科技术语研究,2001,(2):28~30.
[230] 朱君毅.统计与测验名词英汉对照表[M].中华书局,1933.
[231] 朱隐青.驳教育部划一科学名词之咨文[J].学艺,1920,1(4):117~118.

[232] 朱自清.译名[A].《翻译通讯》编辑部.翻译研究论文集(1894—1948)[C].北京:外语教学与研究出版社,1984.39~58.

[233] 庄年.论统一名词当先组织学社(致独立周报记者)[J].独立周报,1912,(4):36~37.

[234] 邹振环.晚清西书中译及其对中国文化的影响(续)[J].出版史研究,1995,(3):1~29.

[235] A. Morley. A Contribution on Medical Nomenclature[J]. *The China Medical Missionary Journal*(*CMMJ*),1895,9(3):141~147.

[236] C. W. Mateer. School Books for China[J]. *The Chinese Recorder*,1877,8:427~432.

[237] Fryer J. Scientific Terminology, Present Discrepancies and Means of Securing Uniformity[A]. *Records of the General Conference of the Protestant Missionaries of China* [C]. Shanghai: Presbyterian Mission Press,1890.531~549.

[238] Philip B. Cousland. Introduction[A]. *English-Chinese Lexicon of Medical Terms*[M]. Shanghai: Medical Missionary Association of China,1908.

[239] Philip B. Cousland. 凡例[A]. *English-Chinese Lexicon of Medical Terms 5th*[M]. Shanghai: China Medical Missionary Association,1924.

[240] R.迪毕克.应用术语学[M].张一德译.北京:科学出版社,1990.

[241] Shigeru Nakayama. Translation of Modern Scientific Terms into Chinese Characters——the Chinese and Japanese Behavior in Comparision[A].杨翠华,黄一农.近代中国科技史论集[C].台北:近代史研究所、清华大学历史研究所,1991.295~305.

[242] Shigeru Nakayama. Translation of Modern Scientific Terms into Chinese Characters——the Chinese and Japanese Approach in Comparision[J].科学史研究,1992,(181):1~8.

[243] T. K. T.君.论译名[N].民立报,1912-04-26.

[244] 本部奏章:奏本部开办编订名词馆并遴派总纂折[N].学部官报,1909,第29册第105期.

[245] 大学院译名统一委员会工作计划书[J].大学院公报(第一年第四期),

1928,(4).
[246] 大学院译名统一委员会职员办事规则[J]. 大学院公报(第一年第四期),1928,(4).
[247] 大学院译名统一委员会组织条例[J]. 大学院公报(第一年第四期),1928,(4).
[248] 第十二届科学名词审查会纪事[J]. 中华医学杂志,1926,12(4):434~444.
[249] 第十一届科学名词审查会在杭开会记[J]. 中华医学杂志,1925,11(4):295~312.
[250] 度量衡问题[J]. 东方杂志,1935,32(3):61~103.
[251] 科学名词审查会算学名词审查组第一次审查本:数学、代数学、解析学名词[M]. 出版者、出版年不详.
[252] 科学名词审查会物理学名词审查组第一次审查本:力学及物性名词[M]. 出版者、出版年不详.
[253] 分股委员会章程[J]. 科学,1916,2(9):1068.
[254] 附奏调准补江苏六合县知县孙筼充编订名词分纂片[N]. 学部官报,1909,第29册第105期.
[255] 公牍:批医学名词审查会第一次解剖学名词审查本[J]. 教育公报(民国五年一期),1918,(1):(公牍)47.
[256] 国立编译馆笺函[J]. 国立编译馆馆刊,1936,(14):1.
[257] 化学、心理、比较解剖、气象四名词审查会议[J]. 国立编译馆馆刊,1937,(22):4~6.
[258] 化学鉴原(卷1)[M]. 傅兰雅,徐寿译. 上海:江南制造局,1872.
[259] 化学名词审查组第一次纪录[J]. 中华医学杂志,1917,3(3):24~44.
[260] 会报:文牍:江苏省教育会审查医学名词谈话会通告及记事[J]. 教育研究,1915,(22):1~5.
[261] 会报:文牍:审查医学名词第二、三次谈话会情形:致医学界书(第二次)[J]. 教育研究,1916,(27):11~13.
[262] 会务报告(本会第八次年会记事)[J]. 工程,1925,1(3):228.
[263] 纪录:教育界略闻:内纪:译名处之拟设[J]. 湖南教育杂志,1915,(3):4.

[264] 纪录:教育界略闻:严复任译名处主任[J].湖南教育杂志,1915,(6):8~9.
[265] 讲演:医学名词第三次谈话会[J].教育研究,1916,(27):5~6.
[266] 教育部编审处译名委员会规程[J].教育部公报,1929,1(3):78~80.
[267] 教育部化学讨论会专刊[M].国立编译馆,1932.
[268] 教育部审定化学名词(一):原质[M].1920.
[269] 教育部天文数学物理讨论会专刊(特订本)[M].教育部,1933.
[270] 京师大学堂译书局章程[A].黎难秋等.中国科学翻译史料[C].合肥:中国科学技术大学出版社,1996.493~497.
[271] 科学名词审查会第八届年会之报告[J].中华医学杂志,1922,8(3):177~187.
[272] 科学名词审查会第九届大会[J].中华医学杂志,1923,9(3):199~205.
[273] 科学名词审查会第六届年会记要[J].中华医学杂志,1920,6(3):160~162.
[274] 科学名词审查会第七次开会记[J].中华医学杂志,1921,7(3):129~133.
[275] 科学名词审查会第十次大会在苏开会记[J].中华医学杂志,1924,10(5):416~430.
[276] 科学名词审查会第五次大会[J].中华医学杂志,1919,5(3):104.
[277] 科学名词审查会第五次开会记录(续)[J].中华医学杂志,1920,6(3):165~173.
[278] 科学名词审查会第五次开会记录[J].中华医学杂志,1920,6(2):104~120.
[279] 科学名词审查会第五次开会纪录(续)[J].中华医学杂志,1920,7(1):50~59.
[280] 科学名词审查会第五次开会纪录(续)[J].中华医学杂志,1921,6(4):242~255.
[281] 科学名词审查会第一次化学名词审定本[J].东方杂志,1920,17(7):119~125.
[282] 科学名词审查会会务总报告[J].中华医学杂志,1928,14(3):186.
[283] 科学名词审查会近讯[J].中华医学杂志,1927,13(6):434.

[284] 科学名词审查会十二年间已起草未审查之名词一栏表[J]. 中华医学杂志,1928,14(3):189.

[285] 科学名词审查会十二年间已审查审定之名词一栏表[J]. 中华医学杂志,1928,14(3):187~188.

[286] 科学名词审查会十二年间已审查未审定之名词一栏表[J]. 中华医学杂志,1928,14(3):188~189.

[287] 科学名词审查会章程(民国七年修正)[J]. 中华医学杂志,1919,5(1):58~59.

[288] 科学名词审查会执行部报告[J]. 中华医学杂志,1924,10(5):425~428.

[289] 科学名词审查会执行部提议案[J]. 中华医学杂志,1923,9(3):263.

[290] 科学期刊编辑部章程[J]. 科学,1917,3(1):131.

[291] 科学新闻[J]. 科学,1935,19(7):1141.

[292] 例言[J]. 科学,1915,1(1):1.

[293] 名词工作近闻[J]. 国立编译馆馆刊,1935,(6):5.

[294] 名词讨论缘起[J]. 科学,1916,2(7):823.

[295] 拟呈中华民国大学院稿[J]. 中华医学杂志,1928,14(1):69~76.

[296] 清光绪二十九年颁布《学务纲要》中之教育方针[A]. 教育总述. 第一次中国教育年鉴(甲编)[M].12.

[297] 全国科学技术名词审定的原则及方法(2000年6月),全国科学技术名词审定委员会网页.

[298] 审定科学名词准则意见书[J]. 中华医学杂志,1921,7(3):181~183.

[299] 书记报告[J]. 工程,1925,1(2):175.

[300] 术语工作原则与方法,中华人民共和国国家标准 GB/T10112-959.

[301] 水利工程名词草案[M]. 全国经济委员会,1935.

[302] 通商章程善后条约:海关税则[A]. 王铁崖. 中外旧约章汇编(第一册)[Z]. 三联书店,1957.133.

[303] 绪言[A]. 眼科名词汇[M]. 中华眼科学会,1940.

[304] 学部:奏陈第二年下届筹办预备立宪成绩折(宣统二年)[J]. 教育杂志,1910,(5).转引自陈学恂. 中国近代教育史教学参考资料(上册)[M]. 北京:人民教育出版社,1986.760.

[305] 学科名词审查会议[J].科学,1941,25(5,6):341.
[306] 学术名词编订情况调查表(根据前国立编译馆工作报告编制)[J].科学通报,1950,(2):123.
[307] 医学名词审查会第二次开会纪录[J].中华医学杂志,1917,3(2):61～82.
[308] 医学名词审查会第三次大会记[J].中华医学杂志,1917,3(3):1.
[309] 医学名词审查会第三次开会纪录[J].中华医学杂志,1918,4(1):27～54.
[310] 医学名词审查会第一次大会记[J].中华医学杂志,1916,2(3):1～2.
[311] 医学名词审查会第一次开会纪录[J].中华医学杂志,1917,3(2):30～60.
[312] 医学名词审查会记略[J].中华医学杂志,1916,2(3):2～3.
[313] 医学名词审查会纪要[J].中华医学杂志,1917,3(3):2～3.
[314] 医学名词审查会开会记要[J].中华医学杂志,1918,4(3):162～163.
[315] 医学名词审查会预备会记事[J].中华医学杂志,1918,4(3):162.
[316] 医学名词审查会章程[J].中华医学杂志,1917,3(3):4～5.
[317] 医学名词中之译音问题[J].中华医学杂志,1925,11(5):329～330.
[318] 政府机关、学术机关、学术团体对于修改度量衡标准制单位名称与定义等之意见[Z].油印本.1935年左右.
[319] 植物学名词第一次审查稿·说明[J].博物学杂志,1922,1(4).
[320] 中国船学会审定之海军名词表[J].科学,1916,2(4):473.
[321] 中国工程师学会出版书目广告[J].工程周刊,1934,3(32):509.
[322] 中国工程师学会会务消息[J].工程周刊,1934,3(1):127.
[323] 中国工程学会常驻委员会委员长台衔[J].工程,1926,2(3):138.
[324] 中国工程学会成立十年之会史[J].工程,1928,3(3):253.
[325] 中国工程学会对于社会努力进行之事业[J].工程,1928,3(4).
[326] 中国工程学会职员录[J].工程,1930,5(2).
[327] 中国工程学会职员录[J].工程,1930,6(1).
[328] 中国工程学会总会章程摘要[J].工程,1925,1(2):2.
[329] 中国近七十年来教育记事[Z].国立编译馆,1934.78.
[330] 中国科学社第八次年会记事[J].科学,1923,8(10):1107.

[331] 中国科学社第七次年会记事[J]. 科学, 1922, 7(9): 986.
[332] 中国科学社第四次年会记事[J]. 科学, 1920, 5(1): 111.
[333] 中国科学社书籍译著部暂行简章[J]. 科学, 1916, 2(5): 827.
[334] 中国科学社现用名词表例言[J]. 科学, 1916, 2(12): 1369.
[335] Education notes[J]. *The Chinese Recorder*, 1892, 23: 32~34.
[336] Work of the nomenclature committee[J]. *The China Medical Missionary Journal*, 1901, 15(2): 151~156.

附　录

附录1："两个审查会"历次正式名词审查大会一览表（1916—1926）

会次	时间	地点	与会组织	大约总人数	分组审查会议组别	各组大约人数
1	1916年8月7～14日	上海	博、苏教、医药、医学、部	20	解剖学	20
2	1917年1月11～17日	上海	博、苏教、医药、医学、理、部	30	解剖学	15
					化学	18
3	1917年8月2～8日	上海	博、苏教、医药、医学、理、华教、部	31	解剖学	14
					化学	17
4	1918年7月5～13日	上海	博、苏教、医药、医学、理、博物、部	26	解剖学	11
					细菌学	
					化学	15
5	1919年7月5～12日	上海	博、苏教、医药、医学、理、博物、科、部	40	组织学	13
					化学	14
					细菌学	
6	1920年7月5～12日	北京	部、博、医药、医学、苏教、理、科、华教、博物、北化、北大、北师、沈师、成师、广州师、北工、北农、山农、北物、丙	57	细菌学	15
					物理学	14
					化学	28

(续表)

会次	时间	地点	与会组织	大约总人数	分组审查会议组别	各组大约人数
7	1921年 7月5～12日	南京	博、苏教、医药、医学、理、华教、博物、科、农、南师、广东师、厦大、部	41	病理学	10
					化学	17
					物理学	7
					动物学	7
8	1922年 7月5～11日	上海	博、苏教、医药、医学、理、华教、博物、科、农、部	37	病理学	13
					动物学	8
					植物学	7
					物理学	9
9	1923年 7月4～12日	上海	博、苏教、医药、医学、理、博物、科、农	48	医学(含病理、寄生虫、生理化学)	22
					算学	10
					动物学	8
					植物学	8
10	1924年 7月5～12日	苏州	博、苏教、医药、医学、理、博物、农、科、协和、部 (华教是否与会不详)		生理化学	
					药理学	
					算学	
					矿物学	4
					动物学	10
					植物学	
11	1925年 7月6～11日	杭州	博、苏教、医药、医学、理、科、博物、华教、农、协和、东南、部	42	外科学	
					算学	
					动物学	
					植物学	
					生理学	
					有机化学生理化学药理学三者补遗	

(续表)

会次	时间	地点	与会组织	大约总人数	分组审查会议组别	各组大约人数
12	1926年7月5~10日	上海	博、苏教、医药、医学、广大、华教、工程、农科、同济、东华、武大、部、河工、同大、博物、理	51	内科学	8
					药学	10
					生理学	9
					植物学	8
					动物学	6
					算学	13

注：

1. 该表根据"两个审查会"历次审查大会消息、记录、纪要、名词审查本或审定本等制作。

2. 一般在正式名词审查大会的前一天召开预备会。因任务太多，第9次大会召开完预备会后当天即开始审查医学名词。因代表未齐，第11次大会召开预备会后，休会一天后才开始正式名词审查大会。

3. 表中与会组织均为简称，全称如下：

博：博医会；苏教：江苏省教育会；医药：中华民国医药学会；医学：中华医学会；理：理科教授研究会；华教：华东教育会；博物：中国博物学会；部：教育部；科：中国科学社；农：中国农学会；南师：南京高等师范学校；广东师：广东高等师范学校；厦大：厦门大学；武大：武昌大学；广大：广东大学；同济：同济大学；东华：东华大学；东南：国立东南大学；协和：北京协和医学院（校）；工程：中国工程学会；北大：北京大学；北化：北京中国化学支会；北师：北京高等师范学校；沈师：沈阳高等师范学校；成师：成都高等师范学校；广州师：广州高等师范学校；北工：北京工业专门学校；北农：北京农业专门学校；山农：山西农业专门学校；北物：北京物理学会；丙：丙辰学社；河工：河海工科大学，同大：大同大学。

4. 表中与会总人数并非完全为各组与会人数总和，因为有些代表出席了多个组别的审查会议。

附录2："两个审查会"已审查已审定之名词一览表（截至1928年5月20日）

	已审查已审定之名词	审查会议会次	审定本是否出版
1	解剖学名词：骨骼名词	1	已汇印成《解剖学名词汇编》出版
2	解剖学名词：韧带、肌肉、内脏名词	2	
3	解剖学名词：内脏、感觉器、皮名词	3	
4	解剖学名词：血管学、神经学名词	4	
5	医学组织学、胎生学、显微镜术名词	5	待印
6	细菌学总论、免疫学、细菌名称、细菌分类名词	4、5、6	待印
7	病理学总论名词	7	待印
8	化学：原质名词	2	已汇印成《化学名词》出版
9	化学：术语	3	
10	化学：无机化合物名词	4	
11	化学：仪器名词	5	
12	化学：有机化学普通名词	6	
13	化学：有机化学系统名词	6、7	
14	物理：力学、物性学名词	5	待印
15	物理：热学名词	6	待印
16	动物学：分类名词、解剖学术语、胚胎学术语	7、8、9	待印
17	植物学：术语及分类科目名词	8、9	待印
18	植物学：种名	9	待印
19	算学：数学、代数学、代数解析学、微积分、函数论名词	9	待印

资料来源：
《科学名词审查会十二年间已审查已审定之名词一览表》（《中华医学杂志》，1928，14(3)：187～188）。

附录3:"两个审查会"已审查未审定之名词一览表(截至1928年5月20日)

	已审查未审定之名词	审查会议会次	审查本是否出版
1	病理学:各论名词	8	已出版
2	病理学:总论补遗名词	9	已出版
3	寄生物学、寄生虫学名词	9	已出版
4	药理学名词	10、11	待印
5	生理化学名词一部分	10、11	待印
6	外科学名词	11	已出版
7	生理学呼吸、新陈代谢	11	待印
8	药用化学名词	12	待印
9	生理学全部名词	12	待印
10	内科学名词	12	待印
11	物理学:磁学、电学名词	7	待印
12	物理学:声学、光学名词	8	待印
13	动物学:遗传学进化论术语、术语补遗、分科名词补遗、分科名词	10	已出版
14	动物学:哺乳类、鸟类种名	11	待印
15	动物学:鸟类分类名词	12	待印
16	植物学:种子植物属名	10	已出版
17	植物学:胞子植物属名	11	待印
18	植物学:蕨类植物羊齿类属名	12	待印
19	植物学:真菌类属名	12	待印
20	算学:初等几何学、平面球面三角、解析几何、二次曲线曲面、投影几何、直线几何学名词	10	待印
21	算学:微积分几何学、超越曲线与曲面、高等解析学名词	11	待印
22	算学:应用算学(商用算学、统计学)名词	12	待印

资料来源:

《科学名词审查会十二年间已审查未审定之名词一览表》(《中华医学杂志》,1928,14(3):188~189)。

附录4:"两个审查会"名词汇编本概况一览表

书名	汇编者	名词数量(条)	出版时间	名词所含名称项	备注
解剖学名词汇编	邹恩润、高镜朗	4839	1927年	拉丁、德、英、日、旧译、参考、决定	全部名词均被教育部审定
医学名词汇编	鲁德馨	15000余	1931年	古文名、英、德、日、参考、决定	绝大部分名词被教育部审定
动植物名词汇编（附矿物学名词）	鲁德馨	10000	1935年	拉丁、英、德、参考、决定	大部分名词未加审查
算学名词汇编（含物理组所定的单位名词）	曹惠群	7075	1938年	英、法、德、日、决定	已审查，但只有小部分名词被教育部审定
理化名词汇编（附普通算学名词）	曹惠群	10510	1940年	英、法、德、日、决定	已审查，且大部分名词被教育部审定
化学名词	—	—	—	—	—

注：

1. 该表根据"两个审查会"名词汇编本制作。

2. 名词数量或根据绪言，或根据最后一个名词序号，或根据页码及每页名词数量得出。

3. "名词所含名称项"一栏中，使用了简称。"拉丁、英、德、法、日、旧译、参考、决定"的全称分别是："拉丁名、英文名、德文名、法文名、日本译名、旧译名、参考名、决定名"。名称项顺序按原文顺序排列。并非每条名词均含有所有名称项。

附录5："两个审查会"部分名词审查本和审定本概况一览表

名　称	审查(定)本	名词数量(条)	名词所含名称项
植物学：植物种名(卷一)	审查本	1508	学名、英、日、旧译、决定、属科名
化学名词(一)原质	审定本	83	拉丁、德、英、日、旧译、决定
化学名词(二)化学术语	审定本	416	英、德、日、决定
化学仪器名词	审查本	322	英、德、日、决定
有机化学普通名词	审查本	302	英、化学式、决定
病理学各论名词	审查本	1216	拉丁、英、德、日、旧译、决定
病理学名词总论补遗	审查本	总论之部 60	德、英、拉丁、日、旧译、决定
		退行性变化之部 143	
		进行性变化之部 75	
		循环之部 119	
		炎症之部 168	
		肿瘤之部 392	
		其他类 87	拉丁或英德等名、日、决定
动物学名词审查本(二)	审查本	遗传学进化论术语 441	学名、旧译、决定
		术语补遗 412	学名、旧译、决定
		分类名词补遗 263	原名、旧译、决定
		分科名词 74	原名、旧译、决定
动物学名词审查本(一)	审查本	分类名词 318	学名、旧译、决定
		解剖学术语 1306	
		胚胎学术语 510	

(续表)

名　称	审查(定)本	名词数量(条)	名词所含名称项
数学、代数学、解析学名词	审查本	约1500	英、法、德、日、旧译、决定
力学及物性名词	审查本	约750	英、法、德、日、旧译、决定
热学名词	审查本	约490	英、法、德、日、旧译、决定

注：
1. 该表根据"两个审查会"部分名词审查本和审定本制作。
2. 名词数量或根据绪言，或根据最后一个名词序号，或根据页码及每页名词数量得出。
3. "名词所含名称项"一栏中，使用了简称。"拉丁、英、德、法、日、旧译、参考、决定"的全称分别是："拉丁名、英文名、德文名、法文名、日本译名、旧译名、参考名、决定名"。名称项顺序按原文顺序排列。并非每条名词均含有所有名称项。

附录6：国立编译馆编审、教育部公布的译名书概况一览表

书名	公布时间	出版时间	名词所含名称项	名词数量（条）	审查委员
化学命名原则	1932年11月	1933年6月	—	—	郑贞文、王季梁、吴承洛、李方训、陈裕光、曾昭抡、郦禹立
化学命名原则（增订本）	—	1945年	—	—	吴承洛（主任委员）、王琎、曾昭抡、利黄、曹梁厦、吴宪、张克忠、杜长明、张江树、李方训、庄长恭、李秀峰、陶延桥、李寿恒、陈裕光、李麟玉、郦禹立、高行健、刘拓、袁翰青、郑贞文、马杰、韩组康、黄子卿、魏明初、康辛元、郦堃厚
药学名词	1932年11月	1933年11月	拉丁名、日译名、旧译名、决定名	1800余	於达望（主任委员）、朱恒璧、余继敏、李焕燊、孟目的、洪式闾、翁之龙、张修敏、黄鸣驹、陈思仪、陈璞、彭树滋、万子平、赵士卿、赵世晋、赵燏黄
天文学名词	1933年4月	1934年	英名、德名、法名、日译名、决定名	天文学名词1324	张钰哲（主任委员）、朱文鑫、余青松、竺可桢、徐仁铣、高均、高鲁、常福元、张云、陈遵妫、赵进义、蒋丙然
			拉丁名、英名、法名、德名、决定名	星座名90	

(续表)

书名	公布时间	出版时间	名词所含名称项	名词数量（条）	审查委员
物理学名词	1934年1月	1934年	英名、决定名	8206	杨肇燫（主任委员）、王守竞、何育杰、吴有训、周昌寿、裘维裕、严济慈
矿物学名词	1934年3月	1936年	英名、德名、法名、日译名、旧译名、决定名、附注	6155	王恭睦（主任委员）、朱庭祜、丁文江、王烈、王宠佑、田奇㻪、何杰、李四光、李学清、翁文灏、章鸿钊、张席禔、董常、叶良辅、谢家荣
细菌学免疫学名词	1934年11月	1937年	德名、英名、法名、日译名、决定名	2068	赵士卿（主任委员）、伍连德、余𫘨、李涛、李振翩、朱国英、林宗扬、金宝善、陈宗贤、汤飞凡、汤尔和、程树榛、杨粟沧、潘骥、刘瑞恒、鲁德馨、颜福庆
发生学名词	1935年10月	1937年	英名、古名、旧译名、决定名	1757	秉志（主任委员）、王家楫、朱洗、伍献文、胡经甫、陈桢、章蕴胎、曾省、张巨伯、张作人、雍克昌、杨浪明、刘崇乐、鲍鉴清、薛德焴
数学名词	1935年10月	1945年	英名、决定名	3426	王仁辅、朱公谨、江泽涵、何衍璿、何鲁、段调元、姜立夫、胡敦复、孙光远、陈建功、曾昭安、熊庆来、郑桐荪、钱宝琮

(续表)

书名	公布时间	出版时间	名词所含名称项	名词数量（条）	审查委员
精神病理学名词	1935年12月	1940年	德名、英名、法名、日译名、决定名	1173	卢于道、谷镜汧、宋国宾、陶炽孙、林百渊、鲁德馨、魏毓麟、程玉麐、汪攀桂、刘悟淑、戚寿南、陶祖荫、赵士卿
气象学名词	1937年3月	1939年	英名、德名、法名、日译名、决定名	4443	胡焕庸(主任委员)、王应伟、朱炳海、吕炯、李宪之、竺可桢、高均、涂长望、陆宏图、刘衍淮、刘恩兰、蒋丙然
比较解剖学名词	1937年3月	1948年	英名、古名、日译名、决定名	6013	秉志(主任委员)、伍献文、朱洗、何春荪、武兆发、胡经甫、陈桢、陈纳湘、陈焕镛、陈达夫、寿振黄、周亦传、雍克昌、刘咸、蔡堡、卢于道、欧阳翥、薛德焴、杨浪明
普通心理学名词	1937年3月	1939年	英名、决定名	2755	汪敬熙、唐钺、潘菽、萧孝嵘、吴南轩、樊际昌、陈雪屏、周先庚、孙国华、陆志韦、蔡乐生、程乃颐、许逢熙、沈有乾、郭一岑、郭任远、谢循初、蔡翘、高觉敷、左任侠、赵演

(续表)

书名	公布时间	出版时间	名词所含名称项	名词数量(条)	审查委员
化学仪器设备名词	1937年3月	1940年	英名、决定名	4371	吴承洛(主任委员)、王琎、曾昭抡、利黄、曹梁厦、吴匡、张克忠、杜长明、张江树、李方训、庄长恭、李秀峰、陶延桥、李寿恒、陈裕光、李麟玉、郦㭇立、高行健、刘拓、袁翰青、郝贞文、马杰、韩组康、黄子卿、魏明初、康辛元、郦堃厚
电工工程名词(普通部)	1937年3月	1939年	英名、决定名	6045	恽震(主任委员)、包可永、李承幹、李熙谋、周琦、陈章、张江树、黄修青、庄前鼎、康清桂、陶凤山、杨孝述、杨简初、杨肇燫、裘维裕、寿彬、恽曾炬、刘晋钰、潘履洁、鲍国宝、萨本陈、顾毓琇
电机工程名词(电力部)	1941年11月	1945年	英名、决定名	3321	杨简初(召集人)、李熙谋、陈章、陈中熙、康清桂、庄智焕、单基乾、顾毓琇
电机工程名词(电化部)	1944年2月	1945年	英名、决定名	2339	张江树(召集人)、潘履洁、唐仰虞、康清桂

（续表）

书名	公布时间	出版时间	名词所含名称项	名词数量（条）	审查委员
电机工程名词（电讯部）	1945年1月	1945年	英名、决定名	4559	毛起爽、高崇龄、包可永、陈中履、史钟奇、黄修青、李璇、陶凤山、李志熙、裴维裕、李熙谋、杨孝述、胡公亮、杨肇燫、刘随潘
统计学名词	1941年7月	1944年	英名、决定名	924	朱君毅（主任委员）、王仲武、吴大业、朱祖晦、艾伟、吴大钧、宵宝公、唐启贤、倪亮、李蕃、汪龙、金国宝、芮宝公、黄钟、乔启明、杨蔚、杨西孟、陈达、陈长蘅、邹依仁、赵人儁、赵尧章、郑尧样、楮一飞、邹依仁、赵人儁、赵章黼、潘彦斌、罗志如、刘大钧、刘南溟、潘彦斌、罗志如
机械工程名词（普通部）	1941年11月	1946年	英名、决定名	10676	庄前鼎（主任委员）、王助、王士倬、毛毅可、朱健飞、吴琢之、杜光祖、何元良、李辑祥、沈觐宜、吕凤章、林凤岐、金希武、周仁、周承祐、周厚坤、周惠久、唐炳源、梁守槃、张可治、张家祉、庚清桂、陈大燮、陈广沅、黄伯樵、黄叔培、黄家培、杨毅、杨仙洲、桐、杨念嶨、杨家瑜、杨炳奎、程孝刚、曾欧阳藩、钱昌祚、魏如、顾毓琇

(续表)

书名	公布时间	出版时间	名词所含名称项	名词数量（条）	审查委员
化学工程名词	1942年11月	1946年	英名、决定名	10334	吴承洛（主任委员）、吴钦烈、李秀峰、李寿恒、杜长明、金开英、林继庸、马杰、徐名材、徐宗涑、徐凤石、唐仰虞、高行健、康辛元、张克忠、张洪沅、张泽尧、曹梁厦、陶延桥、陈聘丞、贺闿、曾昭抡、曾广方、杨公庶、魏元光、顾毓珍
人体解剖学名词	1943年7月	1947年	拉丁旧名、拉丁新名、旧译名、决定名	5760	鲁德馨（主任委员）、王子玕、王仲侨、王肇助、吴济时、李宣果、沈克非、来国宾、谷镜汧、秉志、张查理、郭绍周、陈友浩、陈恒义、叶鹿鸣、赵士卿、潘铭紫、卢于道、应乐仁、韩祖明
病理学名词（第一册）	1944年11月	1948年	拉丁名、德名、英名、决定名	7349	赵士卿（主任委员）、丁文渊、王子玕、朱章赓、余岩、来国宾、汪元臣、谷镜汧、林振纲、金泽忠、侯宝璋、胡正详、胡定安、洪式闾、徐诵明、梁伯强、翁之龙、高麟祥、康锡荣、徐琦元、鲁蛮、詹德馨、顾毓琦

注：
1. 该表根据国立编译馆编审、教育部公布的各译名书制作。

附录7：从凡例看国立编译馆编审的译名书所遵循的译名标准一览表

书　名	从各书凡例中得出的各书所遵循译名标准
化学命名原则	元素译名标准：简单、明了、系统化（一）
药学名词	不详
天文学名词	单义（二）、系统化（二）
物理学名词	准确、简单、明了、单义（一）、单义（二）
矿物学名词	简单、明了、准确、系统化（一）
细菌学免疫学名词	—
发生学名词	准确、明了
数学名词	单义（一）、系统化（二）
精神病理学名词	单义（二）
气象学名词	准确、明了、单义（一）、单义（二）
比较解剖学名词	准确、简单、明了
普通心理学名词	准确、明了、单义（一）
化学仪器设备名词	准确、明了、单义（一）、单义（二）
电机工程名词（普通部）	单义（二）
电机工程名词（电力部）	单义（二）
电机工程名词（电化部）	单义（二）
电机工程名词（电讯部）	单义（二）
统计学名词	准确、简单、明了、单义（一）
机械工程名词（普通部）	单义（二）
化学工程名词	—
人体解剖学名词	—
病理学名词（第一册）	单义（一）、单义（二）

注：
1. 该表根据国立编译馆编审、教育部公布的各译名书制作。
2. 根据该表，综合而言，上述译名书遵循了准确、简单、明了、单义（一）、单义（二）、系统化（一）、系统化（二）等译名标准。

附录 8：民国时期国际权度单位中文名称一览表

	英文名称	工商部门制定			学术界和教育界制定		
		《权度条例草案》(1914)	《权度条例二十四条》(1914)	《权度法》(1915)《度量衡法》(1929)	科学社《权度新名商榷》(1915)	中国科学社《物理学名词》(1919)	国立编译馆《物理学名词》(1934)
长度	kilometer	新里	新里	公里	千米	秆（读为千米）	仟米
	hectometre	新引	新引	公引	百米	粨（读为百米）	佰米
	decametre	新丈	新丈	公丈	十米	籵（读为十米）	什米
	metre	新尺	新尺	公尺	米	米突（简称米）	米
	decimetre	新寸	新寸	公寸	分米	粉（读为分米）	分米
	centimetre	新分	新分	公分	厘米	糎（读为厘米）	厘米
	millimetre	新厘	新厘	公厘	毫米	粍（读为毫米）	毫米
容量	kilolitre	新石	新秉	公秉	千立特	竏（读为千立）	仟升
	hectolitre	新斛	新石	公石	百立特	竡（读为百立）	佰升
	decalitre	新斗	新斗	公斗	十立特	竍（读为十立）	什升
	litre	新升	新升	公升	立特	立特（简称立）	升
	decilitre	新合	新合	公合	百立厘米	竕（读为分立）	分升
	centilitre	新勺	新勺	公勺	十立厘米	竰（读为厘立）	厘升
	millilitre	新撮	新撮	公撮	立厘米	竓（读为毫立）	毫升

(续表)

	英文名称	工商部门制定			学术界和教育界制定		
		《权度条例草案》(1914)	《权度条例二十四条》(1914)	《权度法》(1915)《度量衡法》(1929)	科学社《权度新名商榷》(1915)	中国科学社《物理学名词》(1919)	国立编译馆《物理学名词》(1934)
质量	kilogramme	新斤	新斤	公斤	千克	兡(读为千克)	仟克
	hectogramme	新两	新两	公两	百克	兡(读为百克)	佰克
	decagramme	新钱	新钱	公钱	十克	兡(读为十克)	什克
	gramme	新锱	新分	公分	克	克兰姆(简称克)	克
	decigramme	新铢	新厘	公厘	分克	兡(读为分克)	分克
	centigramme	新累	新毫	公毫	厘克	兡(读为厘克)	厘克
	milligramme	新黍	新丝	公丝	毫克	兡(读为毫克)	毫克

附录9：民国时期物理学译名一览表

英文原名	物理学语汇 1908	日本名词	理化名词汇编	百科名汇 1931	物理学名词 1934	中华百科辞典 1935	理化词典 1940	辞海 1948	物理学名词 1997
Amplitude	摆幅	振幅	振幅	距角	幅，振幅	—	振幅	振幅	振幅
Anion	阴伊洪	—	阴离子	阴游子	阳向游子	阴向电质	阴电质	阴向游子	负离子
Buoyancy	浮力,浮度	—	浮力	浮力	浮力	浮力	浮力	浮力	(＋force)
Calorie	加路里	—	加路里	卡路里	卡[路里]	—	—	卡路里	—
Caloriemeter	测热器,热量表	热量计	量热器,热量计	量热器	量热器,卡计	—	—	卡计	量热器(热学);量能器(粒子物理学)
Conservation of energy	能力之不灭	—	能之不灭	能量不灭律	能量不灭	—	—	—	—
Conservation of mass	物质之不灭	—	质量不灭	质量不灭律	质量不灭	—	—	—	—
Couple	偶力	—	力偶	力偶	力偶	偶力	偶力	力偶	力偶
Energy	能力	—	能	能	能,能量	能力	能力	能	能量
Electron	电子	—	电子	电子	电子	—	—	电子	电子
Ether	以脱	—	以太	能媒;以太	以太	以太	—	以太	以太

（续表）

英文原名	物理学语汇 1908	日本名词	理化名词汇编	百科名汇 1931	物理学名词 1934	中华百科辞典 1935	理化词典 1940	辞海 1948	物理学名词 1997
Expansion	涨大	膨胀	膨胀、扩张、展开、汽胀	膨胀	膨胀	膨胀	膨胀	膨胀	膨胀
Diffraction	屈折		散折	折射	绕射	回折	—	绕射	衍射
Galvannometer	电流表	电流计	电流计	电流计	电流计	电流表	电流表	电流计	电流计,检流计
Gas	气体,加斯	瓦斯	气体	气体	气	气体	气体,瓦斯	气体	气体
Gravitation	宇宙引力		万有引力	引力	万有引力	引力	宇宙引力,万有引力	万有引力	引力
Focus	焦点		焦点	焦点	焦点	焦点	焦点	焦点	焦点
Focal length (distance)	焦点距离		焦[点]距	—	焦距	焦点距离	焦点距离	焦点距离	焦距
Inertia	惯性	惰性	惰性	惰性	1.惯性，2.惯量	惯性，惰性	惯性，惰性	惯性	惯性
Ion[s]	伊洪		游子,伊洪	游子	游子	电质	电质	游子,伊洪	离子
Kinetic energy	运动之能力		—	动能	动能	运动能力	运动能力	动能	动能

附录　319

(续表)

英文原名	物理学语汇 1908	日本名词	理化名词汇编	百科名汇 1931	物理学名词 1934	中华百科辞典 1935	理化词典 1940	辞海 1948	物理学名词 1997
Leyden jar	来顿瓶	—	—	来丁瓶	来顿瓶	来顿瓶	来顿瓶	来顿瓶	来顿瓶
Magic lantern	幻灯	—	—	幻灯	幻灯，照画器	—	幻灯	幻灯	—
Momentum	运动量	运动量	动量	动量	动量	运动量	运动量	动量	动量
Newton ['s] ring	荼端轮环	—	—	牛顿环	牛顿圈	—	牛通光环	牛顿圈	牛顿环
Photography	照相术	写真术	照相术	摄影术	照相术	—	—	—	照相（光学），反映（凝聚物理学）
Reflection	反射	—	反射	反射	反射	反射	反射	反射	反射（光学），反映（凝聚物理学）
Refraction [of light]	屈折	—	折射	屈折	折射	屈折	屈折	折射	折射
Reflective index	—	—	折射恒数（率）	屈折率	折射率	—	—	—	—
Resonance	共鸣	—	同调，共振	共振	共振，共鸣	共鸣	共鸣	—	共振，共鸣

(续表)

英文原名	物理学语汇 1908	日本名词	理化名词汇编	百科名汇 1931	物理学名词 1934	中华百科辞典 1935	理化词典 1940	辞海 1948	物理学名词 1997
Spectrosope	分光器		分光镜	分光器	分光镜	分光镜	分光镜,分光器	分光镜	分光镜
Spectrosopy	—		分光术(化)	分光学	光谱学		—	—	光谱学,光谱术
Telegraphy	电报,电信		电报术	电报	电信法,电报学		—	—	—
Telescope	远镜	望远镜	望远镜	望远镜	望远镜	望远镜,远镜	远镜	望远镜	望远镜
Thermometer	寒暑表	寒暖计	温度计(寒暑表)	温度计	温度计	寒暑表	寒暑表	温度计	温度计
Timbre 或 Timber	音趣	音色	音品	音色	音品,音色	音色	音色	音品	—
Time	时	时间	时	时,时间	时,时间	时间	时间	—	时间
Umbra	本影		本影	全影	本影		—	本影	本影
Vector	—					有向量(数学)	—	有向量(数学)	矢量
Vibration	摆动	振动	振动,摆动	振动	振动	振动	振动	振动	振动

(续表)

英文原名	物理学语汇 1908	日本名词	理化名词汇编	百科名汇 1931	物理学名词 1934	中华百科辞典 1935	理化词典 1940	辞海 1948	物理学名词 1997
Volt	弗打	任事	弗打,伏特	弗打	伏特	弗打	弗打	伏特	伏特
Work	工作		工	工	功	功用	功用	—	功
X-ray[s]	爱克司放射线	X放射线	X射线	爱克司射线	X射线	爱克斯光	埃格司光线	厄克斯射线	X射线

资料来源：

1. 《物理学语汇》，(清)学部审定科，商务印书馆，1908。表中的日本名词亦出自此书。
2. 《理化名词汇编》，曹惠群，科学名词审查会，1938。
3. 《百科名汇》，王云五等，商务印书馆，1931。
4. 《物理学名词》，国立编译馆编订，教育部 1934 年公布，商务印书馆，1934。
5. 《中华百科辞典》，舒新城等，中华书局，1935 年增订本。译名出自附录《中西名词对照表》。
6. 《理化词典》，陈英才等，中华书局，1920 年 3 月初版，1940 年 5 月 18 版。译名出自附录《英汉名词对照表》。
7. 《辞海(合订本)》，中华书局，1947 年 3 月初版，1948 年 10 月再版。译名出自附录《译名西文索引》。
8. 《物理学名词》，全国自然科学名词审定委员会公布，科学出版社，1997。

附录 10：民国时期化学元素译名一览表

元素序号	英名	化学语汇 1908	化学元素译名表 1915	科学名词审查会化学名词	无机化学命名草案 1920	辞源 1930	百科名汇 1931	化学辞典 1933	化学命名原则 1933	中华百科辞典 1935	理化词典 1940	辞海 1948	今译
89	Actinium	—	—	—	—	—	锕	锕	锕	锕	—	锕	锕
13	Aluminium	铝	铝	铝	铝	铝	铝	铝	铝	铝	铝	铝	铝
51	Antimony	锑	锑	锑	锑	锑	锑	锑	锑	锑	锑	锑	锑
18	Argon	氩	氩	氩	氩	氩	氩	氩	氩	氩	氩	氩	氩
33	Arsenic	砷	砷	砒	砷	砷	砒;砷	砷	砷	砒	砒（砷）	砷	砷
56	Barium	钡	钡	钡	钡	钡	钡	钡	钡	钡	钡	钡	钡
4	Beryllium	锌	铍	锌	铍	—	锌;铍	Be 旧称	铍	铍	铍	铍	铍
4	Glucinum	—	—	—	—	—	锌			—	—	铪	
83	Bismuth	铋	铋	铋	铋	铋	铋	铋	铋	铋	铋（苍铅）	铋	铋
5	Boron	硼	硼	硼	硼	硼	硼	硼	硼	硼	硼	硼	硼
35	Bromine	溴	溴	溴	溴	溴	溴	溴	溴	溴	溴	溴	溴
48	Cadmium	镉	镉	镉	镉	镉	镉	镉	镉	镉	镉	镉	镉

附录 323

(续表)

元素序号	英名	化学语汇 1908	化学元素译名表 1915	科学名词审查会化学名词	无机化学命名草案 1920	辞源 1930	百科名汇 1931	化学辞典 1933	化学命名原则 1933	中华百科辞典 1935	理化词典 1940	辞海 1948	今译
55	Caesium	鉐	鑤	鋼	鑤	錑	—	鑤	鈊	鑤	鑤	鉋	铯
20	Calcium	鈣	鈣	鈣	鈣	鈣	鈣	鈣	鈣	鈣	鈣	鈣	钙
6	Carbon	炭质	碳	炭	碳	炭	炭；碳	碳	碳	碳	炭（碳）	碳	碳
58	Cerium	鏭	鈰	鈰	鈰	鍶	鈰	鈰	鈰	鈰	鈰	鈰	铈
17	Chlorine	緑氣	氯	氯，緑	氯	綠	氯；緑氣	氯	氯	氯	緑	氯	氯
24	Chromium	鉻	鉻	鉻	鉻	鉻	鉻	鉻	鉻	鉻	鉻	鉻	铬
27	Cobalt	鈷	鈷	鈷	鈷	鈷	鈷	鈷	鈷	鈷	鈷	鈷	钴
41	Columbium	—	鈚	—	—	鈮	鈚	鈮	鈮	鈚	鈮	鈮	铌
41	Niobium	鈮	—	鈮	鈮	—	—	—	—	—	—	—	—
29	Copper	銅	銅	銅	銅	—	銅	銅	銅	銅	銅	銅	铜
66	Dysprosium	—	鏑	鉅	鏑	鉭	鏑；鉅	鏑	鏑	鏑	鏑	鏑	镝

（续表）

元素序号	英名	化学语汇 1908	化学元素译名表 1915	科学名词审查会化学名词	无机化学命名草案 1920	辞源 1930	百科名汇 1931	化学辞典 1933	化学命名原则 1933	中华百科辞典 1935	理化词典 1940	辞海 1948	今译
68	Erbium	鉺	鉺	鉺	鉺	鉺	鉺	鉺	鉺	鉺	鉺	鉺	鉺
63	Europium	—	鏠	銪	鎄	銪	鎄；銪	銪	銪	鏠	鎄	銪	銪
9	Fluorine	弗氣	氟	氟	氟	弗	氟	氟	氟	氟	弗	氟	氟
64	Gadolinium	—	釓	釓	釓	釓	釓	釓	釓	釓	釓	釓	釓
31	Gallium	鎵	鉫	鎵	鉫	鎔	鉫；鎵	鎵	鎵	鉫	鉫	鎵	鎵
32	Germanium	鉬	鍺	鈒	鍺	鉬	鍺；鈒	鍺	鍺	鍺	鍺	鍺	鍺
79	Gold	金	金	金	金	金	金	金	金	金	金	金	金
2	Helium	氦	氦	氦	氦	氦	氦	氦	氦	氦	氦	氦	氦
72	Hafnium	—	—	—	—	—	鉿	鉿	鉿	鉿	—	鉿	鉿
67	Holmium	—	鈥	鈥	鈥	—	鈥	鈥	鈥	鈥	—	鈥	鈥
1	Hydrogen	輕氣	氫	氫、轻	氫	輕	氫；輕氣	氫	氫	氫	輕	氫	氫
49	Indium	鉫	銦	銦	銦	銦	銦	銦	銦	銦	銦	銦	銦

(续表)

元素序号	英名	化学语汇 1908	化学元素译名表 1915	科学名词审查会化学名词	无机化学命名草案 1920	辞源 1930	百科名汇 1931	化学辞典 1933	化学命名原则 1933	中华百科辞典 1935	理化词典 1940	辞海 1948	今译
53	Iodine	碘	碘	碘	碘	碘	碘	碘	碘	碘	碘	碘	碘
77	Iridium	铱	铱	铱	铱	铱	铱	铱	铱	铱	铱	铱	铱
26	Iron	鐵	鐵	鐵	鐵	鐵	鐵	鐵	鐵	鐵	鐵	鐵	铁
61	Illinium	—	—	—	—	—	鈨	—	鈨	—	—	鈨	—
36	Krypton	氪	氪	氪	氪	氪	氪	氪	氪	氪	氪	氪	氪
57	Lanthanum	鑭	鑭	鑭	鑭	鑭	鑭	鑭	鑭	鑭	鑭	鑭	镧
82	Lead	鉛	鉛	鉛	鉛	鉛	鉛	鉛	鉛	鉛	鉛	鉛	铅
3	Lithium	鋰	鋰	鋰	鋰	鋰	鋰	鋰	鋰	鋰	鋰	鋰	锂
71	Lutecium	—	鑥	鑥	鑥	鑥	鑥	鑥	鑥	鑥	鑥	鑥	镥
12	Magnesium	鎂	鎂	鎂	鎂	鎂	鎂	鎂	鎂	鎂	鎂	鎂	镁
25	Manganese	錳	錳	錳	錳	錳	錳	錳	錳	錳	錳	錳	锰
43	Masurium	—	—	—	—	—	鎷	—	鎷	—	—	鎷	—

附录　327

（续表）

元素序号	英名	化学语汇 1908	化学元素译名表 1915	科学名词审查会化学名词	无机化学命名草案 1920	辞源 1930	百科名汇 1931	化学辞典 1933	化学命名原则 1933	中华百科辞典 1935	理化词典 1940	辞海 1948	今译
80	Mercury	水銀, 汞	鍒	汞	鍒	汞	汞；鍒；水银	鍒	汞	鍒	汞(水銀)	汞	汞
42	Molybdenum	鉬	鉬	鉬	鉬	鉬	鉬	鉬	鉬	鉬	鉬	鉬	鉬
60	Neodymium	鑀	鑀	鈁	鑀	鑀	鑀；鈁	鑀	鈥	鑀	鑀	鈥	钕
10	Neon	氝	氝	氝	氝	氝	氝	氝	氝	氝	氝	氖	氖
28	Nickel	鎳	鎳	鎳	鎳	鎳	鎳	鎳	鎳	鎳	鎳	鎳	镍
86	Niton	—	—	—	氭	—	氭	鐳射氣	—	氭	鐳	Radon	—
86	Radon	—	—	—	—	—	氭	—	氭	氭	—	氡	氡
7	Nitrogen	淡氣	氮	氟, 淡	氮	淡	氮；氮；淡氣	氮	氮	氮	淡	氮	氮

(续表)

元素序号	英名	化学语汇 1908	化学元素译名表 1915	科学名词审查会化学名词	无机化学命名草案 1920	辞源 1930	百科名汇 1931	化学辞典 1933	化学命名原则 1933	中华百科辞典 1935	理化词典 1940	辞海 1948	今译
76	Osmium	錸	錸	鐭	錸	錸	鋨;鐭	鐭	锇	錸	錸	锇	锇
8	Oxygen	養氣	氧	氱、養	氧	養	氣;氧;養气	氧	氧	氱	養	氧	氧
46	Palladium	鈀	鈀	鈀	鈀	鈀	鈀	鈀	鈀	鈀	鈀	鈀	钯
15	Phosphorus	燐	磷	燐	磷	燐	燐;磷	磷	磷	磷	燐(磷)	磷	磷
78	Platinum	白金,鉑	鉑	鉑	鉑	鉑	鉑;白金	鉑	鉑	鉑	鉑(白金)	鉑	铂
84	Polonium	—	—	—	—	—	鏺	釙	釙	镁	—	钋	钋
19	Potassium	鉀	鉀	鉀	鉀	鉀	鉀	鉀	鉀	鉀	—	鉀	钾
59	Praseodymium	錯	錯	錯	錯	錯	錯	錯	錯	錯	錯	錯	镨
91	Protoactinium	—	—	—	—	—	—	—	—	—	—	鑀	镤

(续表)

元素序号	英名	化学语汇 1908	化学元素译名表 1915	科学名词审查会化学名词	无机化学命名草案 1920	辞源 1930	百科名汇 1931	化学辞典 1933	化学命名原则 1933	中华百科辞典 1935	理化词典 1940	辞海 1948	今译
88	Radium	铼	镭	铼	镭	铼	铼;镭	镭	镭	镭	镭	镭	镭
75	Rhenium	—	—	—	—	—	铼	—	铼	—	—	铼	铼
45	Rhodium	錴	铑	錴	铑	錴	錴;铑	铑	铑	铑	铑	铑	铑
37	Rubidium	鉫	鉫	鉫	鉫	鉫	鉫	鉫	鉫	鉫	鉫	鉫	鉫
44	Ruthenium	钉	钉	钉	钉	钉	钉	钉	钉	钉	钉	钉	钉
62	Samarium	鐵	鐵	鎷	鐵	鐵	鐵;鎩	釤	钐	鎩	鐵	钐	钐
21	Scandium	銅	鈧	鏷	鈧	銅	鈧;鎩	釨	鈧	鈧	鈧	鈧	鈧
34	Selenium	硒	硒	硒	硒	硒	硒	硒	硒	硒	硒	硒	硒
14	Silicon	矽	硅	矽	硅	矽	矽;硅	矽	矽	硅	硅	矽	硅
47	Silver	银	银	银	银	银	银	银	银	银	银	银	银
11	Sodium	钠	钠	钠	钠	钠	钠	钠	钠	钠	钠	钠	钠
38	Strontium	鎴	鎴	鉨	鎴	鎴	鎴;鎴	鎴	鎴	鎴	鎴	鎴	鎴
16	Sulphur	硫黄	硫	硫	硫	硫	硫	硫	硫	硫	硫(硫黄)	自然硫	硫

(续表)

元素序号	英名	化学语汇 1908	化学元素译名表 1915	科学名词审查会化学名词	无机化学命名草案 1920	辞源 1930	百科名汇 1931	化学辞典 1933	化学命名原则 1933	中华百科辞典 1935	理化词典 1940	辞海 1948	今译
73	Tantalum	钽	鏈	钽	鏈	钽	钽;鏈	钽	钽	鏈	鏈	钽	钽
52	Tellurium	碲	碲	碲	碲	碲	碲	碲	碲	碲	碲	碲	碲
65	Terbium	—	鉥	铽	鉥	鉥	鉥	铽	铽	铽	铽	铽	铽
81	Thallium	鉈	鉈	錫	鉈	鉈	鉈;錫	鉈	鉈	鉈	鉈	鉈	铊
90	Thorium	釷	釷	鉭	釷	釷	釷;銃	釷	釷	釷	釷	釷	钍
90	Ionium	—	釷	—	釷	—	鏇	鑀	釷	—	—	—	—
69	Thulium	銩	銩	銃	銩	銩	铥;鉭	铥	铥	铥	铥	铥	铥
50	Tin	錫	錫	錫	錫	錫	錫	錫	錫	錫	錫	錫	锡
22	Titanium	錯	錯	鈦	錯	錯	錯;鈦	鈦	鈦	錯	錯	鈦	钛
74	Tungsten	鎢	鎢	鎢	鎢	鎢	鎢	鎢	鎢	鎢	鎢	鎢	钨
92	Uranium	鈾	鈾	鈾	鈾	鈾	鈾	鈾	鈾	鈾	鈾	鈾	铀
23	Vanadium	釩	釩	釩	釩	釩	釩	釩	釩	釩	釩	釩	钒
54	Xenon	氙	氙	氙	氙	氙	氙;氤	氙	氙	氙	氙	氙	氙
70	Ytterbium	鐿	鐿	鐿	鐿	鐿	鐿	鐿	鐿	鐿	鐿	鐿	镱

(续表)

元素序号	英名	化学语汇 1908	化学元素译名表 1915	科学名词审查会化学名词	无机化学命名草案 1920	辞源 1930	百科名汇 1931	化学辞典 1933	化学命名原则 1933	中华百科辞典 1935	理化词典 1940	辞海 1948	今译
39	Yttrium	釔	釔	鉈	釔	釔	釱;鉈	鉈	釔	釔	釔	釔	钇
30	Zinc	鋅	鋅	鋅	鋅	鋅	鋅	鋅	鋅	鋅	鋅	鋅	锌
40	Zirconium	鋯	鋯	鋯	鋯	鋯	鋯	鋯	鋯	鋯	鋯	鋯	锆

注：
1. 为了真实地反映当时元素译名的使用情况，表中使用了繁体字。

译名来源：
2. 《化学语汇》，《清》学部审定科，商务印书馆，1908。
3. 《化学元素译名表》，教育部 1915 年公布。（转引自《教育部化学讨论会专刊》国立编译馆，1932，214 页）
4. 《科学名词审查会第一次化学名词审定本》《东方杂志》1920 年 17 卷 7 号 120 页）。
5. 《无机化学命名草案》，郑贞文，商务印书馆，1920。
6. 《辞源》（丁种），商务印书馆，1915 年 10 月初版，1930 年 10 月 26 版，译名出自附录《化学原质表》。
7. 《百科名汇》，王云五等，商务印书馆，1931。
8. 《英汉德法对照》化学辞典，魏嵒寿等，中山书局，1933。
9. 《化学命名原则》，国立编译馆编订，教育部 1932 年公布，1933。
10. 《中华百科辞典》，舒新城等，中华书局，1935 年增订本。译名出自附录《原质表》。
11. 《理化词典》，陈英才等，中华书局，1920 年 3 月初版，1940 年 5 月 18 版。译名出自附录《译名西文索引》。
12. 《辞海》（合订本），中华书局，1947 年 3 月初版，1948 年 10 月再版，译名出自附录《化学西文素引》。
13. 今译出自《现代汉语词典》（第 5 版）的附录《元素周期表》。

附录11：民国时期数学译名一览表

英文原名	数学名词中西对照表 1909	理化名词汇编	数学辞典 1931,1933	百科名汇 1931,1934	中华百科辞典 1935	数学名词 1945	辞海 1948	数学名词 1993
Abstract Number	不名数，虚数	不名数	不名数	—	不名数	不名数	不名数	—
Algebra	代数学	代数学	代数学	代数学	代数学	代数[学]	代数学	代数学
Arabian (Arabic) numeral[s]	阿拉伯码	阿拉伯数字	亚拉伯数字	阿拉伯数字	—	阿拉伯数字	阿拉伯数字	—
Arithmetic	算学	数学，算术	算术	算术，数学	算术	算术	算术	算术
Asymptote [of a conic]	渐近线	渐近线	渐近线	渐近线	—	渐近线	渐近线	渐近线
Axiom	公理	公理	公理	公理	公理	公理	公理	公理
Concrete Number	名数，著数	名数	名数	名数	名数	名数	名数	—
Definition	界说	定义，界说	定义	定义	定义	定义，界说	定义	定义
Dihedral angle	廉角	二面角	二面角	二面角	二面角	二面角	二面角	—

附录 333

(续表)

英文原名	数学名词中西对照表 1909	理化名词汇编	数学辞典 1931,1933	百科名汇 1931,1934	中华百科科辞典 1935	数学名词 1945	辞海 1948	数学名词 1993
Distance	距	距离	距离	距离	距离	距离	距离	距离
Eccentric angle [of a conic]	楕角	离心角	—	—	—	离心角	离心角	离心角
Equation[s]	方程	等式,方程式	方程式	方程式	方程式	方程式	方程	方程
Evolution	求根术	开方	开方法	开方	—	开方	开方	—
Function[s]	函数,函	函数	函数	函数	函数	函数	函数	函数
Geometry	形学	几何学	几何学	几何学,形学	几何学	几何学	几何学	几何[学]
Hyperbola	拨剌	双曲线	双曲线	双曲线	双曲线	双曲线,较线	双曲线	双曲线
Index	指数	指数	指数	指数	指数	指数	—	指数
Logarithm	对数	对数	对数	对数	对数	对数	对数	对数
Mathematics	—	算学	数学	算学	数学	数学	数学	数学

(续表)

英文原名	数学名词中西对照表 1909	理化名词汇编	数学辞典 1931,1933	百科名汇 1931,1934	中华百科辞典 1935	数学名词 1945	辞海 1948	数学名词 1993
Negative sign	负号	负号	负号	负号	负号	负号	负号	负号
Origin [of co-ordinates]	元点	原点	原点	原点	原点	坐标之原点	原点	原点
Parabola	毕弗	抛物线	抛物线	抛物线	抛物线	抛物线,抛物线	抛物线	抛物线
Plane trigonometry	平面三角学	平面三角术	平面三角法	平面三角学	平面三角法	平面三角学,平面三角法,平面三角术	平面三角法	—
Power	权	幂	方乘,乘幂,幂	幂	乘幂	[乘]幂	乘幂	幂,乘方
Positive sign	正号	正号	正号	正号	正号	正号	正号	正号
Prism	棱柱	棱柱体	角柱,积柱	柱,角柱	角柱	柱,棱柱	角柱	棱柱
Quantity	几何	量	量,数	—	—	量	—	量

(续表)

英文原名	数学名词中西对照表 1909	理化名词汇编	数学辞典 1931,1933	百科名汇 1931,1934	中华百科辞典 1935	数学名词 1945	辞海 1948	数学名词 1993
Ratio	率（音律）	比	比	比	比	比	比	比
Rectangle	长方形	矩形,长方形	矩形	长方形	矩形	矩形,长方形	矩形	矩形,长方形
Rectilinear angle	直线角	直线角	直线角	—	—	直线角	—	—
Root	根	根	根	根	根	根	方程根	根
Series	级数	连级数	级数	级数	级数	级数	级数	级数
Spherical sector	浑圆辐间	扇形体,球心角体	球分,球扇形	—	—	球心角体	球分	—
Square	方形	平方形,正方形	正方,正方形	正方形	正方形	正方形	正方形	正方形
Trigonometry	三角学	三角术	三角法	三角学;八线法	三角法	三角学,三角法,三角术	三角法	三角学

(续表)

英文原名	数学名词中西对照表 1909	理化名词汇编	数学辞典 1931,1933	百科名汇 1931,1934	中华百科辞典 1935	数学名词 1945	辞海 1948	数学名词 1993
Unit	单位（筭学）么匿（形学）	单位	单位	单位	单位	—	单位、么匿	单位
Vertical line	天垂线	垂直线	垂直线	—	—	垂直线	垂直线	—
Zero	无量小	零、无	零	零	零	零	零	零
Vector [quantity]	—	矢量	有向量	矢量；向量	有向量	矢量、向量	有向量	向量、矢量

译名来源：
1.《数学名词中西对照表》，（清）学部编订名词馆，1909年左右刊行。
2.《理化名词汇编》，曹惠群 科学名词审查会，1938。
3.《数学辞典》，倪德基等，中华书局，1925年11月初版，1931年3月3版。译名出自《英汉名词对照表》(p332—366)。
4.《百科名汇》，王云五等，商务印书馆，1931。
5.《中华百科辞典》，舒新城等，中华书局，1935年增订本。译名出自附录《中西名词对照表》。
6.《数学名词》，国立编译馆编订，教育部1935年公布，正中书局，1945。
7.《辞海（合订本）》，中华书局，1947年3月编订，1948年10月再版。译名出自附录《译名西文索引》。
8.《数学名词》，全国自然科学技术名词审定委员会公布，1993。